トランジスタ技術
SPECIAL

誤動作ゼロ! 破壊ゼロ! 発熱もノイズも出さないコンデンサ/コイル/MOSFETの動かし方

要点マスタ! パワー電源&高輝度LED照明の作り方

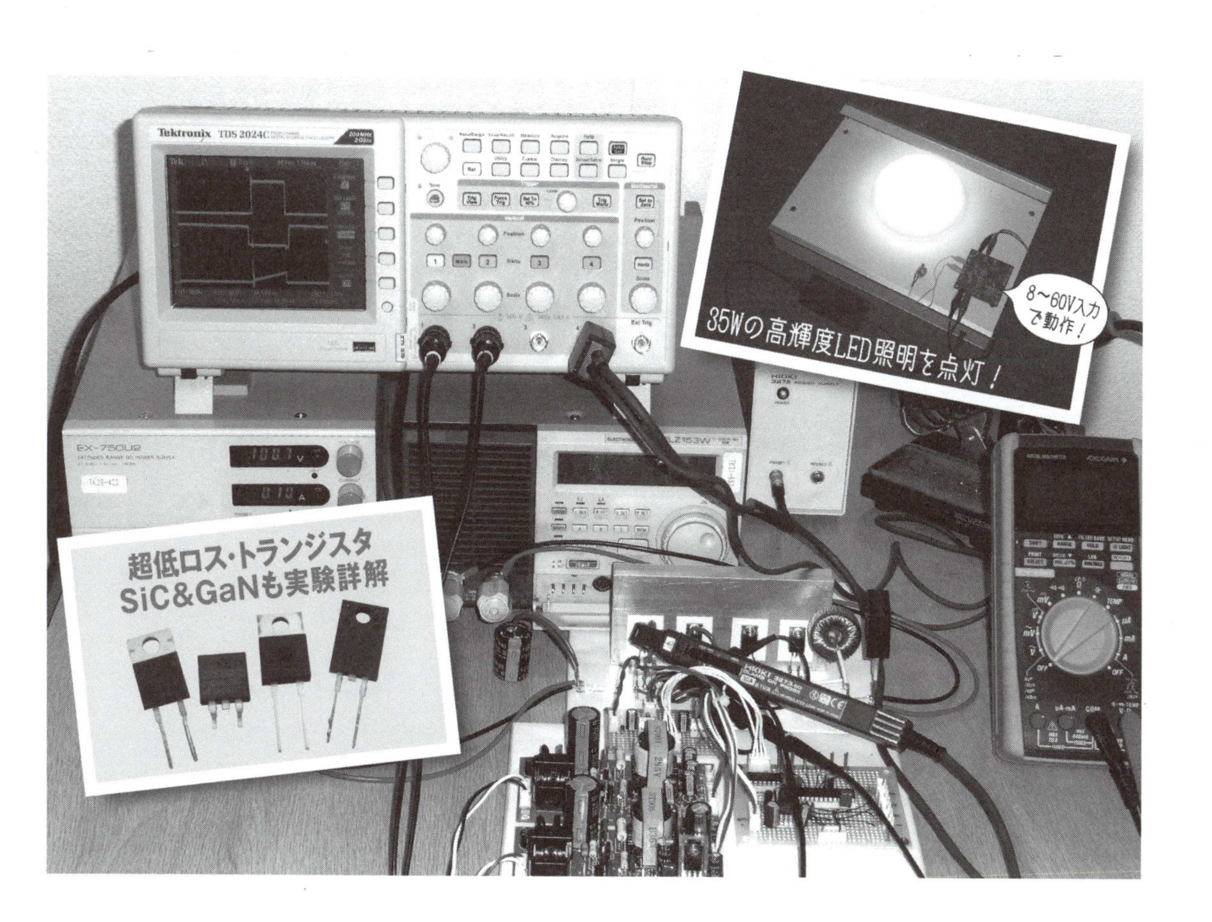

CQ出版社

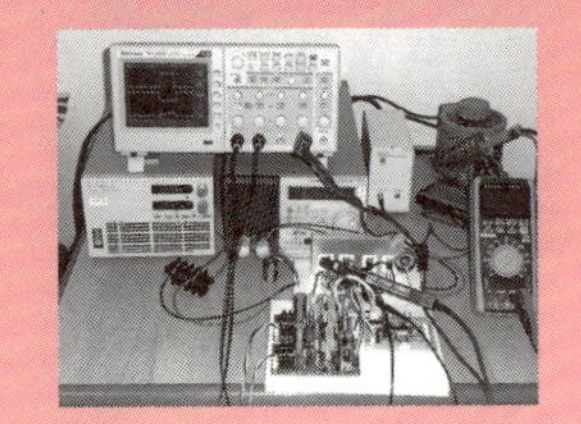

トランジスタ技術 SPECIAL

2016 Spring
No.134

CONTENTS

表紙／扉デザイン　ナカヤ デザインスタジオ（柴田 幸男）
本文イラスト　神崎 真理子

▶ 本書の各記事は，「トランジスタ技術」に掲載された記事を再編集したものです．初出誌は各記事の稿末に掲載してあります．記載のないものは書き下ろしです．

Introduction 要点をマスタすれば壊さず燃やさず目的の出力をGETできる

パワー回路設計 はじめの一歩

読者対象と本書の構成

本書の読者対象は，数W～1kWを扱うパワー回路を初めて設計する人です．パワー回路は装置に電力を供給する電源回路だけではなく，モータやヒータ，LEDなどに電力を供給する回路や，インバータのように直流から交流への電力変換回路を含みます．

第1部では，コンデンサやコイル，ダイオード，MOSFETの特性を実験で確認しながら，パワー回路での部品の選び方を説明します．第2部では「インバータ実験回路」を使用して，実際に部品を変更したり追加したりしながら，目的の出力が得られる回路を設計します．第3部では，高輝度LED照明をドライブする回路の設計事例を示します．〈編集部〉

パワー・エレクトロニクスがますます重要に！

最近，ハイブリッド車や電気自動車，燃料電池自動車など，電動化が著しく進化しています．これらの車輪は電動モータで駆動されています．そのモータを駆動する電気回路はインバータと呼ばれており，パワー・エレクトロニクスの代表と言っても過言ではないでしょう．

また，近年，石油や石炭を使わない太陽光や風力などの自然エネルギによる発電が盛んです．特にソーラ発電で多くのインバータが使用されています．太陽光をソーラ・パネルが受けると直流電圧が発生しますが，その電圧は不安定で太陽光の強さで変化してしまいます．このままでは使えないのでコンディショナという装置で安定した交流電圧に変換します．

電源パワエレ回路作り 成功への三ケ条

インバータやスイッチング電源に代表されるパワー回路は高い電圧と大きな電流を扱います．信号を扱う回路の設計では気にしなくてもよかったことを考慮して設計することが要求されます．パワー回路設計時の三つのポイントを次に示します．

①発熱なくエネルギの流れを制すべし
②過電流・過電圧なくエネルギの流れを制すべし
③ノイズの発生と伝搬なくエネルギの流れを制すべし

パワー素子は，サージ電圧や電流を含めた最大回路電圧や電流を考慮して十分余裕のあるものを選定します．パワー素子はその最大定格を超えて使用すると一瞬で破壊してしまいます．

大電流を扱うのでパワー素子の損失電力も数十Wにも及びます．どんな動作条件であっても素子の接合部温度は十分余裕を持ち使用温度範囲(一般的150℃)内に納めておく必要があります．そのため，パワー素子はヒートシンクに取り付けて実装します．パワー素子の実装方法にも熱伝導性の考慮が必要です．

大電流を扱うのでプリント基板もその電流に応じてパターンの幅を考慮する必要があります．パターン幅が不足していると，大きな異常電流が流れるとパターンが溶けることがあります．流れる電流が数10A以上になるとプリント基板に直接電流を流せないのでバスバー(銅板)や直接電線を使って配線をします．

これで安心！設計時の安全対策

ロジック回路やOPアンプ回路などの信号回路で扱う電圧は最大でも24V，電流は数百mA程度です．誤って触っても感電しないし，回路がショートしても一部の部品が壊れる程度です．しかし，パワー回路で扱う電圧，電流は数百V，数百Aになるので，一つ間違えば感電の危険がありますし，部品の破壊時も爆発的なので飛び散る破片による怪我の危険があります．また，故障時に流れる異常電流によりブレーカを飛ばすと家や工場，事務所が停電して作業中のパソコンのデータが飛んだりして皆に迷惑をかけることもあります．

次に，安全を確保するポイントを示します．ポイントを押さえておけば，安全に心配なく設計できます．

1. オシロスコープなどの測定器は絶縁トランスで商用交流電源回路と絶縁をしておく
2. 実験は過電流保護回路が付いた交流電源を使用する．商用交流電源回路を使用せざるを得ないときは高速で動作するブレーカと電流ヒューズを併用する
3. 作業テーブルと作業場の床は絶縁シートを敷いておく．最悪活電部に接触しても身体に感電電流が流れないようにする
4. 最初は一度に電源を投入しない．制御回路→ドライブ回路→メイン回路の順で段階的に電源を入れて動作確認する．各回路の正常動作が確認できたら，波形を確認しながら入力電源を徐々に上げていく(このような動作確認ができるように設計段階から考慮する)

〈並木 精司〉

電源パワエレ道 三ケ条
①発熱なくエネルギの流れを制すべし!
スリムで長寿命!
電流ドバッ!
うるさい!
まぶしい…
実験室がもっと寒くなってしまうがな
電源は冷たくなきゃダメ!
冷却
それでいて高出力!つまり
目指すは「高効率な電力伝送」
②過電流・過電圧なく
エネルギの流れを制すべし!
過ぎたるは及ばざるがごとお〜し!
血圧が…
何か問題でも?
はあ?
強心臓
電子タンク(電源)
ショート
電流は急に止まれない!
オープン!
ザパァッ
③ノイズの発生・伝搬なく
エネルギの流れを制すべし!
気絶したもよう…
マイコン
OPアンプ
ひえ〜
ガガガ〜〜ッ

第1部　要点マスタ! パワー部品編

第1章　電気を蓄えたり，流れ具合を整えたり

パワー回路用コンデンサ/抵抗/インダクタ

宮崎 仁

電気エネルギの流れをうまく操作することが求められる電源/パワー回路にとって，コンデンサ，抵抗，インダクタの三つの基本部品の存在感は半導体と負けず劣らず大きなものです．本章では，パワー用ならではの特性に着目して実験することでその意味を体験的に理解します．

1-1 パワー回路を構成する代表的な電子部品と半導体

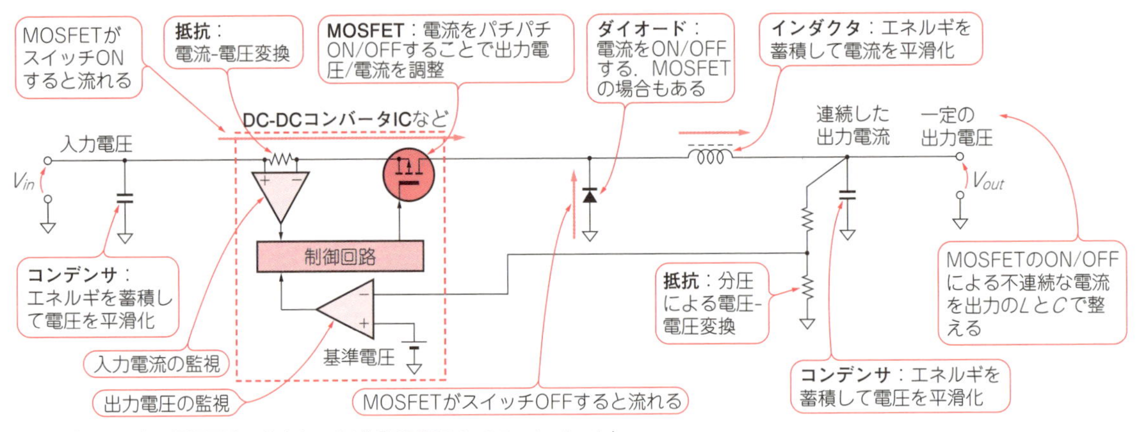

図1　パワー回路，電源回路の基本といえば「降圧型DC-DCコンバータ」
この回路からパワー回路用の代表的な電子部品の特徴や役割の多くを学べる

図1は，多くの電子機器で使われている基本的な電源回路(降圧型DC-DCコンバータ)の例です．入力として与えられた非安定な電源から効率良く電力を取り出して，負荷に対して一定の出力電圧で連続な出力電流を供給します．

● パワー用の電子部品には大きな電流が流れる

この回路の主役は，入力側から断続的に電流を取り出すMOSFETとダイオード，その電流を平滑化して連続電流に戻すインダクタです．

MOSFETやダイオード，インダクタには基本的に大きな電流が流れるので，適切な特性のものを用いないと，次のような問題が発生する恐れがあります．

- 出力側に必要な電圧や電流を供給できない
- 大きなエネルギの損失(ロス)を生じる
- 損失が熱に変わって部品が故障する

第1部では，パワー回路で使われる受動部品(コンデンサ，抵抗，インダクタ)やディスクリート部品(ダイオード，MOSFET)の重要な特性について解説します．

回路の詳しい動作などについては第2部を参照してください．

1-2 パワー用コンデンサは電圧変化が小さくても大電流が流れている

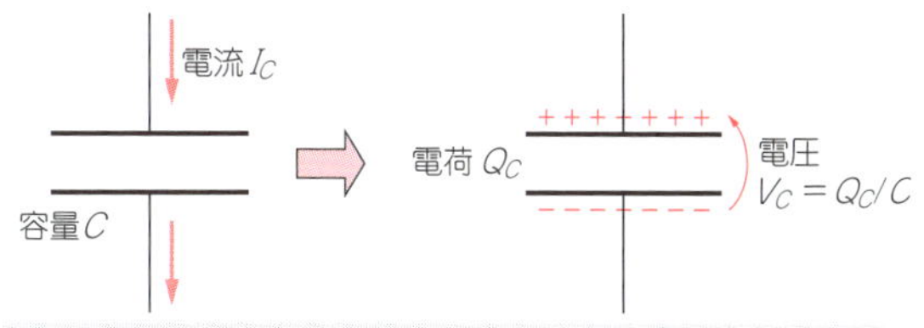

(a) 電流を流すと電荷を蓄えて電圧を生じる

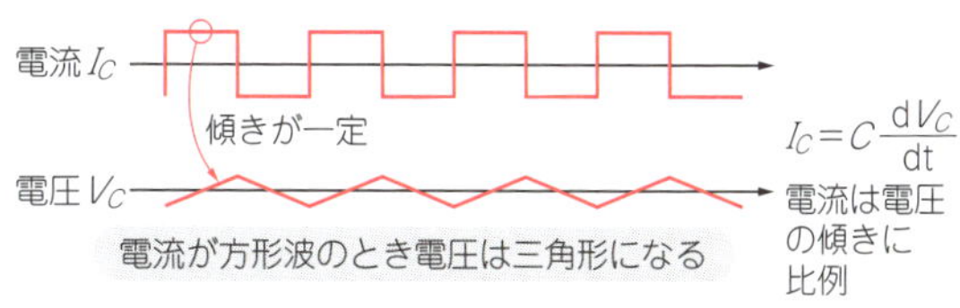

(b) 電流の変化に比べて電圧の変化は緩やか（電圧の平滑化）

図2 コンデンサの原理と働き

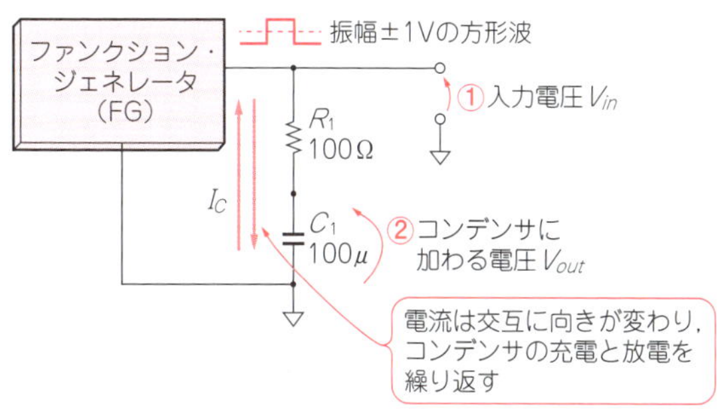

図3 実験回路：コンデンサに加わる電圧と電流の関係を見る
R_1＝100 Ωなので，±1 V方形波によって最大±10 mAの電流が流れる．実際にはコンデンサのインピーダンスが0Ωでないので，もう少し電流は小さくなる

■ 解説

● コンデンサ電流Iは電圧の変化率dV/dtに比例する

コンデンサは，絶縁体(誘電体)の薄膜で隔てられた2枚の平行電極に電荷を蓄えるものです．電極の一方が＋，他方が－に帯電すれば，互いに引き合う力(クーロン力)によって電荷は流れずに保持されます．

コンデンサCに電流I_Cを流し込めば，電荷Q_Cが蓄えられて，電極間にはQ_Cに比例した電圧V_Cを生じます．

$$V_C=\frac{Q_C}{C}\quad\cdots\cdots(1)$$

ただし，V_C：コンデンサ両端の電圧［V］，
Q_C：コンデンサに蓄えられた電荷量［C］，
C：コンデンサの静電容量［F］

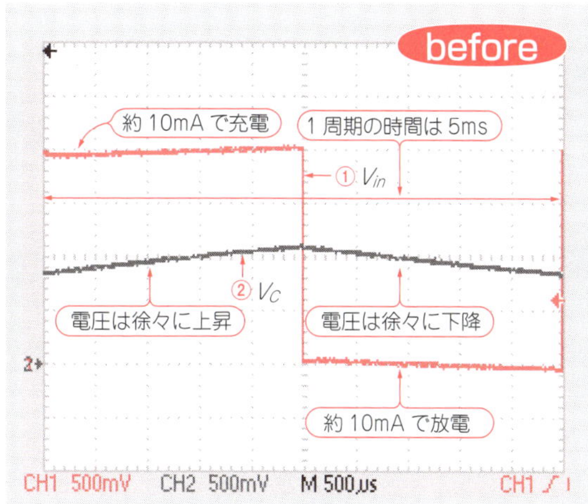

(a) before：周波数 200 Hz のとき
電圧は一定の傾斜で上昇と下降を繰り返す

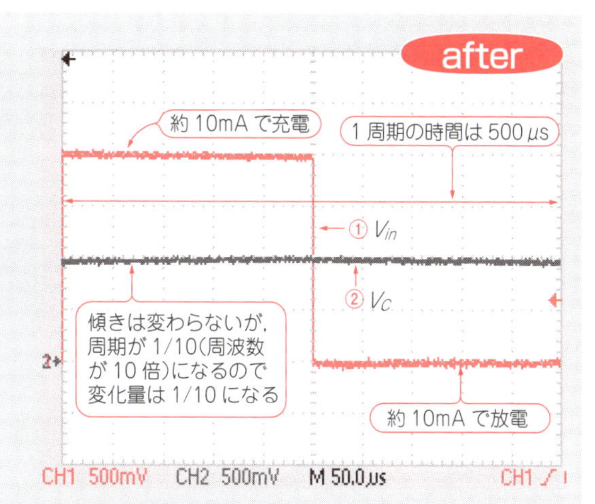

(b) after：周波数 2 kHz のとき
周波数を 10 倍にすると 1 周期の時間が 1/10 に短縮されるので，電圧の三角波の振幅も 1/10 に小さくなり，ほとんど変化しない

図4 実験波形：コンデンサに高い周波数で電流が流れるほど，電圧が静かに見える
約±10mA でコンデンサの充電と放電を繰り返す

また，現在の電荷はこれまで流し込んだ電流の総量なので，その時間をtとすれば$Q_C = I_C t$となります．より一般的には，次のように積分で表されます．

$$Q_C = \int I_C dt \quad \cdots\cdots (2)$$

式(1)と式(2)から，コンデンサの電圧V_Cと電流I_Cの関係式は，次のようになります．

$$I_C = C \frac{dV_C}{dt} \quad \cdots\cdots (3)$$

電流I_Cは式(3)のように電圧の変化率dV_C/dtと比例するので，一定電流を流し続ければ電圧は一定の傾斜で増加し続けます．方形波を三角波に変換するなど，平滑化の働きがあります(**図2**)．

逆に，コンデンサでは電圧の変化が緩やかでも，内部には大きな突入電流が流れている場合があるので注意が必要です．

実験

電圧の変化が緩やかでも電流は激しく流れる

コンデンサが電圧を平滑化するようすを実験で確かめてみます．**図3**が実験回路で，**図4**が結果です．

約±10 mAの電流でコンデンサの充電と放電を繰り返しています．入力信号の周波数が200 Hzでは，充電時には電圧が一定の傾斜で上昇し，放電時には下降して，三角波になっているのが分かります．周波数が2 kHzと高くなっても同じことが起きているのですが，電圧の変化(三角波の振幅)がとても小さくなるために，電圧はほとんど変化しないように見えます．

同じコンデンサなら周波数を上げるほど電圧の変化は小さくなり，同じ周波数ならコンデンサの容量を大きくするほど電圧の変化は小さくなります．

電気を蓄える物質「誘電体」とコンデンサの基本特性「容量と抵抗」 Column 1-1

コンデンサは電極だけでなく絶縁膜(誘電体)にも分極のエネルギを蓄えている

コンデンサは電極に電荷(静電エネルギ)を蓄えると同時に，電極間の絶縁膜にもエネルギを蓄えています．絶縁膜の内部には自由電子がほとんどないので，電荷は移動しませんが，電極間の電界によってわずかな偏り(誘電分極)を生じます．この偏りが電気エネルギを蓄えた状態であり，その分コンデンサの静電容量が増えたと見なせます．この性質に注目して，絶縁体(不導体)は誘電体と呼ばれることが多くなっています(**図A**)．

非電解系コンデンサの比誘電率は～数万倍！小型で大容量化できる決め手に

誘電体がない場合(電極間が真空のコンデンサ)に比べて容量がどれぐらい増加するかを，誘電体の比誘電率ε_rと呼びます．フィルム・コンデンサやアルミ電解コンデンサの比誘電率はせいぜい数倍ですが，温度補償用セラミック・コンデンサは数十～数百倍，高誘電率セラミック・コンデンサは数百～数万倍であり，小型で大容量が得られます．特に非電解系のコンデンサの場合，高誘電率が大容量化の決め手となります．

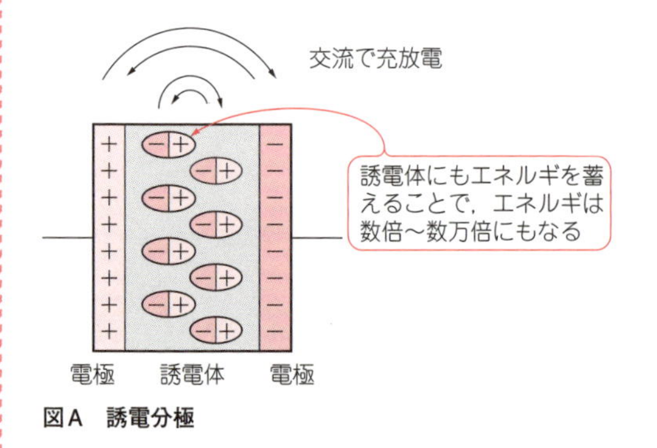

図A　誘電分極

誘電分極が遅れると誘電損失が生じESRになる

誘電体には注意すべき点もあります．

コンデンサを交流で充放電するとき，電界の変化に誘電分極が遅れると，その分無駄な電力を消費してしまいます．これを誘電損失と呼びます．非電解系のコンデンサでは等価直列抵抗(ESR)の大部分は誘電損失からくるものです．また，一般に誘電損失は高周波ほど大きくなるので，コンデンサの周波数特性にもかかわってきます(**図B**)．〈宮崎 仁〉

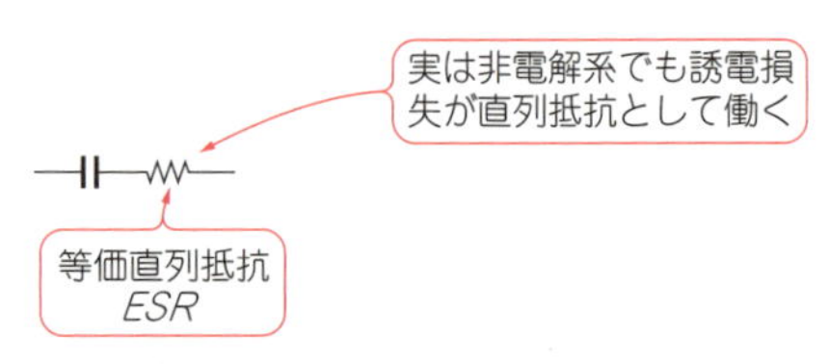

図B　誘電損失と等価直列抵抗

1-3 周波数の高い電流ほどコンデンサに流れ込んだり流れ出たりしやすい

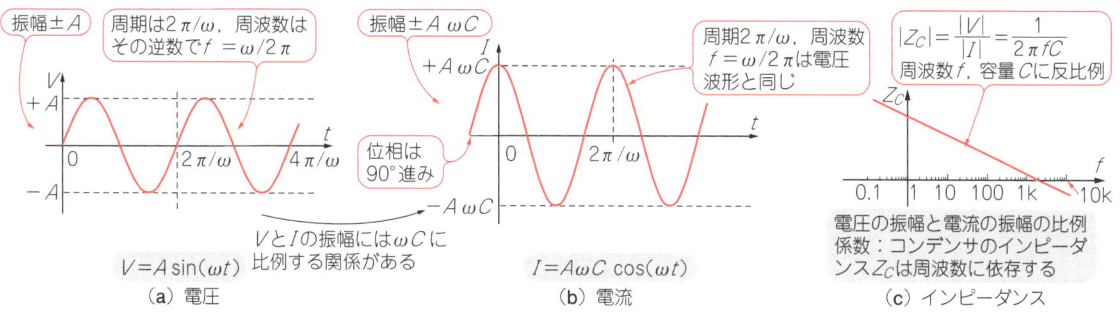

図5　コンデンサに加わる電圧と電流，インピーダンスの関係

解説

● コンデンサの電圧と電流，インピーダンスの関係

正弦波は，単一の周波数をもつ最も単純な交流信号です．例えば，電圧Vが，

$$V = A\sin(\omega t) \cdots\cdots (4)$$

という正弦波のとき，振幅は$\pm A$，周期$T = 2\pi/\omega$，周波数$f = \omega/(2\pi)$となります．これに対応する電流Iを前項1-2の式(3)から計算すると，次のようになります．

$$I = C\frac{dV}{dt} = C(A\omega\cos\omega t)$$
$$= A\omega C\sin\left(\omega t - \frac{\pi}{2}\right) \cdots\cdots (5)$$

このIは，Vと同じ周波数で位相が90°進んだ正弦波で，Iの振幅はVのωC倍(すなわち$2\pi fC$倍)です．

交流に対する電流の流れにくさ，すなわちインピーダンスは電圧振幅/電流振幅で表されますから，コンデンサのインピーダンスZ_Cは，次のようになります．

$$|Z_C| = \frac{|V|}{|I|} = \frac{1}{\omega C} = \frac{1}{2\pi fC} \cdots\cdots (6)$$

ここから，コンデンサのインピーダンスZ_Cは周波数fに反比例し，fが高いほどZ_Cは小さくて電流が流れやすいということがいえます．コンデンサは，周波数によってインピーダンスが変わる一種の可変抵抗として働きます(**図5**)．

実験

● コンデンサのインピーダンス(電流の流れにくさ)

コンデンサのインピーダンスは周波数で変わることを，実験で確かめてみましょう．

100 μFのコンデンサのインピーダンスの値を計算してみると，**表1**のように1.59 Hzで約1 kΩ，1.59 kHzで約1 Ω，1.59 MHzで約1 mΩとなります．

図6のように，100 μFのアルミ電解コンデンサと，10 Ωの抵抗を直列接続して，交流電圧を加えてみます．入力信号の周波数f_{in}が15.9 Hzの波形を**図7**(a)に，159 Hzの波形を**図7**(b)に示します．

実験回路は一種の分圧回路ですが，コンデンサのインピーダンスは抵抗と直交する性質をもつため，$R_1 + Z_C$は単なる加算ではなくベクトル和になります．

表1　コンデンサ(C_1 = 100 μF)のインピーダンス

周波数[Hz]	1.59	15.9	159	1.59 k	15.9 k	159 k	1.59 M
インピーダンス[Ω]	1 k	100	10	1	100 m	10 m	1 m

$|R_1 + Z_C| = \sqrt{10^2 + 100^2} \fallingdotseq 100.5$
$|Z_C|/|R_1 + Z_C| \fallingdotseq 100/100.5 \fallingdotseq 0.995$
すなわち②の振幅は①の約99.5 %

$|R_1 + Z_C| = \sqrt{10^2 + 10^2} \fallingdotseq 14.14$
$|Z_C|/|R_1 + Z_C| \fallingdotseq 10/14.14 \fallingdotseq 0.707$
すなわち②の振幅は①の約71 %

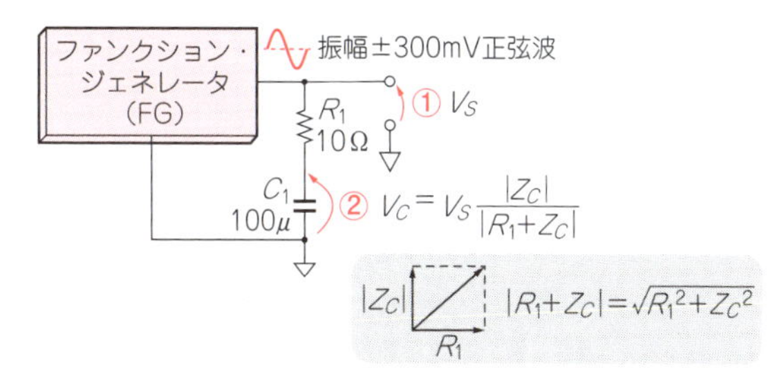

図6　実験回路：コンデンサのインピーダンスと周波数の関係を見る

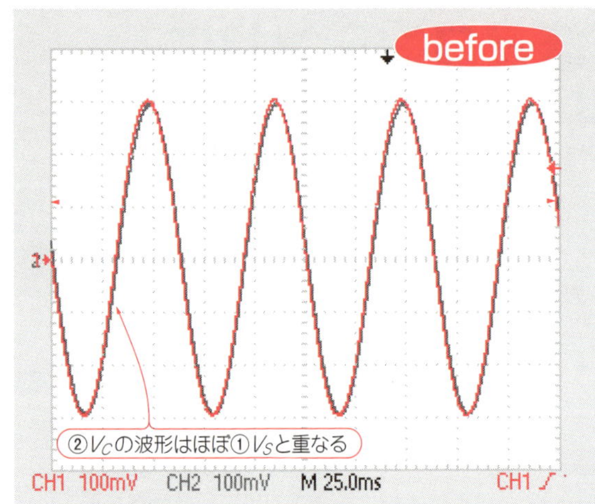

(a) before：周波数 15.9 Hz のとき
インピーダンスが高いため，分圧比がほぼ100%

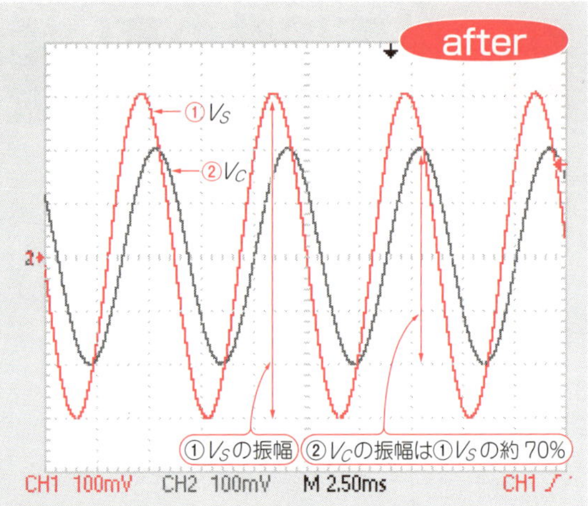

(b) after：周波数 159Hz のとき
インピーダンスが下がって分圧比も70%に下がった

図7 実験波形：コンデンサのインピーダンスは周波数で変わる

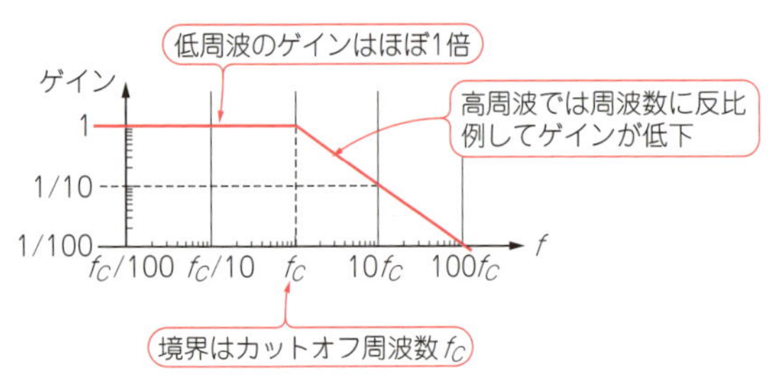

図8 *CR*ロー・パス・フィルタ

そのため，①V_Sと②V_cの振幅の計算も，単なる抵抗分圧とはちょっと異なります．

f_{in} = 15.9 HzではコンデンサのインピーダンスZ_Cが100 Ωとなり，②V_cの振幅は①V_Sの約99.5%となります．実験波形でも②V_cは①V_Sとほぼ重なっています．f_{in} = 159 HzではZ_Cが10 Ωとなり，②V_cの振幅は①V_Sの約71%となります．実験波形でも②V_cは①V_Sのほぼ7割となっています．

● 実験結果は*CR*ロー・パス・フィルタのカットオフ周波数で振幅が約70 %になったことを表す

この回路は，*CR*ロー・パス・フィルタです．カットオフ周波数f_Cより低周波の信号は，入力①が出力②にそのまま現れます．f_Cより高周波の信号は，周波数に反比例して出力振幅が小さくなっていきます．カットオフ周波数f_Cは，$R_1 = |Z_C|$となる周波数で，次式によって求められます．

$$f_C = \frac{1}{2\pi C_1 R_1} \quad \cdots\cdots (7)$$

この実験のf_{in} = 159 Hzは，ちょうどカットオフ周波数になっています(**図8**)．

Column 1-2

フォトカプラには中ぶらりんのOFF状態を許してはいけない

OFF状態のフォトカプラに雑音が飛び込んでONすると，パワーMOSFETが壊れます．内部の発光ダイオードの両端をショートして出力OFF状態を保つ回路に変更します．

〈荒木 邦彌〉

図C 強力な雑音源が近くにあっても誤動作しないフォトカプラの駆動方法

1-4 電解コンデンサは適正な電圧範囲と極性で使用する

■ 解説

● セラミック・コンデンサやフィルム・コンデンサは定格電圧が高くなるほど少しずつ外形が大きくなる

コンデンサを使用する上で注意すべき特性として，精度，定格電圧，漏れ電流，等価直列抵抗(*ESR*)，等価直列インダクタンス(*ESL*)，周波数特性などがあります．

定格電圧はあらゆるコンデンサで定められています．これは主として誘電体(絶縁体)の耐圧で決まります．定格電圧を超える電圧をコンデンサに加えると，絶縁破壊を起こしてコンデンサが故障する危険があります．

セラミック・コンデンサやフィルム・コンデンサは一般に定格電圧は高めで，50 Vぐらい以上しか作っていない製品もあります．定格電圧が高くなるほど外形は少しずつ大きくなり，価格も少しずつ高くなりますが，特性が大きく変わることはありません．

● 電解コンデンサは定格電圧で外形寸法がかなり異なる

電解コンデンサの場合はこれとは事情が違います．電解コンデンサは構造的に過電圧に弱いということと，定格電圧に対して使用電圧が低すぎると十分な特性が得られないという問題があります．そのため，下は6.3 Vくらいから10 V，16 V，25 V，35 V，50 V，…というように，きめ細かく定格電圧がそろっています．目安としては，定格電圧の1/4～1/2程度の使用電圧が好ましいといわれています．

写真1　同じ容量(100 μF)でも，定格電圧で大きさが変わる

さらに，電解コンデンサは同じ容量でも定格電圧によって外形寸法が大きく変わることにも注意が必要です(**写真1**)．

■ 実験

● 電解コンデンサに過電圧や逆電圧が加わると…

電解コンデンサの場合，定格電圧以上の電圧を加えたり，正負が逆向きの電圧を加えたりすると，過大な電流が流れて発熱し，故障します．特に，電解液を使用しているアルミ電解コンデンサは，発熱で内部の圧力が上昇すると危険なので，破裂を防ぐ安全弁が付いています．実際に，過電圧や逆電圧を加えてしまった例を**写真2**に示します．

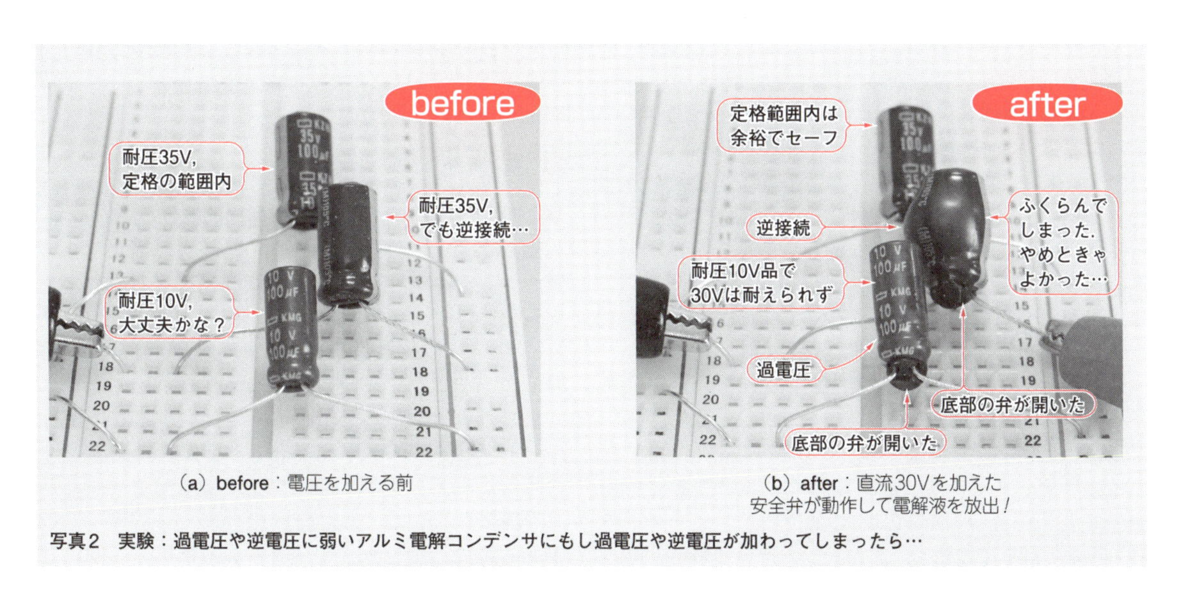

(a) before：電圧を加える前

(b) after：直流30Vを加えた
安全弁が動作して電解液を放出！

写真2　実験：過電圧や逆電圧に弱いアルミ電解コンデンサにもし過電圧や逆電圧が加わってしまったら…

1-5 電解コンデンサは熱に弱いので等価直列抵抗が小さいもののほうが有利

表2　アルミ電解コンデンサのESRと許容リプル電流

種類	一般用電解	低ESR電解	導電性高分子	積層セラミック(参考)
型名	KMG250-101	KZH160-101	PSA160-101	THD500-101
公称容量［μF］	100	100	100	100
定格電圧［V］	25	16	16	50
総インピーダンス［Ω］	−	0.24(100 kHz)	−	−
ESR［Ω］	2.12(120 Hz)	0.24(100 kHz)	0.025(100 k〜300 kHz)	−
tan δ	0.16(120 Hz)	−	−	−
定格リプル電流［mA_{RMS}］	130(120 Hz)	330(100 kHz)	2820(100 kHz)	3000(10 k〜1 MHz)

100 μFの$|Z_C|=1/\omega C=13.26\,\Omega$(120 Hz)
$ESR=\tan\delta\times|Z_C|=2.12\,\Omega$(120 Hz)

100 μFの$|Z_C|=1/\omega C=15.9\,\mathrm{m}\Omega$(100 kHz)
総インピーダンス≒ESR

解説

● 大電流が流れるパワー回路では，直列な抵抗成分ESRによる電力消費でコンデンサが発熱する

電源などのパワー回路では，電圧の平滑化を目的としてコンデンサを使うことが多く，電圧は一定に見えてもコンデンサには大きな交流電流が繰り返し流れています．このような電流をリプル電流と呼びます．

大きなリプル電流が流れるパワー回路で特に注意が必要なのは等価直列抵抗ESRです．理想的なC(静電容量)のもつインピーダンスは抵抗成分をもたないため，電力も消費せず，発熱もしません．しかし，現実のコンデンサは抵抗に相当する損失要因であるESRをもつため，流した電流に比例して電力を消費し，発熱します．

● アルミ電解コンデンサが発熱してしまうと寿命がすぐに尽きる

コンデンサの損失は，回路全体の電力効率を低下させる大きな要因であり，またコンデンサの自己発熱による故障につながります．

例えばアルミ電解コンデンサは，安価で大容量が得られる反面，一般にESRが大きく，かつ温度が5℃上昇するごとに寿命が1/2になるという問題があります．

● ESRはデータシートに載っていなくても計算可能

そこで，最近では特に低ESRタイプのアルミ電解コンデンサが作られています．電解液を用いない導電性高分子タイプのアルミ固体電解コンデンサは，さらにESRが低いという特徴をもちます．

ESRはデータシートに記載されていないことも多いのですが，tan δ(誘電正接)の値や総インピーダンスの値から計算できます．また，コンデンサの自己発熱を防ぐ目的で，許容リプル電流の値はたいてい記載されています．

表2は，一般タイプ(KMGシリーズ)，低ESRタイプ(KZHシリーズ)，導電性高分子タイプ(PSAシリーズ)のアルミ電解コンデンサのESRを比較したものです．容量はいずれも100 μFです．参考のために，同じ100 μFの積層セラミック・コンデンサも掲載しています．

表2の例では，データシートにはKMGシリーズはtan δ，KZHシリーズは総インピーダンス，PSAシリーズにはESRが記載されています．そこで，KMGシリーズとKZHシリーズは計算でESRを求めました．一般用のKMGシリーズは50/60 Hzの商用電源周波数を想定して，f = 120 Hzで仕様が規定されています(60 Hzを全波整流すると，リプル電流は120 Hz)．KZHシリーズとPSAシリーズはスイッチング電源用途を想定して，f = 100 kHzで仕様が規定されています．したがって，横並びには比較できませんが，KZHシリーズはKMGシリーズより1けたESRが小さく，PSAシリーズはKZHシリーズよりさらに1けたESRが小さいといえそうです．

実験

● 波形で見るコンデンサの直列抵抗成分ESR

表2に示したKMG250-101(100 μFの一般用アルミ電解コンデンサ)のESRを実験で確認してみましょう．実験回路は1-3項の**図6**と同じで，10 Ωの抵抗と100 μFのコンデンサによる一種の分圧回路です．入力信号V_Sは±300 mVの正弦波です．

表3のように，f_{in} = 15.9 kHzでは$|Z_C|$ = 100 mΩ，f_{in} = 159 kHzでは$|Z_C|$ = 10 mΩとなり，コンデンサのインピーダンスはほとんど0 Ωと見なせます．しかし，**表2**のように，KMG250-101には2Ω程度のESRがあるので，10 Ω抵抗とESRによる抵抗分圧回路と

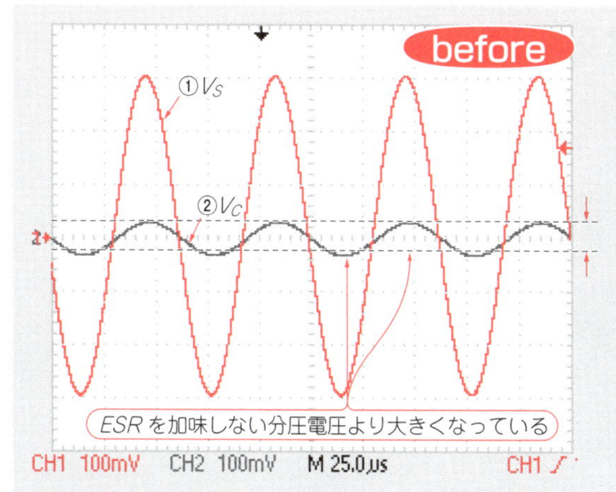

(a) before：周波数 15.9 kHz のとき
ESRも加味した合成インピーダンスが大きいため分圧比も大きい

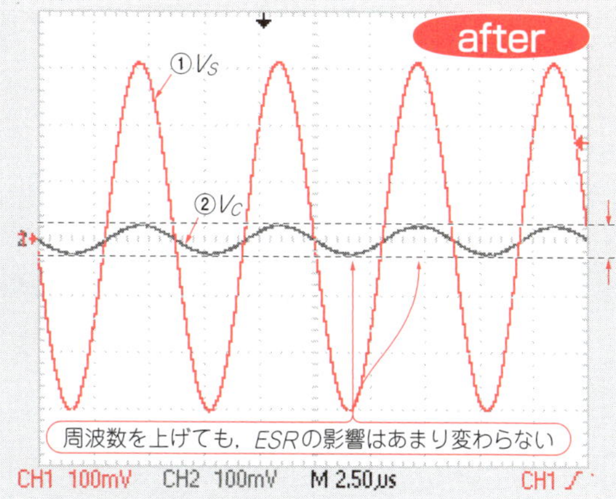

(b) after：周波数 159 kHz のとき
コンデンサのインピーダンスは小さくなるはずだが，ここではESRが支配的なのであまり変わらない

図9　実験波形：コンデンサには等価直列抵抗*ESR*がある

見なせそうです．

f_{in} = 15.9 kHzでの波形と，f_{in} = 159 kHzでの波形を**図9**に示します．

波形を見ると，① V_Sで ± 300 mVの振幅が② V_Cでは約 ± 30 mVになっているので，ほぼ1/10に分圧されたと考えられます．したがって，コンデンサに1Ω弱の*ESR*があると考えれば計算が合います．**表3**で計算した値はmax値なので，それより小さめですからほぼ妥当な値といえるでしょう．

表3　コンデンサ(C_1 = 100 μF)のインピーダンス計算例

周波数[Hz]	1.59	15.9	159	1.59 k	15.9 k	159 k	1.59 M
インピーダンス［Ω］	1 k	100	10	1	100 m	10 m	1 m

$|R_1+Z_C|=\sqrt{10^2+0.1^2}\fallingdotseq 10$
$|Z_C|/|R_1+Z_C|\fallingdotseq 0.1/10$
$\fallingdotseq 0.01$
すなわち②の振幅は①の約1％

$|R_1+Z_C|=\sqrt{10^2+0.01^2}$
$\fallingdotseq 10$
$|Z_C|/|R_1+Z_C|\fallingdotseq 0.01/10$
$\fallingdotseq 0.001$
すなわち②の振幅は①の約0.1％

ESRと誘電正接tan δの関係　Column 1-3

● コンデンサの特性を示すパラメータ

*ESR*は静電容量コンデンサに直列につながる抵抗成分ですが，コンデンサのインピーダンスZ_Cは抵抗と直交する性質をもつため，それらを合成した総インピーダンスZはベクトル和で考えなければなりません．このとき，損失のない理想のZ_Cから見た合成インピーダンスZの角度δを損失角と呼びます．tan δは理想のZ_Cに対する損失成分*ESR*の比を表すことになります．tan δ = $ESR/|Z_C|$は誘電正接と呼ばれて，コンデンサの特性を示す重要なパラメータとなっています(**図D**)．

● 周波数と温度の依存性を加味しないと誘電正接tan δの比較は難しい

ここで注意しなければならないのは，理想のZ_Cの値は容量Cと周波数fで大きく変わることです．それに対して，*ESR*の方はあまり大きく変わらないので，tan δの値がCやfによって大きく変わります．

また，*ESR*は温度によって大きく変わるので，tan δも温度依存性が大きくなります．ただし，これはアルミ電解コンデンサの話です．非電解系では*ESR*自体が周波数依存性をもつので，tan δの方は周波数によってあまり変わらなくなります．

tan δを比較するときは，これらの条件を考慮しないと意味がなくなってしまいます．　〈宮崎 仁〉

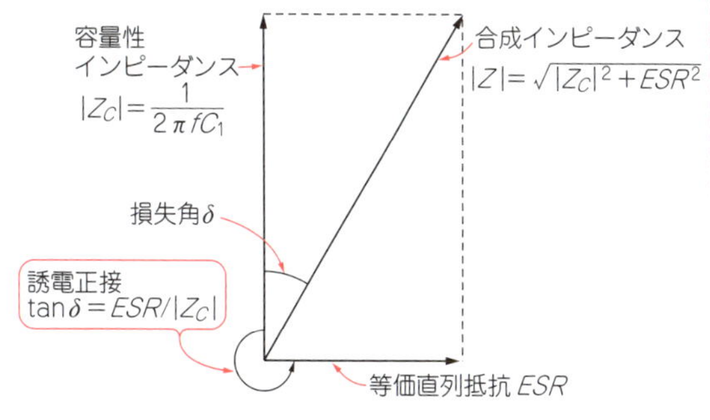

図D　コンデンサのパラメータの関係

1-6 これ以上消費させると焦げる上限「定格電力」

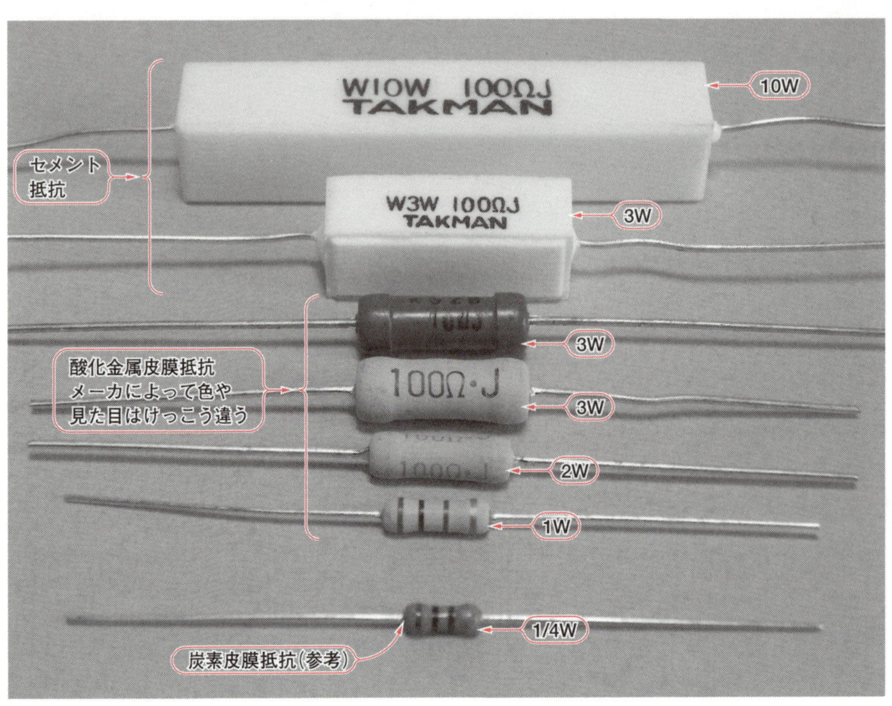

写真3 リード・タイプの電力用抵抗器

セメント抵抗の中身は金属巻線または酸化金属皮膜を用いている．酸化金属皮膜抵抗は耐熱性が高く，小型の電力用抵抗に用いられる

解説

パワー回路で使う電力用抵抗の外観を**写真3**に示します．抵抗を使用する上で注意すべき特性として，精度，定格電力，最高使用電圧，周波数特性などがあります．このうちパワー回路で特に注意が必要なのは，「定格電力」です．

● 発熱で故障しないように定格電力が決められている

抵抗Rに電圧Vが加わって電流Iが流れているとき，抵抗は$P = IV = I^2R = V^2/R$だけの電力を消費して，その分は熱に変わります．抵抗に限らずほとんどの電子部品は熱に弱いので，発熱しても故障する温度にならないように定格電力が定められています．

小信号用の小型抵抗では，1/4 W型，1/8 W型，1/10 W型，1/16 W型などが主に用いられています．ただし，定格いっぱいではなく余裕をもたせて使うことと，高温(例えば100℃以上)で使うにはさらに定格を軽減して使うこと(ディレーティング)が必要です．

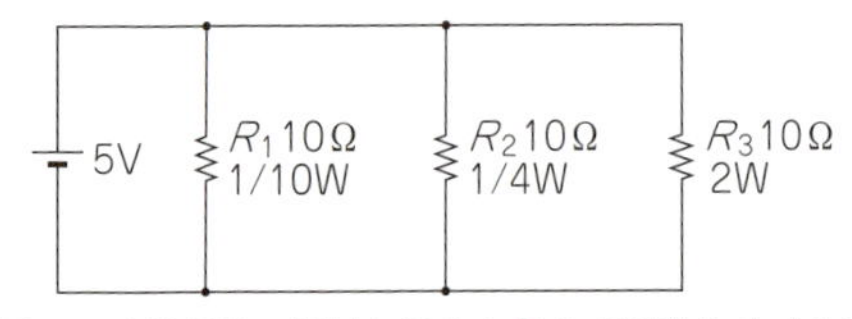

図10　実験回路：抵抗に過大な電力を消費させてみる

実験

● もし定格電力以上の電力を加えると…黒焦げ！

一般に，電圧が加わる場所に用いる抵抗は，過大な電流が流れて高温にならないように，1 k～1MΩ程度の抵抗を主に用います．小さくても100 Ω程度でしょう．一方，電流の検出に用いられる抵抗は，抵抗に生じる電圧を小さく抑えるために，1 Ω～10 Ω程度の抵抗がよく用いられます．このような低抵抗に誤って電圧を加えると，抵抗が発熱して壊れる恐れがあります．

ここで，10 Ωの抵抗に5 Vの電圧を加えたらどうなるかを実験してみました．実験回路を**図10**に示します．計算上の消費電力は，$P = (5\ \mathrm{V})^2/10\Omega = 2.5\ \mathrm{W}$です．

実験に用いた抵抗は，1/10 W型の金属皮膜抵抗，1/4 W型の炭素皮膜抵抗，3 W型の酸化金属皮膜抵抗です．

（a）before：定格電力以下で使っている状態

after
3W品は変化なし
1/4W品はちょっと焦げた
1/10W品は完全に黒焦げ
拡大

（b）after：2.5Wを加えた
1/4W定格と1/10W定格の抵抗は焦げた

（c）1/10W品の拡大

写真4　実験：定格電力を大幅に超えると…黒焦げ！

2.5Wを加えると，1/10W型と1/4W型はすぐに煙が出始め，しばらくすると黒く変色してしまいました（**写真4**）．3W型の酸化金属皮膜抵抗は，高温にはなりましたが，外見上は変化しませんでした．

コンデンサは2種類！大容量化しやすい「電解型」と抵抗成分の少ない「非電解型」

Column 1-4

● 大容量コンデンサは非電解系と電解系の2種類

コンデンサは，電極の面積が広いほど，電極間の距離が短いほど(すなわち絶縁膜が薄いほど)，絶縁膜の誘電率が大きいほど，静電容量も大きくなります．特に，絶縁膜をいかに薄く作るかという方法の違いで，フィルム・コンデンサやセラミック・コンデンサなどの非電解系と，アルミやタンタルなどの電解コンデンサに大別されます．

● 電解コンデンサは広く用いられるが*ESR*が大きい

電解コンデンサは，絶縁膜が極めて薄く，さらに電極の実効面積も大きくしやすいことから，大容量コンデンサとして広く用いられています．表面にごく薄い酸化皮膜を形成した＋極側の金属電極と，－極側の金属電極の間に，電解液(または固体電解質)を挟んだ構造です．酸化皮膜の厚さはnmのオーダで，金属側に＋，電解液側に－の電圧を加えたときだけ絶縁膜として働きます(**図E**)．

電解コンデンサは有極性で，正しい方向に電圧を加えたときだけコンデンサになり，逆方向に電圧を加えると壊れてしまう危険があります．また，電解液(または固体電解質)が電極として電流を伝えるので，等価直列抵抗*ESR*)が大きいことも問題です．さらに，漏れ電流が大きいことや，過電圧にも注意が必要です．

● 非電解系は電解系よりは大容量化しにくいが*ESR*が小さい

非電解系コンデンサは，プラスチック・フィルムやセラミックの絶縁膜を金属電極ではさんだ構造で，絶縁膜の厚さはμmのオーダです．

非電解系のコンデンサは無極性で，電圧を加えなくても常にコンデンサの性質をもちます．等価直列抵抗や漏れ電流も小さい利点があります．絶縁膜はあまり薄くできませんが，セラミック・コンデンサでは誘電率が高い材料を用いて大容量化しています．

〈宮崎 仁〉

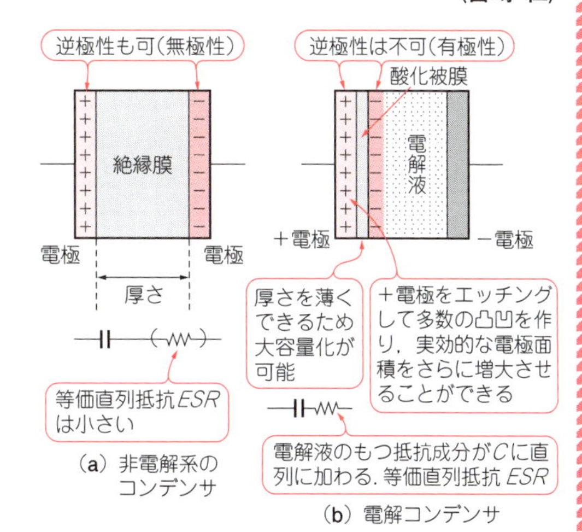

（a）非電解系のコンデンサ

（b）電解コンデンサ

図E　コンデンサの基本構造

1-7 インダクタは電圧が急変しても電流はあまり変化しない

(a) 閉磁路タイプ：カバーをかぶせて漏れ磁束を減らした

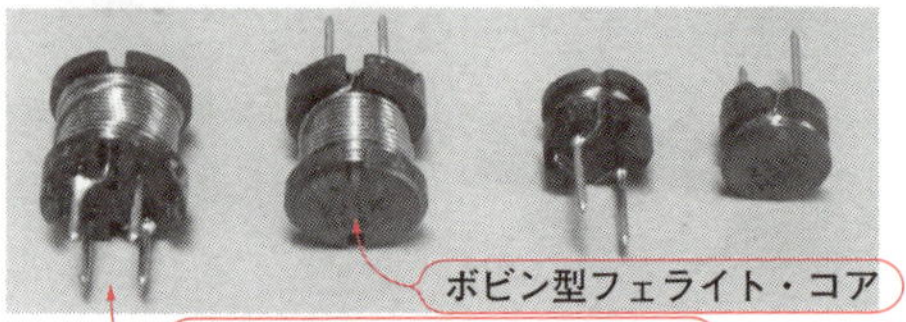

(b) 開磁路タイプ：線を巻いて自作できる

写真5　パワー・インダクタ
パワー・インダクタはボビン型のフェライト・コアに巻線を巻いて作る(他にトロイダル型などもある)．同じコアでも，巻き線数でインダクタンスが変わり，同時に直流抵抗や直流重畳電流などの特性も変わる．直流抵抗や直流重畳電流は巻線の太さでも変わる

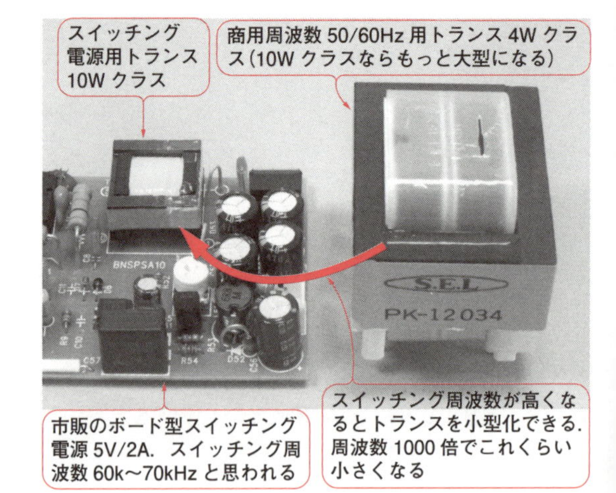

写真6　トランス，インダクタ，コンデンサはスイッチング周波数が高くなると小型化できる
トランスやインダクタ，コンデンサのようにインピーダンスが周波数によって変化する部品は，一般に使用周波数が低いほど大型になる傾向がある．高周波でスイッチングするスイッチング電源は，トランスを小型化できるのが大きなメリット

■ 解説

● インダクタに加わる電圧 V_L は電流の変化率 dI/dt に比例する

インダクタは強磁性体のコア(芯)に電線を巻いた素子です．電圧を加えると電流が流れて磁界を生じます．この磁界のもつエネルギによって，インダクタは電流の変化を妨げるように働きます．パワー回路に使うインダクタやトランスの外観を**写真5**，**写真6**に示します．

抵抗であれば，電圧を2倍にすれば電流も同時に2倍になり，電圧を1/2にすれば電流も同時に1/2になるというように，常に電圧と電流が比例しています．しかし，インダクタの場合は，電圧を変えてもすぐには電流が変わりません．

インダクタの最も基本的な性質は，インダクタに加えた電圧 V_L に対して，電流 I_L の変化率 dI_L/dt が比例することです．この関係式は，

$$V_L = L\frac{dI_L}{dt} \cdots\cdots (8)$$

と表されます．L はインダクタンスで [H]，電流から生じる磁界の強さを示します．

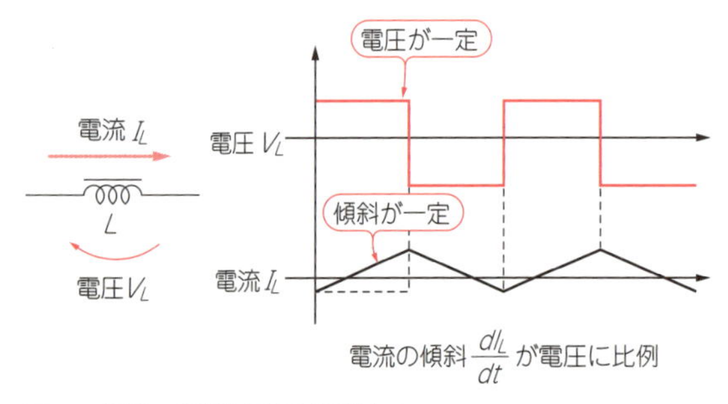

図11　電流の傾斜と電圧が比例する

● コンデンサとちょうど反対の性質

$V_L = 0$ V ならば，理想的には I_L は変化せずにそのまま流れ続けます．一定の電圧 V_L を加え続ければ，理想的には I_L は一定の変化率で無限に大きくなり続けます(これは電線を短絡させているのと同じなので，実際にやってはいけない)．

電圧がステップ状に立ち上がれば，電流は一定の傾斜で増加します．電圧が正負対称の方形波状に変化すれば，電圧は三角波状に変化することになります．これは，電圧の変化に対して電流が遅れることも意味しています(**図11**)．

このようなインダクタの性質は，コンデンサとちょうど反対の性質です．コンデンサの関係式は，次のようになります．

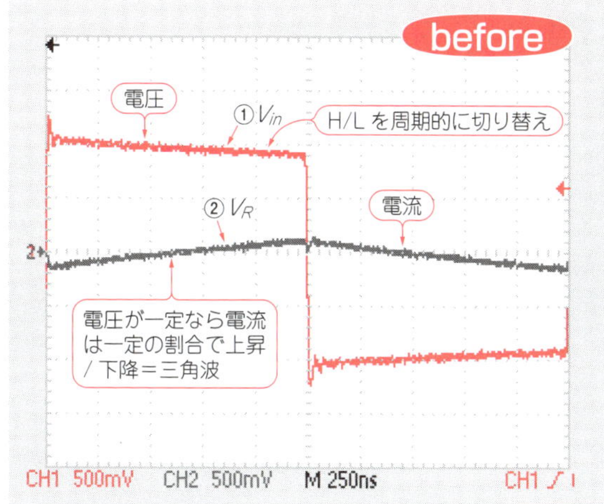

(a) before：f_{in}＝400 kHz のとき
電流は一定の傾斜で上昇/下降し三角波になる

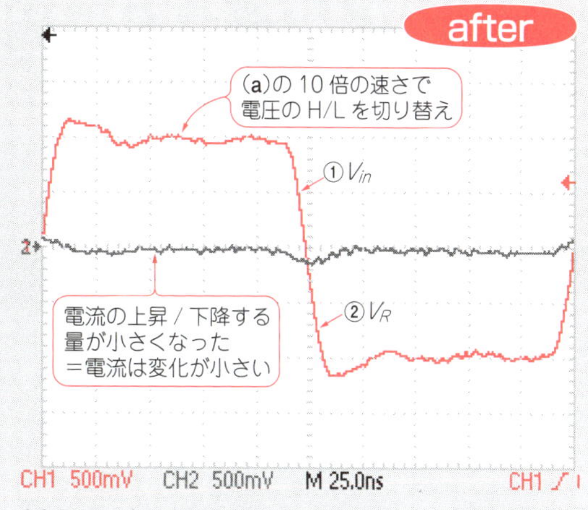

(b) after：f_{in}＝4 MHz のとき
電流の傾斜は同じでも時間幅が短くなるため，電流の変化はさらに小さくなる

図13　実験波形：電圧変化の周波数が高いほど電流の変化は少ない

$$I_C = C\frac{dV_C}{dt} \quad \cdots\cdots (9)$$

式(7)と比べると電圧と電流が入れ替わっています．

インダクタL，コンデンサC，抵抗Rの三つは電気回路における最も基本的な素子です．コンデンサが，電圧を平滑化(電流が変動しても電圧を変動させない)する働きをもつのに対して，インダクタは電流を平滑化(電圧が変動しても電流を変動させない)する働きをもっています．

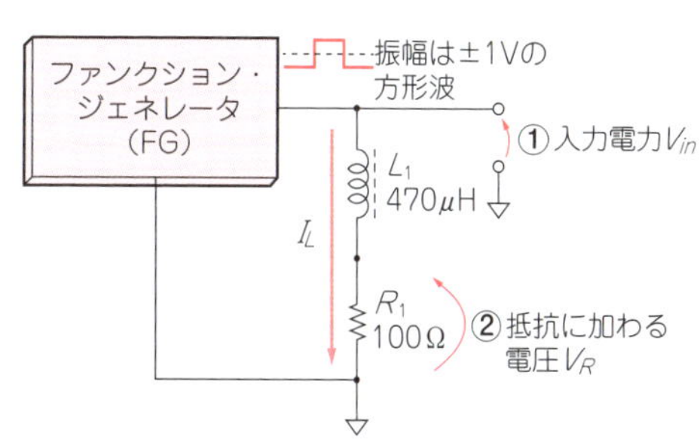

図12　実験回路：電圧が変化したときにインダクタに流れる電流がどのように変化するかを確認する

実験

電圧を急激に変化させたときの電流の変化

入力電圧V_{in}を方形波状に変化させたとき，インダクタに流れる電流I_Lがどのように変化するかを実験で確認しましょう．**図12**のように，470 μFのパワー・インダクタL_1と，100 Ωの抵抗R_1を直列接続して，±1 Vの方形波を入力電圧V_{in}として加えます．

②に現れる波形は，抵抗R_1 = 100 Ωに加わる電圧V_Rですから，抵抗R_1 = 100 Ωを流れる電流を示しています．

結果を**図13**に示します．f_{in} = 400 kHzのとき，電圧V_{in}が方形波状に変化しているのに対して，電流I_LはV_{in}が正のとき一定の傾きで上昇，V_{in}が負のとき一定の傾きで下降しています．傾きの大きさはわずかであり，インダクタが電流を平滑化していることが分かります．

f_{in} = 4 MHzのときは，電流の傾斜はさらにわずかになって，ほとんど0となっています．このように，インダクタは周波数が高いほど電流を流しにくい(インピーダンスが高い)という性質をもっています．

インダクタの容量成分に注意！ Column 1-5

チョーク・コイルは，スイッチング電源のLCフィルタ用インダクタとして一般的に使われています．コア材(金属，金属酸化物)には絶縁被覆された銅線(マグネット・ワイヤ)が巻かれていて，コア材と銅線の間や銅線同士の間にも容量性結合が存在します．結果として，チョーク・コイルの二つの端子間には容量成分が存在し，スイッチング電圧に含まれる高い周波数成分がフィルタ出力にも漏れ出てきます．低ESRのコンデンサを使うとこの容量による高周波リークが抑えられます．また，蛍光管インバータのように高い電圧を扱うコイルではワイヤ相互の容量成分がスイッチング回路のロスを生む原因になるため，端子から端子までの巻き方を分割巻きにしてコイル相互の容量結合を最小にするなどの工夫がなされています．

〈大貫 徹〉

1-8 インダクタは周波数が高いほど電流が流れにくい

■ 解説

● インダクタの電圧と電流，インピーダンスの関係

インダクタに加える電圧の振幅が一定でも，周波数が高くなるほど電流の振幅は小さくなります．これは，インダクタのインピーダンスが周波数fによって変わることを意味しています．一般に，インダクタンスLのインピーダンスZ_Lの大きさは，次式で表せます．

$$|Z_L| = 2\pi fL \quad \cdots\cdots (10)$$

すなわち，Z_Lは周波数fとインダクタンスLに比例します．このインピーダンスZ_Lの性質は，コンデンサのインピーダンスZ_Cとはちょうど反対です(**図14**)．

■ 実験

● インダクタに入力する信号の周波数を変えて電気の流れやすさを確認する

470 μHインダクタL_1と100 Ωの抵抗R_1を接続した**図15**の回路は，低周波はそのまま通過させて，高周波を除去するロー・パス・フィルタとして働きます．振幅±500 mVの正弦波信号を入力して周波数特性を調べてみます．

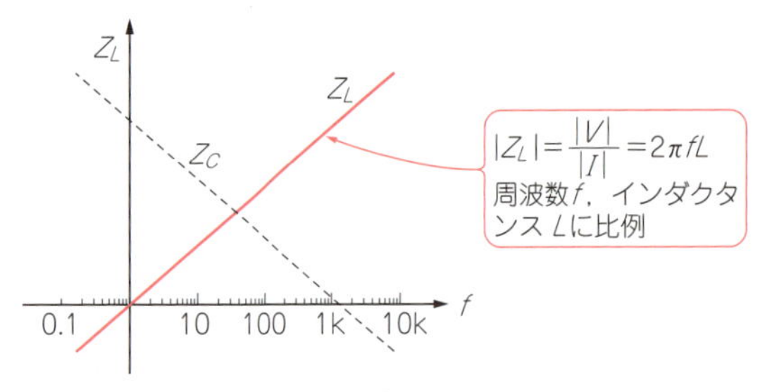

図14 インダクタのインピーダンスZ_L

抵抗R_1の大きさは入力信号の周波数f_{in}によらず一定です．低周波ではZ_Lが小さくなってR_1が支配的になり，入力電圧がほとんどそのまま出力電圧に出てきます．高周波ではZ_Lが大きくなって支配的になり，入力電圧はZ_Lで大きく電圧降下するため，出力電圧が小さくなります．

ちょうど$|Z_L| = R_1$となる周波数が，通過するか除去されるかの境界になります．すなわち，

$$2\pi f_C L_1 = R_1 \quad \cdots\cdots (11)$$

の条件を満たす周波数を求めます．式(11)を変形すると次のようになります．

$$f_C = \frac{R_1}{2\pi L_1} \quad \cdots\cdots (12)$$

この周波数f_Cのことをカットオフ周波数と呼びます．**図16**の定数を代入すると，

$$f_C = \frac{R_1}{2\pi L_1} = \frac{100}{2\pi \times 470 \times 10^{-6}} \fallingdotseq 33.9 \text{ kHz} \quad \cdots (13)$$

です．

図16に実験結果を示します．f_{in} = 3.39 kHz(f_Cの1/10)のとき，入力信号がほぼそのまま出力信号に現れています．f_{in} = 339 kHz(f_Cの10倍)のとき，入力信号は減衰しています．f_{in} = 33.9 kHz(ほぼf_C)のときはその中間です．

なぜインダクタは電流変化に抵抗するのか？

抵抗の低い銅線をコイル状に巻いただけのインダクタが，どうして交流成分に対して抵抗のように働くのでしょう．これは誘導起電力というものを考えると理解しやすいと思います．

例えばトランスでは1次コイルで磁界変化を作り出し，その磁界変化から2次コイルに起電力が生まれ電圧が出力されます．2端子のインダクタに電圧を印加すると電流が流れ，発生する磁界によりコイルに逆起電力が生まれます．自己誘導による起電力です．

図Fのように，逆起電力は銅線に印加した電圧を相殺するような方向の電圧です．実際に銅線に印加される電圧は，印加電圧から逆起電力電圧を差し引いた値になります．

ここで，この逆起電力は磁界の強さではなく，磁界の変化の速度です．次式の右辺の負符号の意味は印加電圧を打ち消す方向を表します．

$$V_S = -N\frac{4\phi}{4t}$$

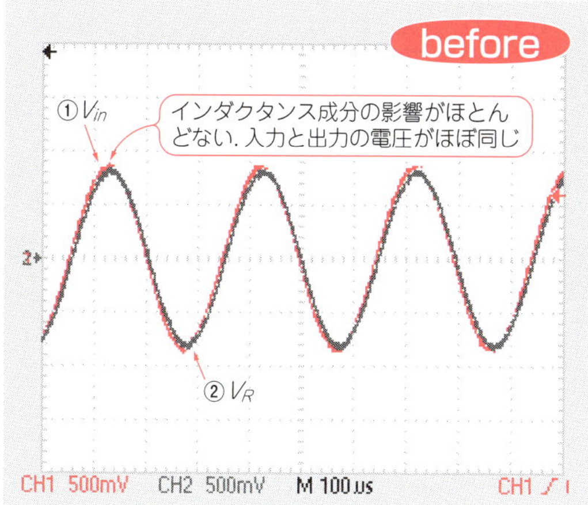

(a) **before**：周波数 3.39 kHz のとき
470μH に入力してもインピーダンス Z_L は 10Ω と小さいので，入力信号がほぼそのまま出力信号に現れる

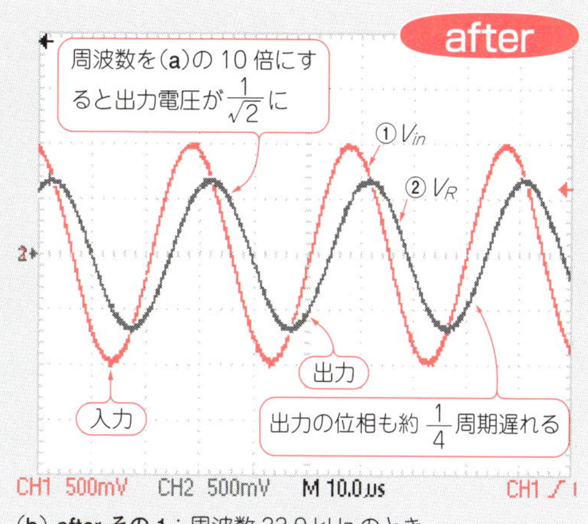

(b) **after その 1**：周波数 33.9 kHz のとき
出力信号がやや減衰し（入力信号の $1/\sqrt{2}$），遅れ（約 1/4 周期）も生じる

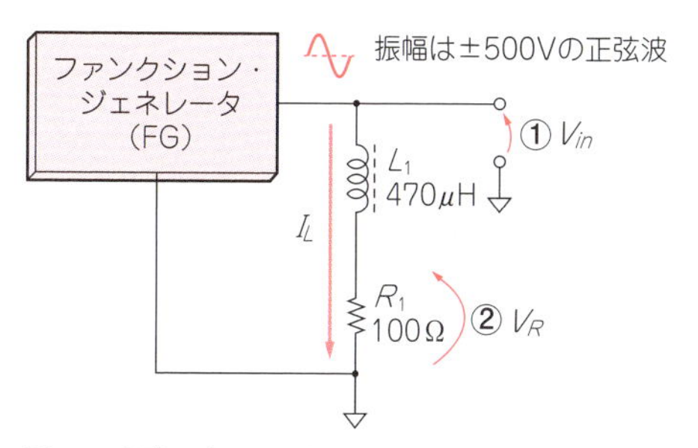

図15 実験回路：入力信号の周波数を変えてインダクタ電流の流れやすさを確認する

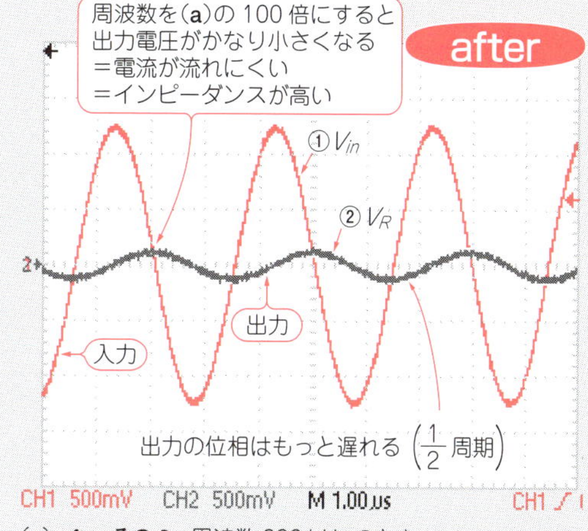

(c) **after その 2**：周波数 339 kHz のとき
出力信号はさらに減衰し，遅れも大きくなる（約 1/2 周期）

図16 実験波形：インダクタに入力する信号の周波数を上げるほど，電流が流れにくい（インピーダンスが高い）

このロー・パス・フィルタは，コンデンサCと抵抗Rで作ったロー・パス・フィルタと基本的には同じ特性をもちます．ただし実際の部品では，インダクタLは特性が悪くて扱いにくく，価格も高めなことが多いので，CとRの方が一般に用いられています．

Column 1-6

ただし，V_S：自己誘電起電力［V］，
　N：コイルの巻き数，
　ϕ：コイル内の磁束［Wb］，
　t：時間［s］

この式の要点は，磁束が変化しない限り電圧が生じないことです．分母を構成する時間tが短い（周波数が高い）と起電力が大きくなり，銅線への実印加電圧が小さくなります．結果として抵抗が高くなるように見えるのです．

〈大貫 徹〉

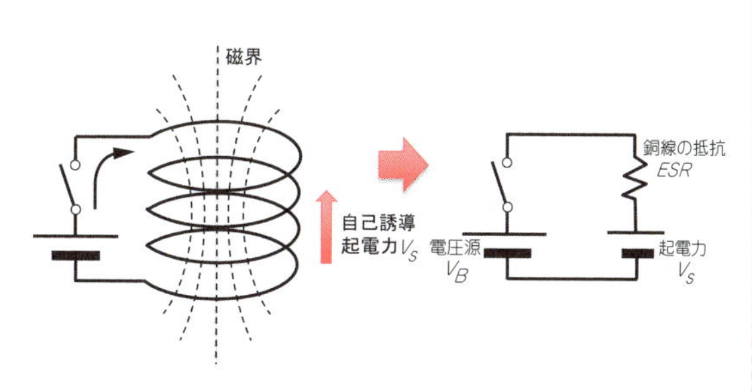

図F コイルに電流が流れると起電力が発生して電流の流れを妨げるように働く

1-9 インダクタに流せる電流の上限は「直流重畳許容電流」か「温度上昇許容電流」の小さいほうで決まる

解説

インダクタは精度が±20～30％と低い

インダクタを使用する上で注意すべき特性として，精度，直流重畳許容電流，温度上昇許容電流，直流抵抗，周波数特性などがあります．

インダクタの精度（許容差）は電子部品の中でもかなり低い方で，パワー・インダクタでは±20～30％程度の製品が多くなっています．コイル（巻き線）のインダクタンスはおおまかには巻き線数の2乗に比例しますが，巻き線の形状の違いや電線の太さ，コアの形状や透磁率の違いなどによって変わってくるためです．特に，コアの特性はさまざまな条件で大きく変動します（Column 1-7）．

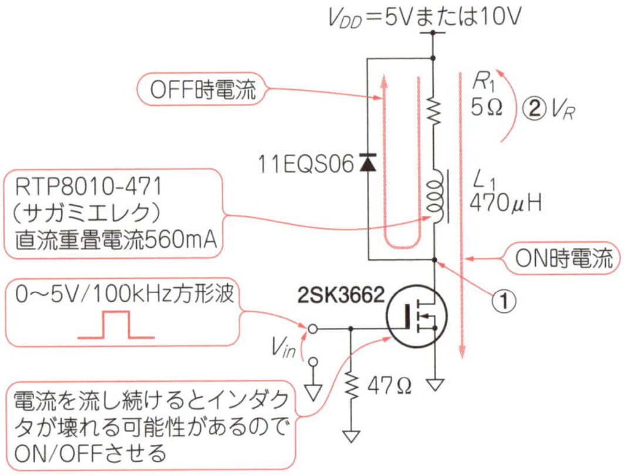

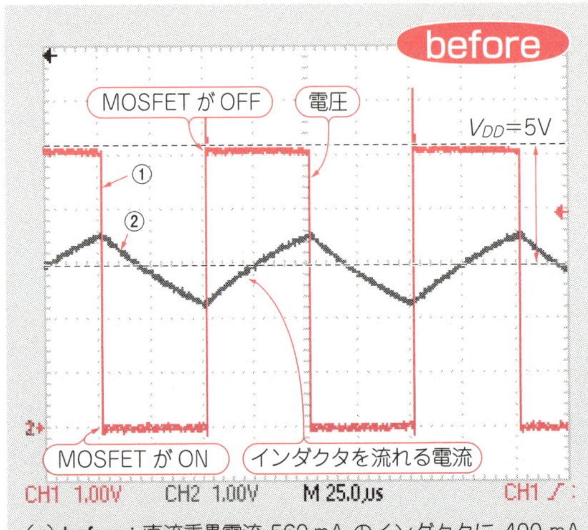

図17　実験回路：インダクタに大きな直流電流を流してインダクタンスの低下を見る

パワー回路で特に注意が必要な二つの許容電流

パワー回路で特に注意が必要なのは，直流重畳許容電流と温度上昇許容電流という二つの許容電流です．

インダクタに大きな直流電流を流すと，インダクタンスが低下する磁気飽和という現象が発生します．直流重畳許容電流はコアの磁気飽和特性から決まるものです．インダクタンスが初期値より10％（または30％）低下する直流電流を直流重畳許容電流として規定しています．

温度上昇許容電流は，インダクタの温度上昇が一定値（例えば20℃）を超える直流電流です．規定の温度はメーカや品種によって異なります．

通常は，直流重畳許容電流と温度上昇許容電流のどちらか小さい方が，そのインダクタの直流最大許容電流となります．

実験

流す直流電流を大きくしていってインダクタンスの低下（磁気飽和）を見る

インダクタに大きな直流電流を流すとインダクタン

before
MOSFET が OFF
電圧
V_{DD}=5V
①
②
MOSFET が ON
インダクタを流れる電流
CH1 1.00V　CH2 1.00V　M 25.0μs　CH1 ／

（a）before：直流重畳電流 560 mA のインダクタに 400 mA（V_{DD}=5V）流すと，電流波形は平滑化されて三角波になっている

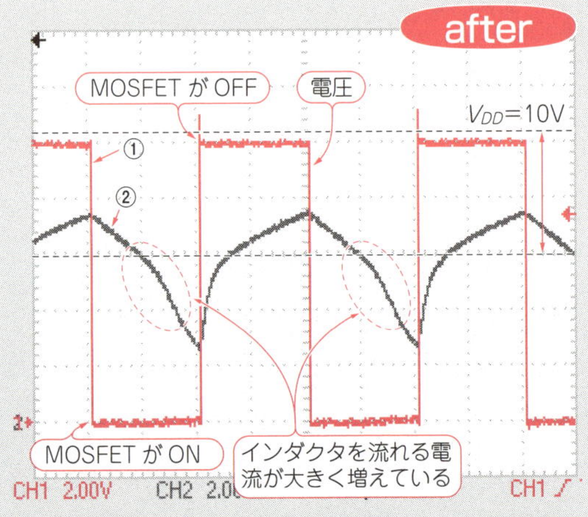

after
MOSFET が OFF
電圧
V_{DD}=10V
①
②
MOSFET が ON
インダクタを流れる電流が大きく増えている
CH1 2.00V　CH2 2.00　CH1 ／

（b）after：電圧を2倍（V_{DD}＝10V）にして2倍の電流（800 mA）を流そうとしたところ，インダクタンスが低下して電流が880mA流れた

図18　実験波形：インダクタに流れる電流が直流重畳電流を超えるとインダクタンスが下がる（余計電流が流れる）

表4[1] 実験で使ったインダクタの主な仕様

インダクタンス［μH］	470
直流抵抗［Ω］	1.50(max)
	1.20(typ)
直流重畳許容電流［mADC］	560
温度上昇許容電流［mADC］	390

スが低下することを，実験で確認してみます．**図17**が実験回路，**図18**が実験結果です．実験で使ったインダクタの主な仕様を**表4**に，直流重畳特性を**図19**に示します．

この回路は，パワーMOSFETを100 kHzでスイッチングして断続的な電流をインダクタに供給しますが，インダクタの働きで電流が平滑化されて三角波状の連続電流になります．パワーMOSFETがOFFの期間は，ダイオードを通って電流が流れ続けます．

V_{DD} = 5 Vのときは，抵抗R_1 = 5 Ωに加わる平均電圧が約2 Vで，平均電流は約400 mAです．これは，インダクタの直流重畳許容電流の範囲内であり，インダクタは断続電流を平滑化できていることが分かります．

V_{DD} = 10 Vのときは，抵抗R_1 = 5 Ωに加わる平均電圧が約4.4 Vで，平均電流は約880 mAです．電流が直流重畳許容電流を超えて，インダクタンスが低下したことにより，電流波形の振幅が大きくなってしまったことが分かります．電源回路の場合には，出力電圧の変動が大きくなって負荷回路を誤動作させる恐れもあります．

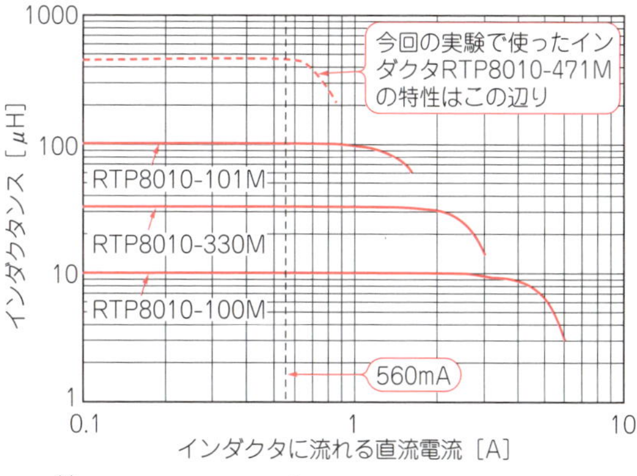

図19[1] 実験で使ったインダクタの直流重畳特性

さらに，この状態ではインダクタはかなり高温になり，このまま動作させ続けるとインダクタ自体が故障する危険があります．

◆引用*文献◆

(1)* サガミエレク：RTP8010データシート．

インダクタの小型化を可能にするコアとその性質　Column 1-7

● フェライト・コアを使うとインダクタを小型化できる

一般的なフェライト・コアは透磁率が高く，同じ巻き線数でも空芯コイルの数倍～数百倍のインダクタンスが得られます．その分だけ巻き線数を減らせば，インダクタを小型化できます．例えば5回巻きで数μH程度のインダクタができます．また，巻き線数を減らせば線間容量が減って周波数特性が向上し，電線の直列抵抗も減って損失を小さくできる利点もあります．

● コアが磁気で飽和するとインダクタンスが低下する

一方，コアの特性は形状によって変わりますし，温度や電流，周波数によって大きく変わります．特に問題となるのは，巻き線に大きな直流電流を流すとコアの磁束が飽和してインダクタンスが低下してしまう現象で，磁気飽和と呼びます．コアにギャップ(空隙(くうげき))を設けると実効透磁率は下がりますが，その分磁気飽和は起きにくくなります．

● 温度や周波数が高くなると磁気飽和が起きやすい

コアの透磁率は一般に温度が上がるほど高くなり，磁気飽和が起きやすくなります．巻き線に大きな電流を流すと，巻き線の直列抵抗によって発熱するので，より磁気飽和が起きやすくなります．また，コアには磁性の切り替えによる損失があり，周波数を高くするほどコア自体の発熱が大きくなります．

〈宮崎 仁〉

1-10 パワー回路のフィルタはインダクタとコンデンサで作る！抵抗はロスるから駄目

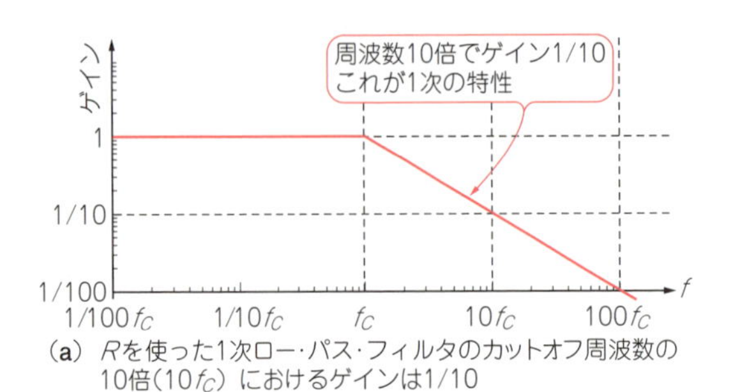

(a) Rを使った1次ロー・パス・フィルタのカットオフ周波数の10倍(10f_C)におけるゲインは1/10

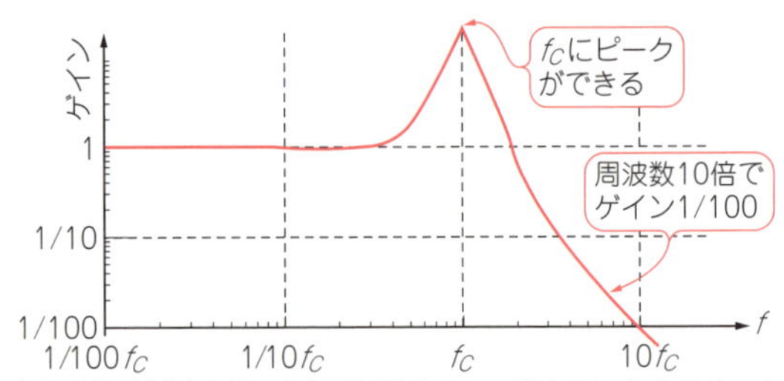

(b) LとCだけを使った図20の2次ロー・パス・フィルタのカットオフ周波数の10倍(10f_C)におけるゲインは1/100

図20　図21のフィルタは高周波の除去性能がよい

■ 解説

● LとCだけでロー・パス・フィルタを構成すると，Rを使うよりも効果的に高周波を除去できる

コンデンサCと抵抗RやコイルLと抵抗Rで作ったロー・パス・フィルタは，1次フィルタと呼ばれます．カットオフ周波数f_Cより高い周波数では，図20(a)のように周波数が10倍上がるごとにゲインが1/10に落ちます．

ところが，図21に示すLとCで作ったロー・パス・フィルタは，周波数が10倍上がるごとにゲインが1/100に落ちて，より効果的に高周波を除去できます［図20(b)］．これを2次フィルタと呼びます．

● ただしインダクタとコンデンサの直列共振でカットオフ周波数にピークができる

ただし，一つ注意すべきことがあって，カットオフ周波数f_Cの付近では，入力信号より出力信号の方が大きくなってしまうという性質があります．

増幅もしていないのに入力より大きい出力が出てくるのは，インダクタとコンデンサの共振と呼ばれる現象があるためです．

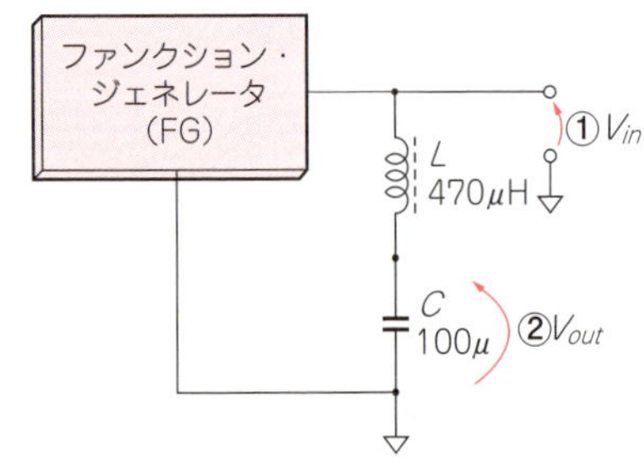

図21　実験回路：Rを使わないロー・パス・フィルタ

コンデンサのインピーダンスZ_C，インダクタのインピーダンスZ_Lは，それぞれ抵抗Rと直交する性質をもちますが，Z_CとZ_Lは同じ直線上で逆向きの性質をもっています．そのため，CとLを直列接続したとき，$|Z_C| = |Z_L|$となる周波数でインピーダンスが打ち消しあって合成インピーダンスが0Ωになります．これを直列共振と呼びます．

同様に，CとLを並列接続したとき，ある周波数で合成インピーダンスが∞Ωになります．これを並列共振と呼びます．

図20(b)のLとCで作ったロー・パス・フィルタは，$|Z_L| = |Z_C|$すなわち，$2\pi fL = 1/(2\pi fC)$となる周波数がカットオフ周波数ですが，このとき直列合成は0Ωになるので，フィルタのゲインが∞倍になります．実際には，コンデンサやインダクタのもつ直列抵抗成分(ESR)があるためゲインは∞倍にはなりませんが，特性にピークができてしまうのが普通です．

■ 実験

● パワー回路の出力によく使われる2次ロー・パス・フィルタの直列共振

スイッチング・レギュレータやDC-DCコンバータの出力平滑化は，直列にRを入れるとその分損失が大きくなってしまうので，LとCだけのロー・パス・フィルタで行っています．LとCによる2次ロー・パス・フィルタの動作を実験してみましょう．実験回路は図21を使います．

L_1 = 470 μH，C_1 = 100 μFのとき，$f_C = 1/(2\pi\sqrt{L_1C_1}) \fallingdotseq 734$ Hzが共振周波数(カットオフ周波数)です．実験結果を図22に示します．

f_{in} = 7.34 Hz(f_Cの1/10)のとき，出力信号はぴった

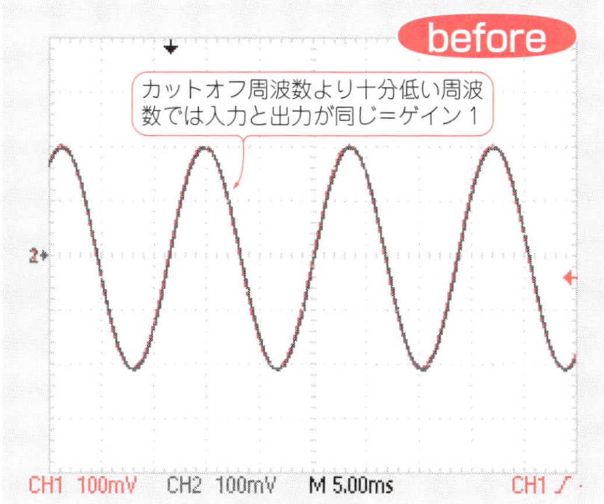

(a) before その1：共振周波数がカットオフ周波数の1/10 (f=73.4 Hz)だと入力と出力はぴったり重なっている

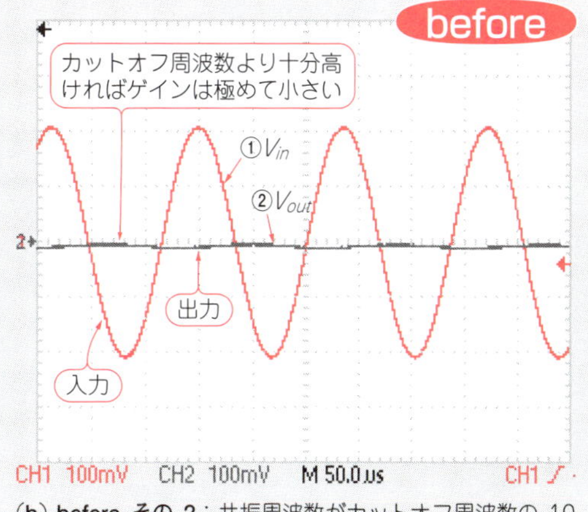

(b) before その2：共振周波数がカットオフ周波数の10倍(f=7.34 kHz)だと出力のゲインが極めて小さくなっている

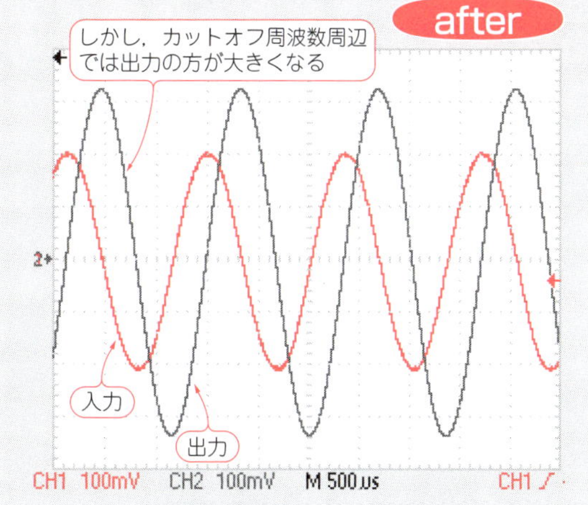

(c) after：共振周波数とカットオフ周波数が同じ(f=734 Hz)場合は入力より出力が大きくなってしまう

図22 実験波形：パワエレ/電源回路のスイッチング周波数が共振周波数の近くにきてはならない

り入力信号に重なっています．f_{in} = 7.34 kHz(f_Cの10倍)のとき，入力信号は大きく減衰しています．f_{in} = 734 Hz(ほぼf_C)のときは，出力信号の方が入力信号より大きくなっています．

このピークは，Lと直列に適当な値のRを挿入すればなくせるので，リニアな特性を重視するフィルタではR，L，Cを組み合わせたフィルタを使います．しかし，パワー回路の出力に直列にRを入れることは難しいので，スイッチング周波数が共振周波数の近くにこないように考慮して設計を行う必要があります．

(初出：「トランジスタ技術」2011年5月号 特集 第1章)

Column 1-8

高周波フィルタを作るときはプリント・パターンも部品の一つと考える

高周波では，1 cmそこそこのグラウンド・パターンやスルー・ホールのインダクタンス分が，LPFの減衰特性を台なしにします．

実験条件：コンデンサとコイルは1608の積層チップ．基板は0.8 mm厚のガラス・エポキシ．A面(裏面)は全面ベタGND，B面もGND面が多くスルー・ホールでA面に接続している．〈小宮 浩〉

L_2 56nH　L_4 56nH
C_1 9p　C_3 27p　C_5 9p
机上のLPF
プリント・パターンやスルー・ホールのインダクタンス
L_{add} =4.3nH

(a) プリント・パターンを含めた回路

レベル [dB]
0 −20 −40 −60 −80
S_{11}
S_{21}
L_{add}の影響でこれ以上減衰しない
スルー・ホールの影響
コンデンサの近くにスルー・ホールを付けてL_{add}を小さくしたとき
40 300 600 840
周波数 [MHz]

(b) 減衰特性

図G LPFの減衰特性はグラウンド・パターンのインダクタンスの影響を大きく受ける

第2章 発熱量に影響の大きい順電圧や逆回復時間といったパラメータを理解する

パワー回路用のダイオードとMOSFET

宮崎 仁

パワー回路用のダイオードやトランジスタは，高い電圧を加えたり，大きな電流を流したりできるディスクリート半導体です．大電力を扱うこれらの半導体を使いこなすには，まずなにより発熱(損失)に影響のあるパラメータを理解することです．

2-1 順方向電圧 V_F：電流が流れているときに出る発熱の主要因

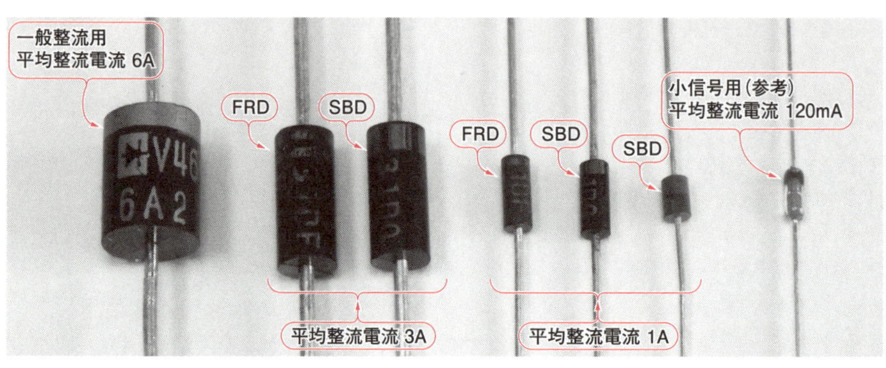

写真1 リード線タイプの整流/スイッチング用ダイオードの例
SBDはショトキー・バリア・ダイオード，FRDはファスト・リカバリ・ダイオード

■ 解説

パワー・ダイオードを**写真1**に示します．

パワー回路用のダイオードの特性を表すパラメータは，ピーク逆電圧や繰り返しピーク逆電圧，ごく短時間のサージ順電流やピーク順電流，実効順電流，平均整流電流などさまざまですが，中でも「順電圧(順方向電圧) V_F」と「逆回復時間 t_{rr}」は発熱への影響が大きいパラメータです．

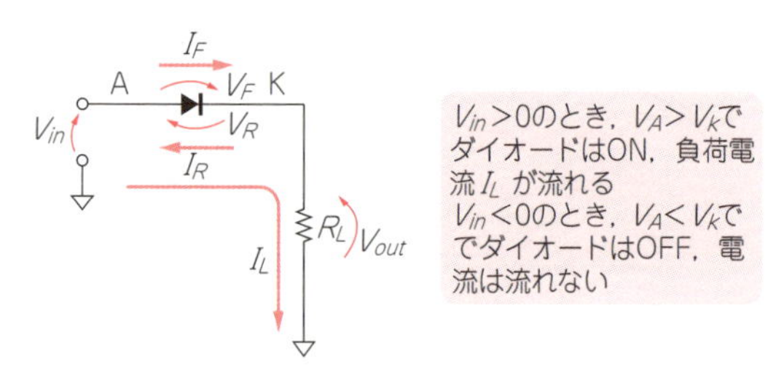

図1 ダイオードの順方向電圧の影響を考慮しなければならない

● パワー用ダイオードで重要なのは，I_FV_Fの電力を消費しても発熱/故障しないこと

ダイオードは安価で簡単に使える整流素子として広く用いられていますが，順方向に電流を流すときに順電圧降下V_Fを生じる問題があります．したがって，**図1**の回路でダイオードがONのとき，R_Lに加わる電圧はV_{in}よりもV_Fだけ下がった$V_{out} = V_{in} - V_F$となります．

小信号回路では電圧が降下すること自体が問題ですが，パワー回路の場合は，ON時にI_FV_Fだけの電力をダイオードが消費することが大きな問題です．システムの効率が低下するだけでなく，ダイオードの発熱や故障にも注意が必要です．

ダイオードの電力消費の原因となる順電圧降下はダイオードの種類によって異なります．最も一般的なダイオードはSiのpn接合を利用したもので，原理的に約0.7Vの順電圧があります．実際には，順電流が大きいほど順電圧も大きくなるので，個別に確認する必

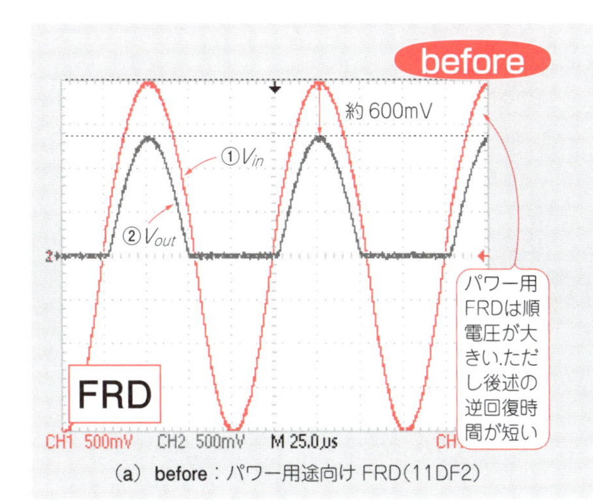

(a) before：パワー用途向けFRD(11DF2)

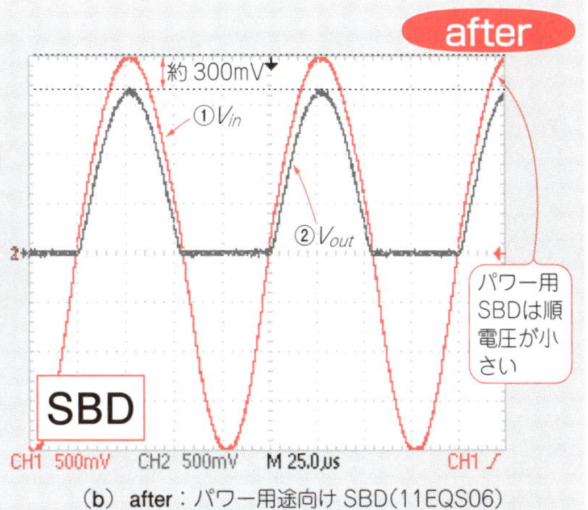

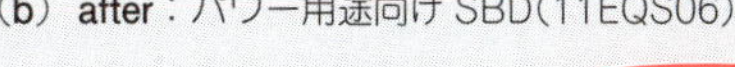

(b) after：パワー用途向けSBD(11EQS06)

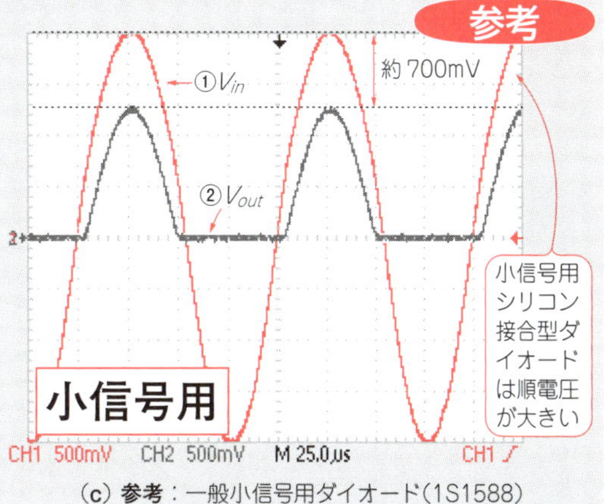

(c) 参考：一般小信号用ダイオード(1S1588)

図3 実験結果：SBDはFRDより順電圧が小さい

表1 実験に使用したダイオード

定格，特性	11DF2 (before)	11ERS05 (after)	1S1588 (参考)
種類	パワー用 FRD	パワー用 SBD	小信号用 ダイオード
繰り返しピーク逆電圧 V_{RRM}	200 V	60 V	−
逆電圧 V_R	−	−	30 V
平均整流電流 I_O	1 A	1 A	120 mA
ピーク逆電流 I_{RM}	10 μAmax	1 mAmax	0.5 μAmax
ピーク順電圧 V_{FM}	0.98 Vmax (I_{FM} = 1 A)	0.58 Vmax (I_{FM} = 1 A)	−
順電圧 V_F	−	−	1.3 Vmax (I_F = 100 mA)
逆回復時間 t_{rr}	最大30 ns	−	最大4 ns

(小信号用)

要があります(Column 2-1)．これよりも順電圧が小さいダイオードとして，ショットキー・バリア・ダイオード(SBD)があり，パワー回路でよく使われます．SBDはシリコンと金属の接合を利用しています．

実験

パワー電源回路でよく使うダイオードFRDとSBDの特徴

表1の3種類のダイオードを使って，整流動作を実験してみましょう．パワー・ダイオードとして一般的なファスト・リカバリ・ダイオード(以下，FRD)とショットキー・バリア・ダイオード(以下，SBD)を取り上げ，参考として一般小信号用ダイオードを加えています．

▶ファスト・リカバリ・ダイオードFRDは，順電圧は高いが逆漏れ電流は小さい

FRDはSiのpn接合を利用したパワー用ダイオードで，特に高速に作られたものです．順電圧は大きめですが，高耐圧で逆漏れ電流が小さい特徴があります．

▶ショットキー・バリア・ダイオードSBDは，順電圧は低いが逆漏れ電流は大きい

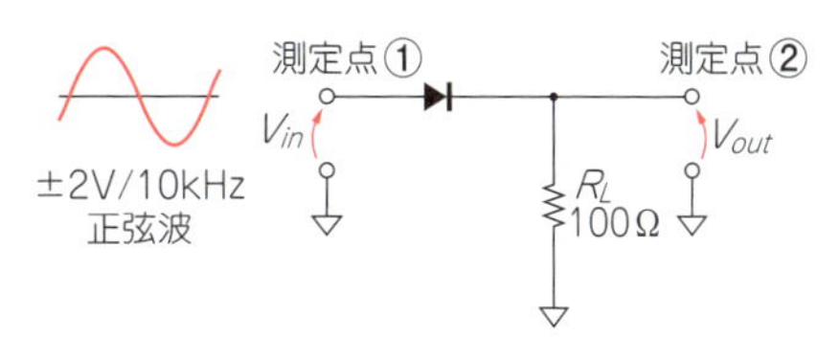

図2 実験回路：FRD/SBDの順電圧V_Fや漏れ電流を測る

SBDは耐圧が低く逆漏れ電流が大きいのですが，順電圧を小さくできるのが大きな特徴です．11DF2と11EQS06は平均整流電流は1 Aと同じですが，その他の特性にはかなりの違いがあります．

図2が実験回路，**図3**が実験結果です．

入力信号は±2 Vの正弦波で，負荷抵抗をR_L = 100 Ωとしたので，電流のピークは20 mA以内です(実際には順電圧のぶんR_Lに加わる電圧は減少するので，電流も小さくなる)．11DF2と1S1588は順電圧が大きく，11EQS06は小さいことが分かります．

順電流が大きいほど順方向電圧は大きくなる

Column 2-1

● 解説

ダイオードの順電圧には，原理的にほぼ一定電圧の部分と，ダイオードの内部抵抗を順電流が流れて生じる電圧降下の部分があります．そのため，同じ品種でもどれだけの電流を流すかで順電圧の大きさが変わってきます．ダイオードを比較するには，なるべく電流条件を同じにする必要があります．

● 実験

ここでは，R_Lを1kΩから10Ωに変化させたときのFRDの順電圧の変化と，SBDの順電圧の変化を実験で見てみます．電源電圧は5Vです．**図A**が実験回路です．なお，負荷抵抗R_Lが同じでも，順電圧が違えばR_Lに加わる電圧もそのぶん変わるので，順電流は同じにはなりません．厳密な実験を行う場合は，定電流源などで一定の順電流を与えるようにします．**図B**と**図C**が実験結果です．

図BはFRDの順電圧の変化を，**図C**はSBDの順電圧の変化を表したものです．いずれも，順電流が大きくなるほど順電圧も大きくなっています．

〈宮崎 仁〉

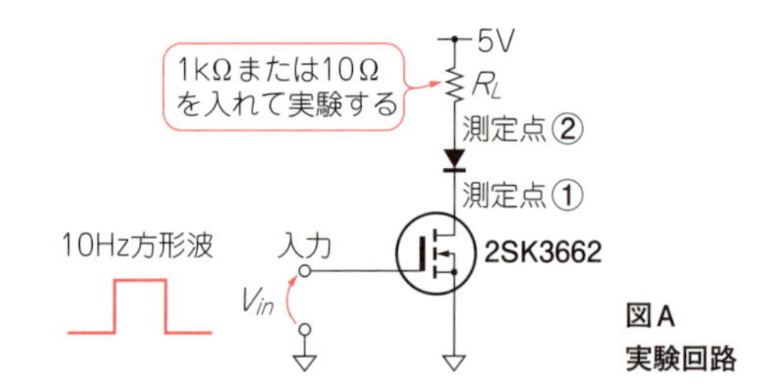

図A 実験回路

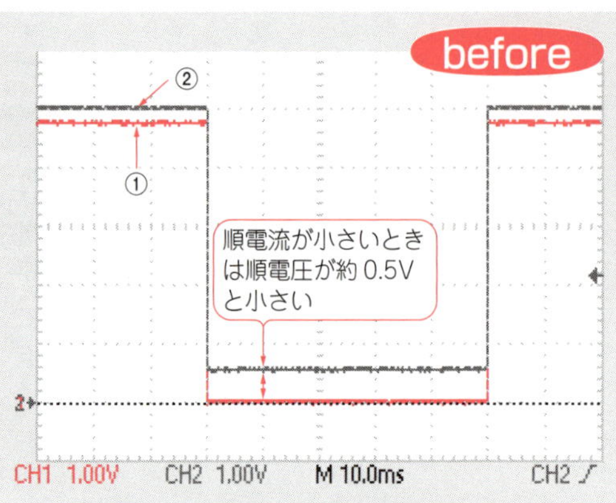

(a) before：流す順電流が小さい場合は順電圧が小さい（11DF2，R_L＝1kΩ）

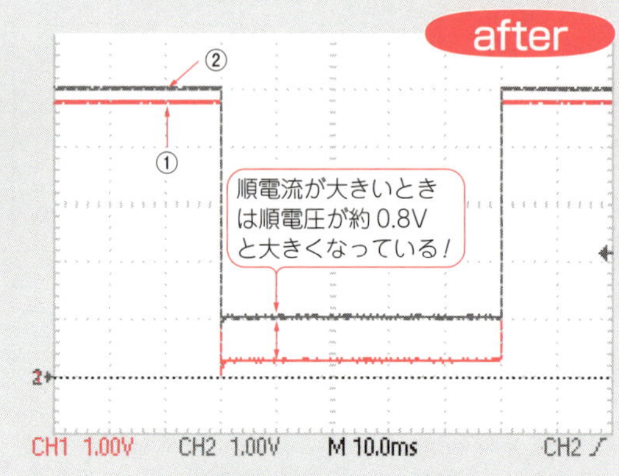

(b) after：流す順電流が大きくなると，順電圧も大きくなる（11DF2，R_L＝10Ω）

図B FRDは順電流I_Fを流すほど順電圧V_Fは大きくなる

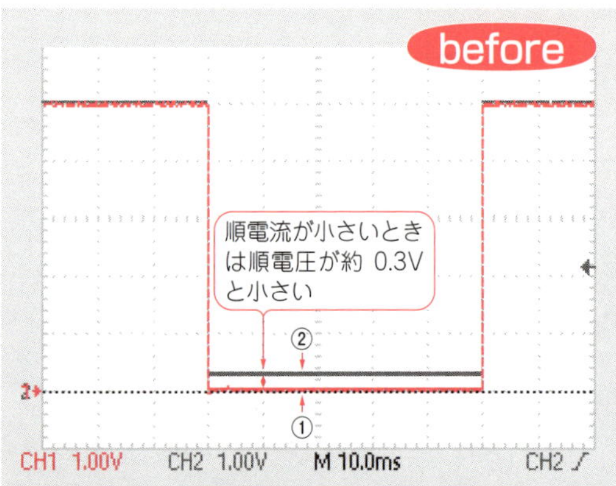

(a) before：流す順電流が小さい場合は順電圧が小さい（11DF1，R_L＝1kΩ）

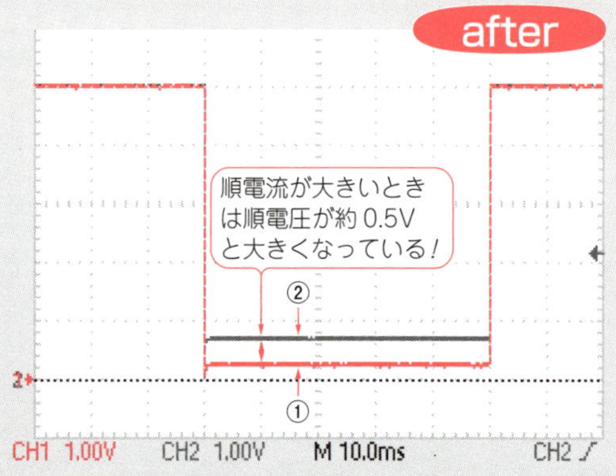

(b) after：流す順電流が大きくなると，順電圧も大きくなる（11DF1，R_L＝10Ω）

図C 実験結果：SBDは順電流I_Fを流すほど順電圧V_Fは大きくなる

2-2 逆回復時間 t_{rr}：電圧が順方向から逆方向に切り替わった直後に出る発熱の主要因

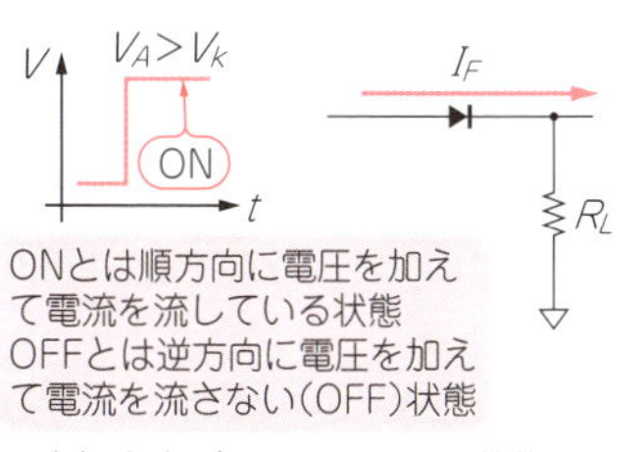

(a) 入力が$V_A > V_k$でONの状態

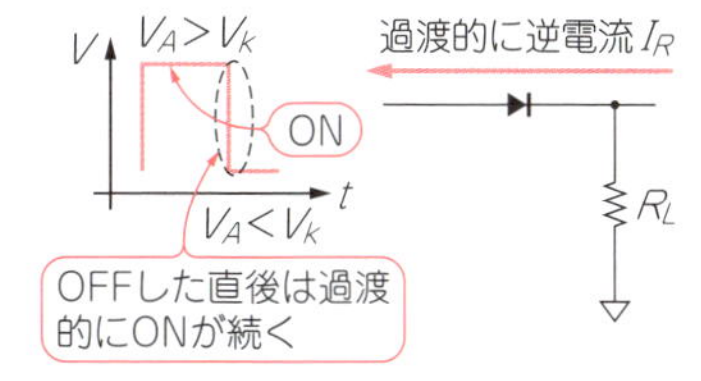

(b) 入力は$V_A < V_k$に遷移，ダイオードはOFFへの遷移が遅れる

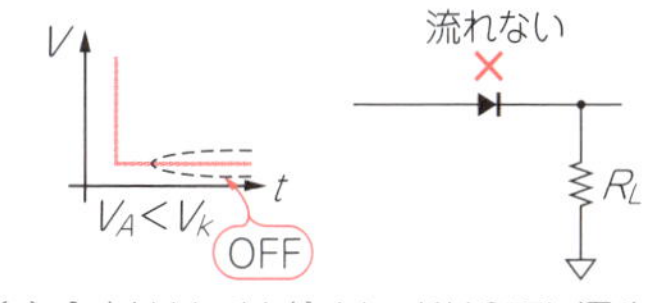

(c) 入力は$V_A < V_k$ダイオードはOFFに遷移

図4　ダイオードがONからOFFへ遷移するときの遅れ

解説

パワー回路で使うダイオードは応答時間が重要

スイッチング・レギュレータやDC-DCコンバータなどの回路では，ダイオードがON/OFFのスイッチングによく用いられます．このとき，ダイオードには方形波信号が加わります．

正弦波が加わった場合は入力信号が緩やかに変化しますが，方形波の場合は入力信号が急激に変化するため，応答時間が重要です．特に，次に示すように入力がONからOFFに遷移してから，実際にダイオードがOFFになるまでの遅れが問題です．

OFFになるのが遅れて逆電流がドバっと流れることを避けるために逆回復時間t_{rr}が短い必要がある

ダイオードは，アノード電圧V_Aがカソード電圧V_Kより高い場合にONになり，この電圧に従ってアノード⇒カソード方向に電流が流れます．カソード電圧V_Kがアノード電圧V_Aより高い場合にはOFFになるので，逆方向の電流は流れません．

ところが，入力がON($V_A > V_K$)からOFF($V_A < V_K$)に高速に遷移すると，ダイオードがOFFになるのが遅れてしまい，ONのままで逆方向に電圧が加わった状態になります．この状態では，カソード⇒アノード方向に過大な電流が流れることになります(図4)．

この，ダイオードがONからOFFに遷移するまでの時間を逆回復時間t_{rr}と呼びます．FRDはこの逆回復時間(リバース・リカバリ・タイム)が短いことから付けられた名称です．

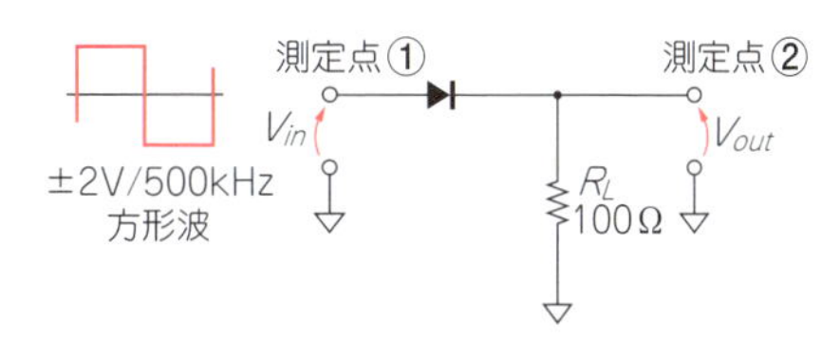

図5　実験回路：FRD/SBDの逆回復時間を測定する

Column 2-2

ダイオードの切れが悪いからといって高周波に使えないわけじゃない

ダイオードに直流バイアスを加えてONする高周波の静的スイッチには，逆回復時間の長いタイプ(バンド・スイッチや電源整流用)が向き，低ひずみ，低損失です．高速スイッチング用のダイオードは不向きです．

〈広畑 敦〉

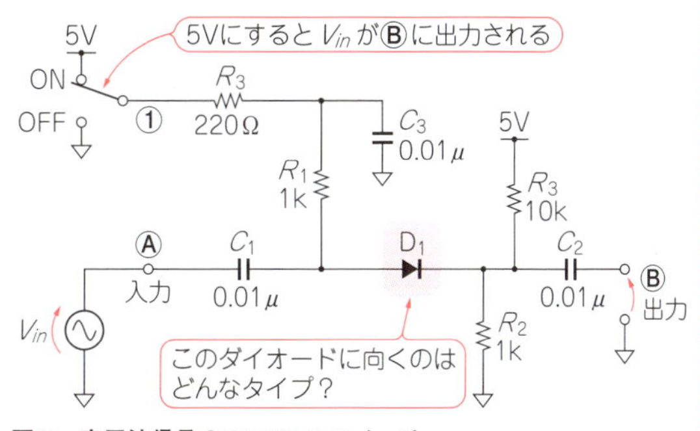

図D　高周波信号のON/OFFスイッチ

AからBへの高周波信号の流れを遮断したり，通過させたりできる

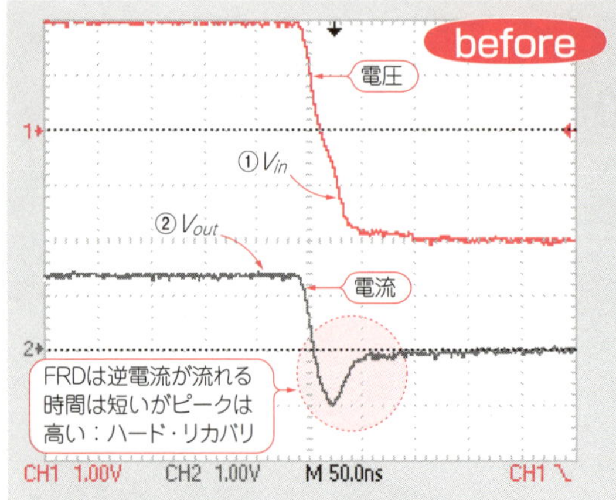

(a) before：FRD(11DF2)は，逆回復時間は短いがピークは急

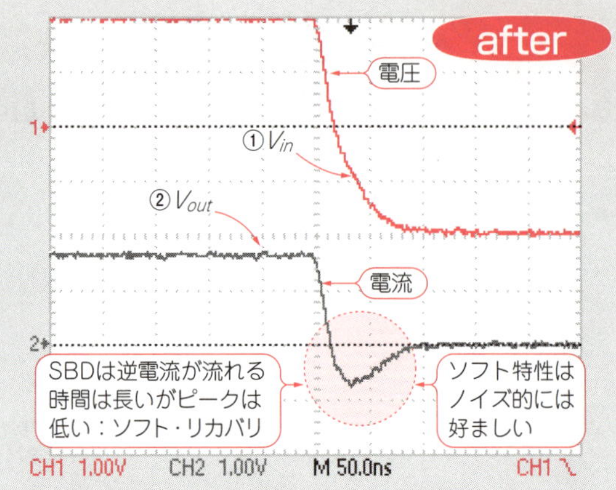

(b) after：SBD(11EQS06)は，逆回復時間は少し長いがピークは緩やか

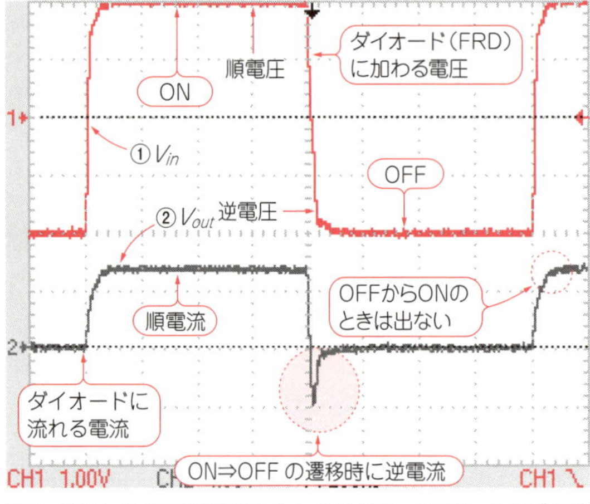

図6　ONからOFFに遷移するときにだけ，OFFしきれずに逆電流が流れる

FRD(11DF2)の特性

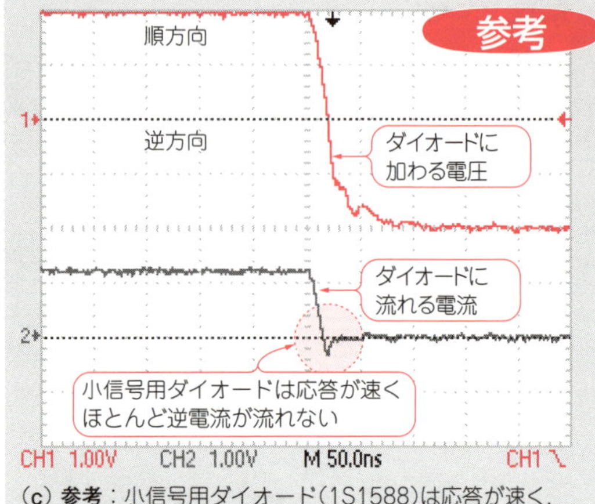

(c) 参考：小信号用ダイオード(1S1588)は応答が速く，逆電流がほとんど流れない

図7　実験結果：ダイオードはONからOFFに切り替わった直後に逆電流が流れる

実験

逆回復時間t_{rr}の間ダイオードに逆電流が流れてしまうようす

実験回路を図5に示します，入力信号は±2 V/500 kHzの方形波です．実験結果を図6と図7に示します．

図6で，出力がHigh(ON)からLow(OFF)に遷移した直後に，負側にアンダーシュートが出ています．これが，OFFの遅れで逆電流が流れている期間です．Low(OFF)からHigh(ON)に遷移するときは，オーバーシュートは出ていません．

図7は，小信号用ダイオードとパワエレ/電源回路で使うFRD，SBDの逆回復特性を比較しています．小信号用ダイオードは最も高速なことが分かります．

FRDはアンダーシュートの幅は狭いのですが，変化は急しゅんでピーク電圧は大きくなっています．これはハード・リカバリ特性と呼ばれるもので，放射ノイズの原因となるのであまり好ましくありません．

SBDはアンダーシュートの幅は広いのですが，変化は全体に緩やかで，ピーク電圧は小さくなっています．これはソフト・リカバリ特性と呼ばれるもので，放射ノイズの点で好ましい特性です．

2-3 オン抵抗 $R_{DS(on)}$：ドレイン電流が流れている期間に生じる発熱の主要因

写真2 リード線タイプのnチャネル・パワー MOSFETの例
損失が大きい用途ほど大型パッケージになる．いずれも放熱フィンをもち，必要に応じて放熱板に取り付けて使用する

解説

大電力用のMOSFETをパワー MOSFETという

MOSFETは小信号から大電力までさまざまなスイッチに用いられます．ゲート電圧で簡単にON/OFFできて，OFF時は低漏れ電流，ON時は低オン抵抗で応答も高速です．特に大電力用として作られたものがパワー MOSFETです(**写真2**)．

表2 実験に使用したパワー MOSFET

定格，特性	2SK2679（高電圧小電流）	2SK2382（中電圧中電流）	2SK3662（低電圧大電流）	条件
定格電圧 V_{DSS}	400 V	200 V	60 V	−
DC定格電流 I_D	5.5 A	15 A	35 A	−
許容損失 P_D	35 W	45 W	35 W	−
オン抵抗 $R_{DS(on)}$	1.2 Ω max (I_D = 3 A)	0.18 Ω max (I_D = 10 A)	0.0125 Ω max (I_D = 18 A)	V_{GS} = 10 V

パワー MOSFETを使う場合，OFF定格電圧V_{DSS}，オン定格電流I_D，許容損失，動作温度範囲，OFF漏れ電流I_{DSS}，オン抵抗$R_{DS(on)}$，スイッチング特性などに注意が必要です．

オン抵抗$R_{DS(on)}$が低くないと損失が大きい

特に大きなオン電流I_Dを流すスイッチでは，オン抵抗$R_{DS(on)}$が十分に小さくないと，電圧降下$V_{DS(on)}$［$= I_D R_{DS(on)}$］が大きくなり，損失$V_{DS(on)} I_D$［$= I_D^2 R_{DS(on)}$］

これからはオン抵抗が電源の課題になる　Column 2-3

低電圧大電流システムではオン抵抗が問題になる

低電圧で大電流を扱うシステムが増えてきています．高性能なパソコンのCPUでは計算処理の負荷が増えると100 Wの電力が消費されることもあります．この電力はCPUコア電圧を1 Vとした場合，電流は100Aも流れることになります．これは1Vの電源に0.01 Ωの負荷抵抗を接続したことと同じです．

パソコンのCPU電源は12 Vから1 Vへ降圧するコンバータです．降圧コンバータのローサイド・スイッチに使うFETのON抵抗が0.01 Ω(10 mΩ)であったとしても，電力の半分はこのFETが消費してしまうことになります．90%というような高い効率を生むためには少なくとも1 mΩ以下でなくてはなりません．また，基板の抵抗や使われるインダクタも直流抵抗を極めて低く保つ必要があります．このような低いオン抵抗の実現は簡単ではありません．

FETに流れる電流を減らして損失を減らす方法

そこでFETの並列接続の他にスイッチやコイルを三つから六つの位相に分割して並列電源にすることで，FET当たりの電流を1桁近く低くする手法が使用されます．この方法でオン抵抗ロスやコイルの抵抗ロスを低くします．位相を等分割することでスイッチングのリプルも分割数分の1に小さくでき，一つの位相でのスイッチ周波数も低く抑えることでスイッチング・ロスを低減しています．

部品点数は増えますが，部品の入手性とコストを考え回路上の工夫で要求性能を実現していると言えます．

〈大貫 徹〉

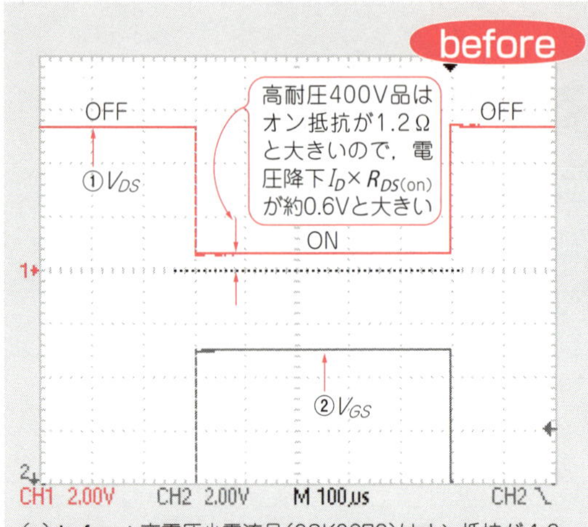

(a) before：高電圧小電流品(2SK2679)はオン抵抗が1.2Ωと高いため電圧降下が大きい

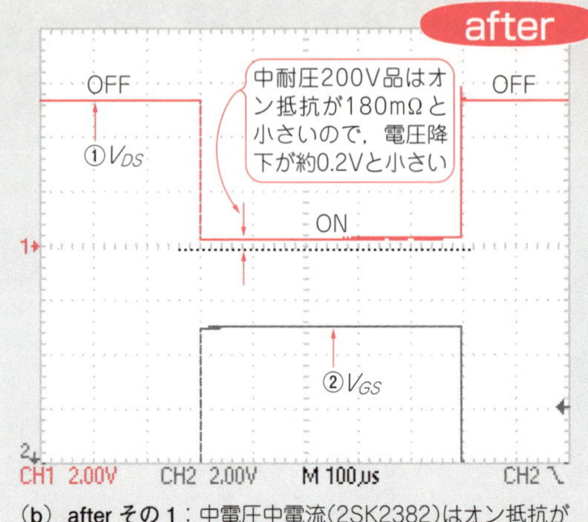

(b) after その1：中電圧中電流(2SK2382)はオン抵抗が180mΩなのでそんなに電圧降下しない

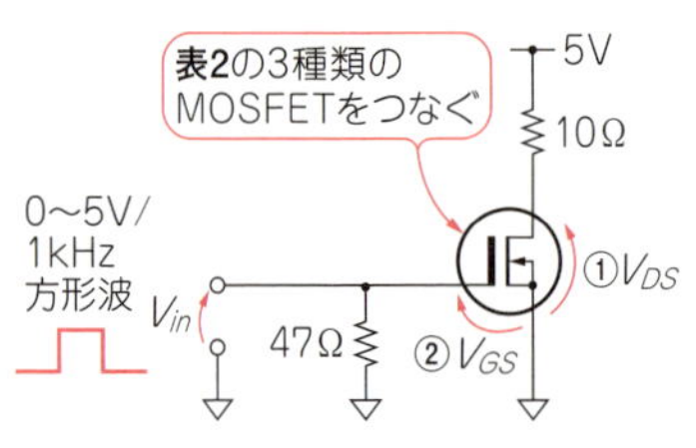

図8　実験回路：MOSFETのオン抵抗を測定する

after
低耐圧60V品はオン抵抗が12.5mΩと小さいので，電圧降下はほとんどない

(c) after その2：低電圧大電流(2SK3662)はオン抵抗が12.5mΩと小さく，電圧降下も小さい

図9　実験結果：オン抵抗が小さいと電圧降下が小さい

も大きくなります．システムの電力効率が低下したり，パワーMOSFETが発熱したりします．オン抵抗が数mΩから数Ωぐらいの製品が多数作られており，必要に応じて選ぶことができます．

実験

用途に応じた3種類のオン抵抗による電圧降下

ここで，**表2**の3種類のパワーMOSFETを使って，スイッチ動作を実験してみましょう．

400 V/5.5 Aと高電圧小電流の2SK2679，60 V/35 Aと低電圧大電流の2SK3662，その中間で200 V/15 Aの2SK2382を比較しました．

図8が実験回路で，**図9**が実験結果です．電源電圧V_{DD} = 5 V，負荷抵抗R_L = 10 Ωなので，ON時のドレイン電流I_Dはいずれも約0.5 Aとなります．振幅0～5 V，周波数1 kHzの方形波でゲートを駆動し，スイッチング動作をさせています．

パワーMOSFETは一般に耐圧を上げるとオン抵抗も高くなる傾向があり，高電圧小電流の2SK2679は1.2 Ωと比較的オン抵抗が高くなっています．ただし，小電流なのでオン抵抗が高くても損失は少なくてすみます．低電圧大電流の2SK3662は12.5 mΩとオン抵抗が低く，2SK2382はその中間の180 mΩとなっています．

実験結果では，**図9(a)**のようにオン抵抗が高い2SK2679はON時の電圧降下も比較的大きく，**図9(c)**のようにオン抵抗が低い2SK3662はON時の電圧降下は小さく，**図9(b)**のように2SK2382はその中間となっているのが分かります．

2-4 スイッチング時間：ON⇔OFFの遷移期間に生じる発熱の主要因

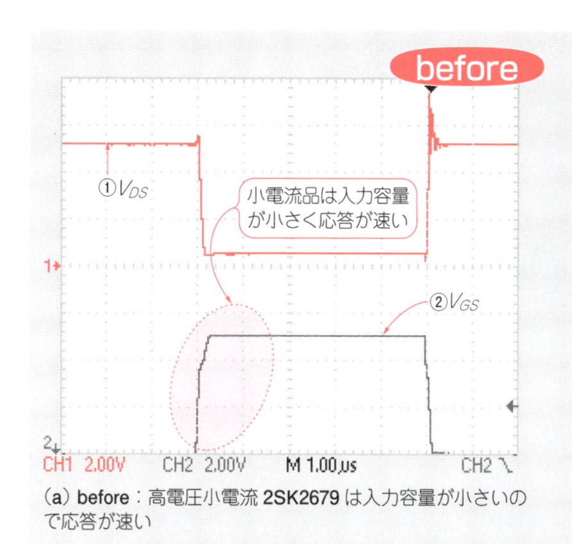

(a) before：高電圧小電流 2SK2679 は入力容量が小さいので応答が速い

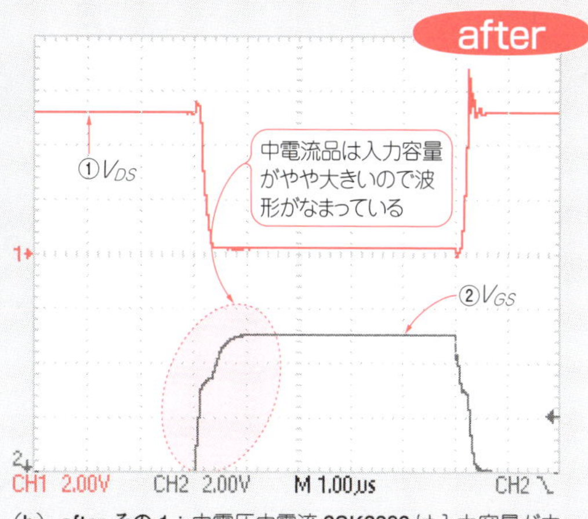

(b) after その1：中電圧中電流 2SK2382 は入力容量が中ぐらいで応答も速くない

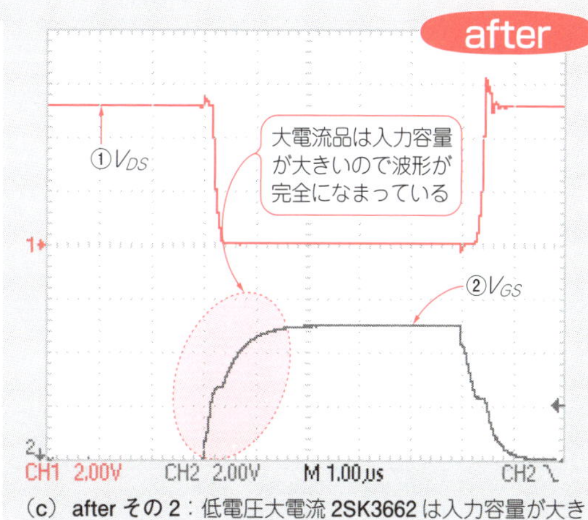

(c) after その2：低電圧大電流 2SK3662 は入力容量が大きく応答が遅い

図11　実験結果：流せる電流が小さいタイプほど応答が速い

表3　実験に使用したパワー MOSFETのスイッチング特性

定格，特性	2SK2679	2SK2382	2SK3662	条件
入力容量 C_{iss}	720 pF	2000 pF	5120 pF	V_{DS} = 10 V, V_{GS} = 0 V, f = 1 MHz
ターンオン時間 t_{on}	30 ns (I_D = 2 A)	50 ns (I_D = 10 A)	19 ns (I_D = 18 A)	V_{GS} = 10 V, t_W = 10 μs
ターンオフ時間 t_{off}	110 ns (I_D = 2 A)	66 ns (I_D = 10 A)	115 ns (I_D = 18 A)	V_{GS} = 10 V, t_W = 10 μs

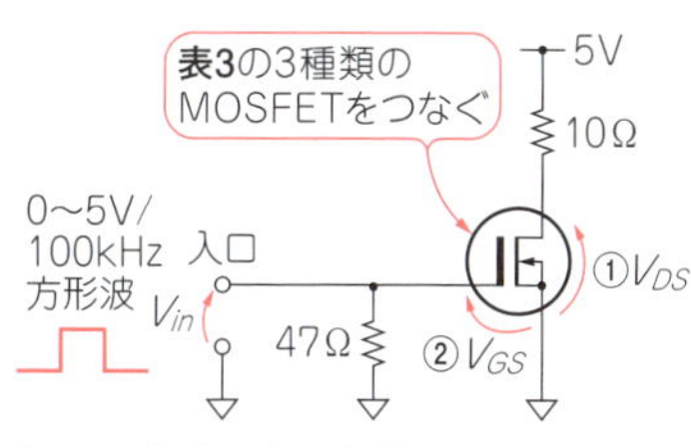

図10　実験回路：高速にスイッチングしたときの応答時間を測定する

■ 解説

● ターンオン/オフの遷移時間が短くないと損失が大きくなる

電力用の半導体スイッチ素子は，パワー MOSFETのほかにも，サイリスタ，IGBT，BJT(バイポーラ接合型トランジスタ)などさまざまなものがあります．その中で，パワー MOSFETは耐圧や電流容量は小さめですが，最も高速性に優れています．

データシートには，ターンオン時間(OFFからONに遷移する時間)，ターンオフ時間(ONからOFFに遷移する時間)などのスイッチング特性が記載されています．これらの遷移時間にはパワー MOSFETがリニア増幅を行うため，損失が大きくなります．スイッチング損失を減らすには，遷移時間を短くすることが最も効果的です．

● 大電流が流せるタイプほど入力容量が大きくなるので，遷移時間が長くなる

実際の回路のスイッチング時間は，入力容量C_{iss}にも依存します．ゲート駆動回路はスイッチングのたびにC_{iss}を充放電しなければならないので，ドライブ能力が低いと大きな遅れを発生します．

パワーMOSFETは一般に電流容量を上げると入力容量が大きくなる傾向があり，低電圧大電流の2SK3662は5120 pFと比較的入力容量が大きくなっています．項電圧小電流の2SK2679は720 pFと入力容量が小さく，2SK2382はその中間です．

■ 実験

● **大電流が流せるパワーMOSFETは遷移時間が長い**

ここでは，前項で実験した3種類のパワーMOSFETをさらに高速でスイッチングしたときの応答を調べてみます(**表3**).

実験回路を**図10**に示します．**図8**と同じですが，ゲート駆動信号の周波数を100 kHzに上げています．実験結果を**図11**に示します．**図11(a)**のように入力容量が小さい2SK2679は最も応答が高速となり，**図11(c)**のように入力容量が大きい2SK3662は最も低速となり，**図11(b)**のように2SK2382はその中間となっているのが分かります．

2-5 ゲート電圧V_{GS}とスレッショルド電圧V_{th}：大きな発熱の原因になる中途半端なオン状態を作らないために

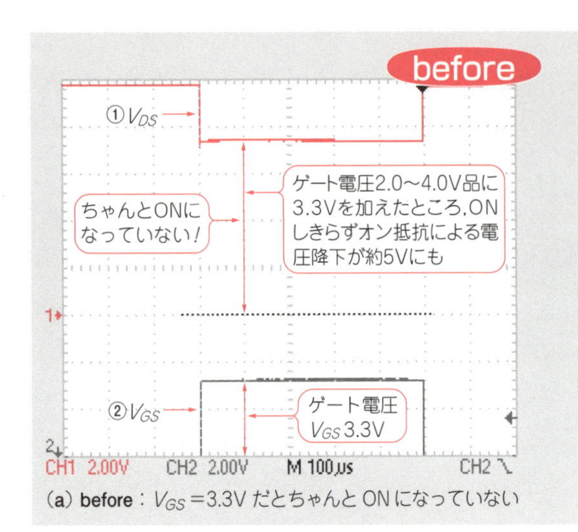

(a) before：V_{GS}=3.3V だとちゃんとONになっていない

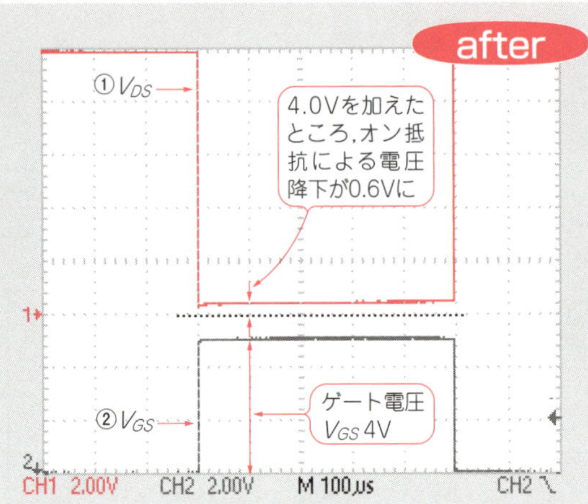

(b) after その1：V_{GS}=4V だとちゃんとONしており，オン抵抗による電圧降下が小さい

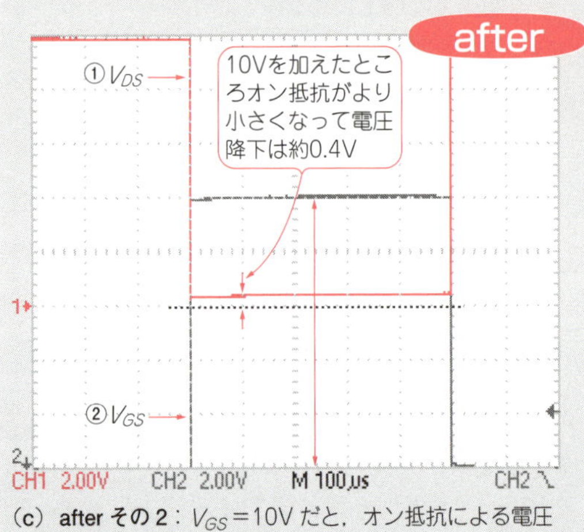

(c) after その2：V_{GS}=10V だと，オン抵抗による電圧降下がより小さい

図13 実験結果：ゲート電圧V_{GS}が十分大きくないとオン抵抗を低くできない(V_{GS} = 2.0～4.0 V品2SK2679)

表4 実験に使用したパワーMOSFETのスレッショルド特性

定格，特性	2SK2679（高電圧小電流）	2SK2382（中電圧中電流）	2SK3662（低電圧大電流）	条件
スレッショルド電圧V_{th}	2.0～4.0 V	1.5～3.5 V	1.3～2.5 V	V_{GS} = 10 V，I_D = 1 mA

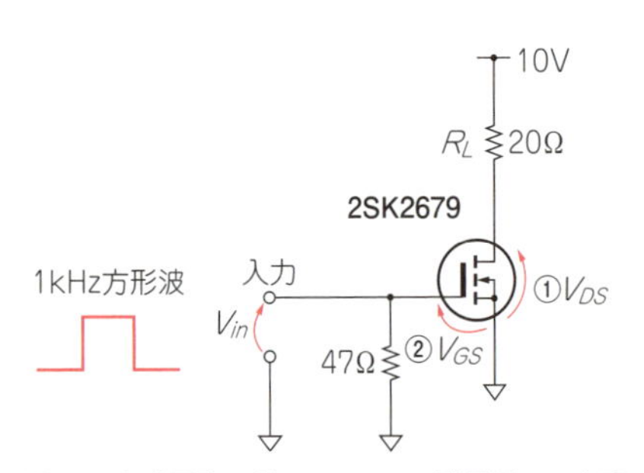

図12 実験回路：ゲート-ソース間電圧V_{GS}を変化させてON抵抗の変化を見る

MOSFETの大半の用途はスイッチ　Column 2-4

MOSFETはドレインD，ソースS，ゲートGの三つの端子をもつ半導体部品です．基本的な性質は，ゲートに加えた電圧によってドレイン-ソース間の電気伝導度(コンダクタンス，抵抗の逆数)が大きく変化することです．ゲート電圧にほぼ比例してコンダクタンスが変化するリニア領域もありますが，実際の用途は大部分がスイッチです．

コンダクタンス≒0(抵抗≒∞)のときは，ドレイン-ソース間に電圧を加えても電流が流れないので，スイッチがOFFの状態と見なせます．コンダクタンスが十分に大きければ(抵抗が十分に小さければ)，スイッチがONになって大きな電流を流せます．MOSFETはかなり理想に近いスイッチとして働きます(図E)．

〈宮崎 仁〉

V_{DD}
R_L
負荷に電圧加わり，スイッチには加わらない
オン電流 $I_D \fallingdotseq V_{DD}/R_L$
ゲート電圧>ソース電圧でONになり，スイッチの電圧がほぼ0になる

(a) ON時の動作

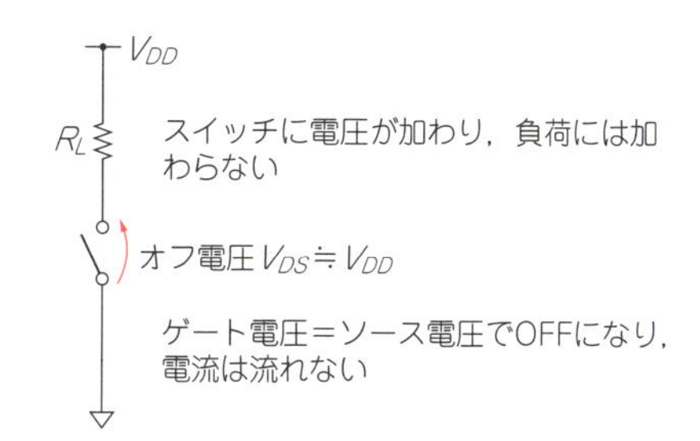

(b) OFF時の動作

図E　MOSFETのスイッチ動作

解説

● 損失を低く抑えたい場合は，ゲート電圧V_{GS}がスレッショルド電圧V_{th}より十分大きい必要がある

エンハンスメント型のパワーMOSFETは，ゲートに電圧を加えない場合や，ゲートとソースを等電位(すなわち$V_{GS}=0$)にした場合はOFFであり，スレッショルド電圧V_{th}を超える電圧をゲートに加えることでONになります(ノーマリOFF動作)．

このとき，V_{GS}がV_{th}を超えることはONになるための最低条件です．しかし，オン抵抗を十分に小さくしたい場合や，応答速度を十分に小さくしたい場合には，十分に大きいV_{GS}を加えることが必要です．

前項で実験した3種類のパワーMOSFETは，いずれも5V駆動が可能(2SK3662は3.3V駆動が可能)ですが，データシートでは$V_{GS}=10$Vで主な特性を規定しています．

特に，大電圧小電流の2SK2679はV_{th}が2.0～4.0Vと比較的高いため，5V駆動では余裕が不足する可能性もあります(表4)．

実験

● ゲートには十分高い電圧を加えないとオン抵抗が小さくならない

パワーMOSFET 2SK2679のドレインに，ゲート-ソース間電圧V_{GS}を3.3Vから10Vまで変化させて，オン抵抗の変化を調べてみました．電源電圧(V_{DD})は10Vです．実験回路は図12，実験結果は図13です．電源電圧$V_{DD}=10$V，負荷抵抗$R_L=20\,\Omega$で，ON時のドレイン電流I_Dは約0.5Aとなります．

図13(a)のように$V_{GS}=3.3$Vではちゃんと ONになっていませんが，図13(b)の$V_{GS}=4$V，図13(c)の$V_{GS}=10$VではONになっています．V_{GS}を上げればオン抵抗は少しずつ小さくなっています．

(初出：「トランジスタ技術」2011年5月号 特集 第2章)

第3章 上手な選び方と性能を引き出す方法

2大トランジスタ「バイポーラ」と「FET」の正しい使い方

藤崎 朝也

本章では，教科書で解説されるトランジスタとは一味違う，現場での設計に役立つトランジスタの基礎知識を解説します．本知識は，パワー回路の設計だけでなく，小信号を扱う回路でも使用できます．

3-1 トランジスタの種類，特徴，入手性

● トランジスタを大別するとバイポーラとFETの二つ

ひと口にトランジスタと言ってもさまざまな種類があります．大きなくくりとしては，バイポーラ・トランジスタ(BJT；Bipolar Junction Transistor)，電界効果トランジスタ(FET；Field Effect Transistor)の2種類に分類されます．それぞれ基本は3端子のデバイスですが簡単には，BJTはベース端子に流す電流によってコレクタ-エミッタ間に流れる電流を制御するのに対し，FETはゲート端子-ソース端子間に加える電圧によってドレイン-ソース間の電流を制御します(**図1**)．

● FETには構造の違うJFETとMOSFETの二つがある

FETのより細かい分類としては，

- 接合型FET(Junction FET，JFET)
- MOSFET(Metal-Oxide-Semiconductor FET)

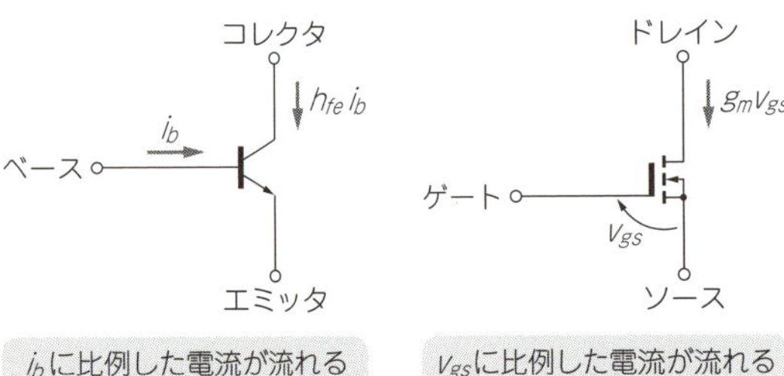

(a) バイポーラ・トランジスタ (b) MOSFET

図1 BJT(バイポーラ・トランジスタ)とFETの動作の違い

の2種類です．

FETはその名の通り，ゲート端子付近に形成された電界によって電流の通り道(チャネルと呼ぶ)を太くしたり細くしたりして，電流の流れ具合を調整するデバイスです．そのチャネルを作るための構造がJFETとMOSFETとで異なります．

● MOSFETには，ノーマリONとノーマリOFFがある

ゲート端子に電圧を加えていないときの状態にチャネルが形成されている(ONしている)か，していない(OFFしている)かによる分類があります．

JFETはすべてデプレッション型と呼ばれるノーマリONタイプです．MOSFETはどちらも存在しますが，市場に流通するMOSFETの大部分はエンハンスメント型と呼ばれるノーマリOFFタイプです．

● BJTと3種類のFET，それぞれ極性が2種類で，全8種類

BJTでは互いに逆極性の動作をするNPNトランジスタとPNPトランジスタ，FETではNチャネル，Pチャネルと呼ばれるものの2種類があります．トータルで8種類のトランジスタが存在します．記号は**図2**のとおりです．

● BJTは電流制御電流源，FETは電圧制御電流源

BJTはベース端子に流れる電流のh_{FE}倍をコレクタに流すという動作を期待して使用します．一方，FETは理想的にはゲート端子に電流は流れないので，ゲート端子に加えた電圧値でトランジスタの動作状態を制

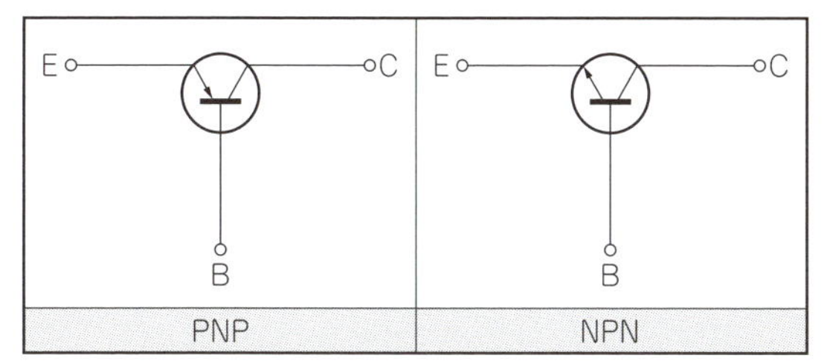

(a) バイポーラ・トランジスタ

構造＼極性	Nチャネル	Pチャネル
接合型FET		
MOSFET エンハンスメント形		
MOSFET ディプレッション形		

(b) FET

図2 教科書によく出てくるバイポーラ・トランジスタとFETの回路図記号

御していることになります．

この差分は，例えば大電流を扱うときに顕著に表れます．BJTで大きなコレクタ電流を扱うには，その$1/h_{FE}$に当たるベース電流を流さなければなりません．FETではゲート電極に電圧を加えてしまえば大きなドレイン電流を扱えるので，一般に低消費電力な回路を構成できるといわれています．ただし，ゲート電圧を変更する際に，ゲート容量を充電するための過渡的な電流が必要です．

● BJTやJFETは汎用，ディスクリートのMOSFETは大半がスイッチング電源向け

単体のトランジスタとしてパッケージされた部品の用途は次のとおりです．

- BJT　：小信号，高周波，スイッチ（比較的大電力まで）
- JFET：小信号，高周波，スイッチ(小電力向け)
- MOSFET：スイッチング電源向けがほとんど（大電力）

BJTやJFETは比較的汎用向けに売られています．MOSFETについては小信号向けもあるにはあるのですが，ほとんどがスイッチング電源用途だと思います．1 kVを超える耐電圧を持つものや，数百Aを流せるものもあります．

● BJT，JFET，MOSFETは特徴を活かして使い分ける

小信号向けに使う場合には，これらは電流ノイズ，電圧ノイズなどの観点で一長一短があります．

表1 OPアンプの性能は入力トランジスタの種類によって違う

種類＼性能	バイアス電流	オフセット電圧	電圧性ノイズ	電流性ノイズ
BJT入力	大	小	小	大
JFET入力	小	大	大	小
CMOS (MOSFET)入力	極小	極大	大	小

さまざまな教科書や資料で取り上げられるトピックであるためここでは詳しくは扱いませんが，OPアンプでもBJT入力，JFET入力，CMOS入力と，差動入力部のトランジスタにどれを採用しているかでノイズ特性やバイアス電流，オフセット電圧など特性が異なります．一般的な傾向としては**表1**のようになります．

● BJT，MOSFETに比べてディスクリートのJFETは種類が少ない

入手性という観点から，それぞれの市場に出回る量(製品の種類の数)を調べてみました．こうしたディスクリート・トランジスタを広く手掛ける，メーカのWebサイトから製品数のデータを拾ってみると，BJT

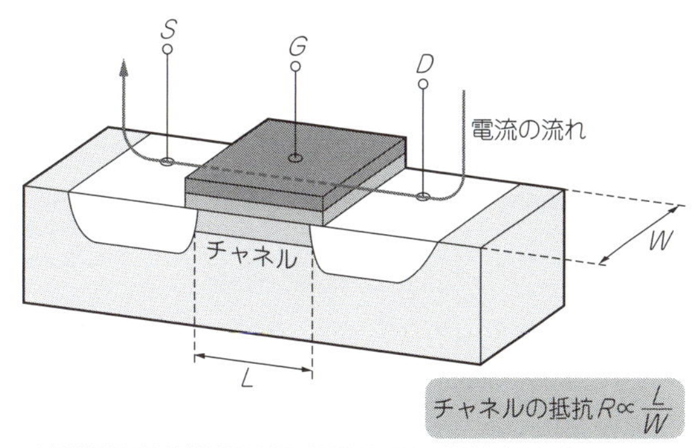

- Wが大きければ，大電流が流せる
- Lが大きければ，OFFしたときに高電圧に耐えられる
  →その代わり，抵抗値が上がる

図3 高耐圧と大電流の両立が難しいパワーMOSFETはチャネルの寸法で電流・電圧性能が決まる

が1109種(オン・セミコンダクター：以下，ON)と588種(フェアチャイルドセミコンダクター：以下，FCS)，JFETが26種(ON)と54種(FCS)，MOSFETが713種(ON)と1611種(FCS)といった状況になっています(2016年3月時点)．

● IGBTは高耐圧と大電流を両立！

電力用という意味では，IGBT(Insulated Gate Bipolar Transistor)と呼ばれる素子も成長が続いています．

先ほどMOSFETは高耐圧品も大電流品もそろうと書きましたが，その両立が原理的に困難です．定性的には電流の通り道になるチャネルの幅を広くすれば大電流が流せます．一方，チャネルの長さを長くすれば高耐圧となりますが，そのぶんチャネルの抵抗は増えるので大電流性能が落ちてしまいます(**図3**)．

詳しい原理は割愛しますが，これを両立しようというのがIGBTです．ただ，さすがに欠点はあり，MOSFETに比べてスイッチング速度は遅くなるのが特徴です．

アマチュアの電子工作でIGBTが登場することはまずないでしょうが，RSコンポーネンツなどから個人でも購入できます．

3-2 バイポーラ・トランジスタの絶対最大定格

トランジスタを安全に使用するには，実条件がメーカが定める定格の範囲内に収まるように回路を設計する必要があります．

まずはバイポーラ・トランジスタ2N3904を例に，データシートの最大定格の欄を見てみましょう．

図4はバイポーラ・トランジスタ2N3904の絶対最大定格です．

V_{CEO}，V_{CBO}，V_{EBO}はそれぞれ各端子間に加えられる最大の電圧値です．I_Cはコレクタ電流の最大値(DCで流した場合)，T_J，T_{STG}は動作可能な温度，および保存可能温度(いずれもジャンクション温度)です．

● 最大電圧と最大電流の定格は，一瞬でも超えてはいけない

電圧値については単純です．これ以上の電圧をかけてはいけない値です．

これを超えた電圧を加えると，PN接合がブレークダウンを起こし，過大な電流が流れて，結果としてトランジスタが焼損します．

最大コレクタ電流も，この部品の場合はContinuous(DC)でしか規定されてないので単純です．これ以上の電流を流してはいけません．

● 最大コレクタ電流は発熱量だけで決まるわけではない

最大コレクタ電流は，トランジスタの発熱量だけで決まっているわけではありません．同じ200 mAでも，エミッタ-コレクタ間の電圧が1 Vであればトランジスタでの消費電力は0.2 Wですし，5 Vであれば1 Wになります．それなのに一律で200 mAというのは不

Absolute Maximum Ratings(1), (2)

Stresses exceeding the absolute maximum ratings may damage the device. The device may not function or be operable above the recommended operating conditions and stressing the parts to these levels is not recommended. In addition, extended exposure to stresses above the recommended operating conditions may affect device reliability. The absolute maximum ratings are stress ratings only. Values are at T_A = 25°C unless otherwise noted.

Symbol	Parameter	Value	Unit
V_{CEO}	Collector-Emitter Voltage	40	V
V_{CBO}	Collector-Base Voltage	60	V
V_{EBO}	Emitter-Base Voltage	6.0	V
I_C	Collector Current - Continuous	200	mA
T_J, T_{STG}	Operating and Storage Junction Temperature Range	-55 to 150	°C

各端子間に加えてよい電圧の最大値

継続的に(＝DCで)流してよい電流値，という意味

Notes:
1. These ratings are based on a maximum junction temperature of 150°C.
2. These are steady-state limits. Fairchild Semiconductor should be consulted on applications involving pulsed or low-duty cycle operations.

図4　バイポーラ・トランジスタ2N3904のデータシートに示された絶対最大定格

公平に感じます．

このように表記されている場合は，半導体のダイ（トランジスタそのもの），ボンディング・ワイヤ，あるいはパッケージの端子の電流容量のどこか一番弱い部分を考慮して定めているのだと思います（**図5**）．

必ずしもトランジスタにおける消費電力で最大電流が決まっているわけではありません．

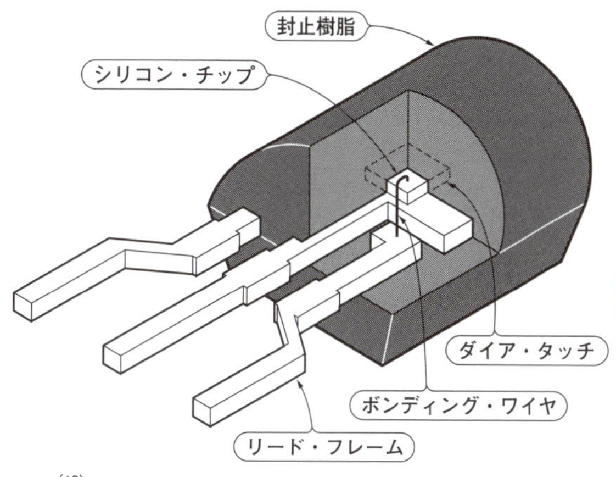

図5[10]　最大コレクタ電流は，トランジスタを構成するダイやボンディング・ワイヤなど一番弱い部分で決まる

● 半導体はジャンクション温度（PN接合部の温度）が重要

「ジャンクション」というのはPN接合のことを意味しています．

動作温度，保管温度については同じ温度が入っています．つまり理由はどうあれ，これ以上の温度にさらされると故障のおそれがあるという意味です．

半導体部品はおおむねこのくらいのジャンクション温度を上限としていますが，電力向けの部品ではもう少し高めに設定されているものもあります．

トランジスタに電圧を加えた場合は，その電圧が実際に加わるのはPN接合に対してです．ある電流が流れたとして，ジュール熱が発生するのはPN接合の部分です．

厳密には半導体のダイのうちのPN接合の部分，ということなのですが，シリコンのダイにおける熱伝導率はパッケージのそれと比較して良好なので，ダイ自体の温度と考えて良いです．

3-3 パワーMOSFETの絶対最大定格

スイッチング用途のパワーMOSFETの最大定格を見てみます．**図6**はNTD6414（オン・セミコンダクター）のデータシートからの抜粋です．

● 端子間電圧，ドレイン電流，温度については小信号向けとだいたい同じ書き方

端子間電圧および動作温度，保管温度に対しては先ほどと同様と考えてください．Continuousのドレイン電流は二つの数字が書かれていますが，温度が高いときの方が流せる電流が小さいというのは普通にイメージができると思います．

ちなみにこの欄に書かれているT_Cとはケース（Case）温度のことです．放熱用の大きな電極が付いているこうした製品の場合は，その電極の温度と考えます．

● パワーMOSFETのソース電流はボディ・ダイオード電流のこと

ソース電流と書かれている項目ですが，カッコ書きで「Body Diode」と追記されています．パワーMOSFETは構造上，ソース-ドレイン間に寄生的にダイオードが形成されています．

スイッチング電源を設計する際には，このダイオードに積極的に電流を流すような使い方をすることがありますが，その際の電流値の上限を定めています．

● アバランシェ耐量の範囲なら定格電圧を超えても良い

次の項目はアバランシェ耐量と呼ばれるパラメータです．こちらもスイッチング電源やモータ駆動に使うことを前提としている項目なのですが，回路の中にインダクタが含まれる場合に，このパワーMOSFETをスイッチ素子として動作させて電流を遮断したとします．

インダクタの作用として電流を継続しようと高い電圧を発生します．これはスイッチングの速度とインダクタンスによって決まる電圧なので，瞬間的にはパワーMOSFETのソース-ドレイン間の耐電圧を超えます．ソース-ドレイン間にブレーク・ダウン（アバランシェ降伏）が起こり電流が流れるのですが，その電流が流れる時間は比較的短いです．

多くのパワーMOSFETはその短時間であれば，アバランシェ電流とブレーク・ダウン電圧との積（時間積分値）で表されるジュール熱に耐えられるように設計されています．その基準を示したのが，このアバラ

MAXIMUM RATINGS (T_J = 25°C unless otherwise noted)

Parameter			Symbol	Value	Unit
Drain-to-Source Voltage			V_{DSS}	100	V
Gate-to-Source Voltage – Continuous			V_{GS}	±20	V
Continuous Drain Current $R_{\theta JC}$	Steady State	T_C = 25°C	I_D	32	A
		T_C = 100°C		22	
Power Dissipation $R_{\theta JC}$	Steady State	T_C = 25°C	P_D	100	W
Pulsed Drain Current	t_p = 10 μs		I_{DM}	117	A
Operating and Storage Temperature Range			T_J, T_{stg}	−55 to +175	°C
Source Current (Body Diode)			I_S	32	A
Single Pulse Drain-to-Source Avalanche Energy (V_{DD} = 50 Vdc, V_{GS} = 10 Vdc, $I_{L(pk)}$ = 32 A, L = 0.3 mH, R_G = 25 Ω)			E_{AS}	154	mJ
Lead Temperature for Soldering Purposes, 1/8″ from Case for 10 Seconds			T_L	260	°C

Stresses exceeding those listed in the Maximum Ratings table may damage the device. If any of these limits are exceeded, device functionality should not be assumed, damage may occur and reliability may be affected.

ケース温度さえ25℃に保つことができれば，100Wまで消費できる

DCでは32Aまでだが10μs幅のパルスであれば117Aまで流せる

パワー半導体は175度までのジャンクション温度を許容する製品も多い

アバランジェ耐量はJ(ジュール)で規定される

図6 パワー MOSFET NTD 6414のデータシートに示された絶対最大定格

ンシェ耐量という数値です．

● 最大定格の項目は用途によって変わる

最後の項目は，このパワーMOSFETをプリント基板などにはんだ付けする際に許される端子温度を示しています．

絶対最大定格の記載の仕方や項目数はメーカによってもまちまちです．その部品がどんな用途に使われることを想定しているかによっても変わってきます．

例えばアバランシェ耐量が明記されていないトランジスタは，そうした状態になることを設計上想定していないということです．

このようにさまざまな項目が絶対最大定格としてデータシートに定められています．回路を設計する際には，通常はディレーティングといって実使用条件に対して十分に余裕のある定格の部品を選定することで信頼性のマージンを確保しますが，行き過ぎるとコストやスペースを浪費してしまうことになります．バランスを考えて選定します．

FPGA時代の論理素子の回路記号は昔のMIL-STD-806スタンダードの方がいい　Column 5-1

IEC(International Electrotechnical Commission；国際電気標準会議)やJIS(Japanese Industrial Standards；日本工業規格)が定めている回路図記号の中でも，2値論理素子や増幅器などは特にその機能が直感的でなく分かりにくいと感じています．

2値論理素子の回路図記号は，1950～1960年代に米空軍が定めたMIL-STD-806スタンダードで決められたものが普及しました．その後，IEEEに引き継がれて広く使われましたが，複雑で大規模なロジックICの機能を表せないため，1980年代にIEEEが新しい論理記号を定めました．IECやJISはこの記号を採用しています．

IECの記号は，四角い枠を基本として，複雑な論理機能や増幅器などのアナログ機能を統一的に表現しようとした結果，従来のように直感的に形で見分けることが難しくなりました．しかし，74シリーズなどの汎用ロジックICではなく，ASICやFPGAで大規模な論理回路を実現するようになった今どきは，回路上で複雑な機能を表す必要が減っているので，逆にMIL-STD-806の方が分かりやすく使いやすいと感じています．

〈宮崎 仁〉

3-4 パッケージと熱抵抗

● 半導体はパッケージされてから流通して使用される

これまで触れてきた通り，トランジスタなどの半導体デバイスはシリコン基板(ウェハ)上に作製されます．

そのままでも動作するのですが，むき出しの状態では汚れや物理的なストレスに弱いことは否めませんし，そもそもどうやって配線すれば良いのかも分かりません．これをパッケージングすることで，よく見る黒いプラスチックから端子が出ているような部品としてメーカから供給されます．

写真1に代表的なトランジスタのパッケージを示します．

● 放熱の良しあしはトランジスタの用途によって変わる

近年ではプリント基板上での高密度実装や低背化に対応して，これら以外にもさまざまなバリエーションのパッケージが各メーカから提案されています．

手作りで電子工作をする場合に，部品が小さすぎると作業性が悪くて困ってしまいます．自動実装で量産するような回路を設計するならば，表面実装に対応し，サイズの小さいパッケージの方が省スペースな製品を実現できます．ただし小さなパッケージは熱抵抗が高いため放熱に難があります．

その意味で消費電力の高い部品には不向きです．この熱抵抗という考え方について説明します．

● 消費電力の定格はパッケージの熱抵抗によって違う

図6に示したNTD6414の絶対最大定格のうち，消費電力の項目を再び見てみましょう．ケース温度を25℃とした状態で100 Wまで消費できると書いてあります．これはパッケージ内の熱抵抗の情報を示しています．

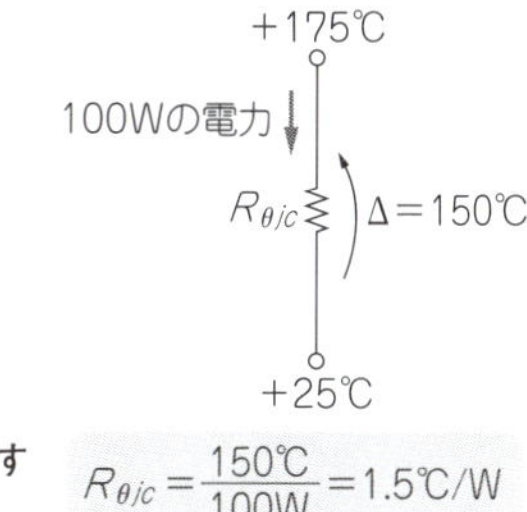

図7 パッケージの放熱力を示す「熱抵抗」の考え方

ケース温度を25℃に保った状態で100 Wの電力をこのトランジスタに消費させると，そのときのジャンクション温度が定格である175℃になる，という意味です．

● 熱抵抗，消費電力，温度の間にオームの法則が成り立つ

図7にこの関係を示します．ある熱抵抗を持つパスに対して100 Wの電力が通過すると，温度こう配が生じます．これは電気回路におけるオームの法則と同じ

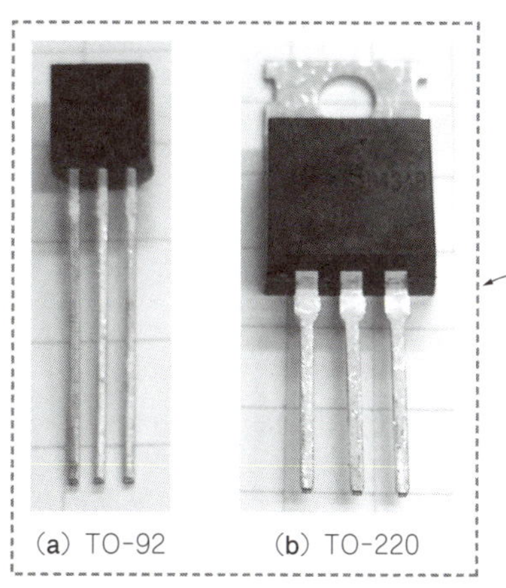

(a) TO-92　(b) TO-220

スルーホール部品

表面実装部品

(c) SOT-23　(d) DPAK　(e) SOT-223　(f) D2PAK

写真1 代表的なトランジスタのパッケージ

THERMAL RESISTANCE RATINGS

Parameter	Symbol	Max	Unit
Junction-to-Case (Drain) Steady State	$R_{\theta JC}$	1.5	°C/W
Junction-to-Ambient (Note 1)	$R_{\theta JA}$	37	

1. Surface mounted on FR4 board using 1 sq in pad size, (Cu Area 1.127 sq in [1 oz] including traces).

適切な放熱を施してケース温度を25℃に保ったとして，100Wを消費すればジャンクション温度は25℃+100W×1.5℃/W=175℃で，**図6**の記載とつじつまが合う

プリント基板への実装を行うときに，ある面積の放熱用の銅はくを用意することが前提

図8　パワーMOSFET NTD6414の熱抵抗データ

ように考えることができます．

100 Wの電力が通過して150℃の温度差が生じると考えると，熱抵抗の値は1.5℃/Wとなります．

NTD6414のデータシートには**図8**のように熱抵抗の値が書かれていますが，ジャンクション-ケース間の熱抵抗としてこの値が記載されています．場合によっては熱抵抗の値がデータシートに明記されていない部品もあるのですが，その場合には最大の消費電力とジャンクション温度から先ほどのように計算できます．

● 空気に対する熱抵抗はプリント基板上のパターンも含めて規定

ジャンクション-ケース間の熱抵抗に加えて，ジャンクション-空気(雰囲気)間の熱抵抗も示されていることがあります．こちらはある実装条件において，周囲の空気とジャンクションとの間の熱抵抗です．

NTD6414の場合には，FR4という材質のプリント基板(ガラス・エポキシ基板)の表面に1オンス(=厚さ35 μm)の銅はくによる1平方インチの面積を持つパッドを用意し，その上にはんだ実装した場合というただし書きが付いています．これは，**図9**のような実装をしたときにこのくらいの熱抵抗になりますよ，という表示です．

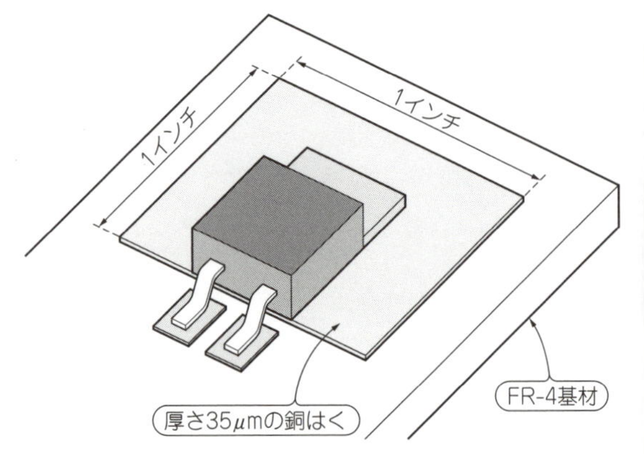

図9　プリント基板に実装すると熱抵抗が下がる
NTD6414のデータシートに書かれた$R_{\theta JA}$は，このような状態を想定している

3-5 安全動作領域SOAと過渡熱抵抗

● 電流最大定格と電圧最大定格は両立できないことがある

前述した絶対最大定格に含めてもいいのでしょうが，**図10**のようなグラフがデータシートに記載されている場合があります．これはRJK5012(ルネサス エレクトロニクス)というMOSFETのデータですが，ドレイン-ソース間電圧，ドレイン電流の絶対最大定格はそれぞれ500 V，24 A(パルス時)となっているので(図

出図用の回路図を描くときは未使用ピンやパスコンを忘れずに　Column 5-2

回路図を描くとき，未使用の素子や電源は省略することがよくあります．しかし，基板設計・製造を考慮するなら，実際のICパッケージが備える未使用ピンや電源ピンを含むすべてのピンを記入する必要があります．

機能だけを表現した回路図なら，電源のパスコンを省略してもよいでしょう．通常は，基板の設計や製造を前提にしているので，回路図にはパスコンを必ず表記します．

〈宮崎 仁〉

11)，グラフも縦と横のリミットはその値となっています．ただし右上と左上が斜めにカットされた形をしています．これを安全動作領域，SOA（Safe Operating Area）と呼びます．

グラフの右上は電流も電圧も最大値付近となる条件を意味しています．絶対最大定格に書かれている電流値，電圧値はそれぞれ単独で考えた場合の数字ですので，それを同時に許容できるかというと別問題です．仮に500 Vと24 Aを掛け算すると12 kWというとてつもない電力になるので，短時間とはいえ耐えることができません．

● パルス状に電力を加える場合，許容電力はパルス幅に依存する

このグラフは縦軸も横軸も対数軸となった，いわゆる両対数プロットですので，右下がりの直線は，

$$xy = 一定$$

という反比例の関係を表しています．つまり電力一定の線です．パルス幅100 μsの線に着目すると，500 V，4 Aの点を通っているので，2 kWという値です．一方，絶対最大定格の欄に書かれていた許容電力は30 Wという値で，100倍近い差があります．この差の意味は，後述の過渡熱抵抗という考え方で理解できます．

30 Wという数字は継続的にトランジスタが発熱する場合の上限値です．その場合の熱の伝導については先ほど熱抵抗の話の中で説明した通りです．しかし単発かつ短時間であれば，トランジスタの持つ熱容量のおかげでずっと大きな発熱まで許容できます．この特性を示しているのが過渡熱抵抗のグラフ（**図12**）です．

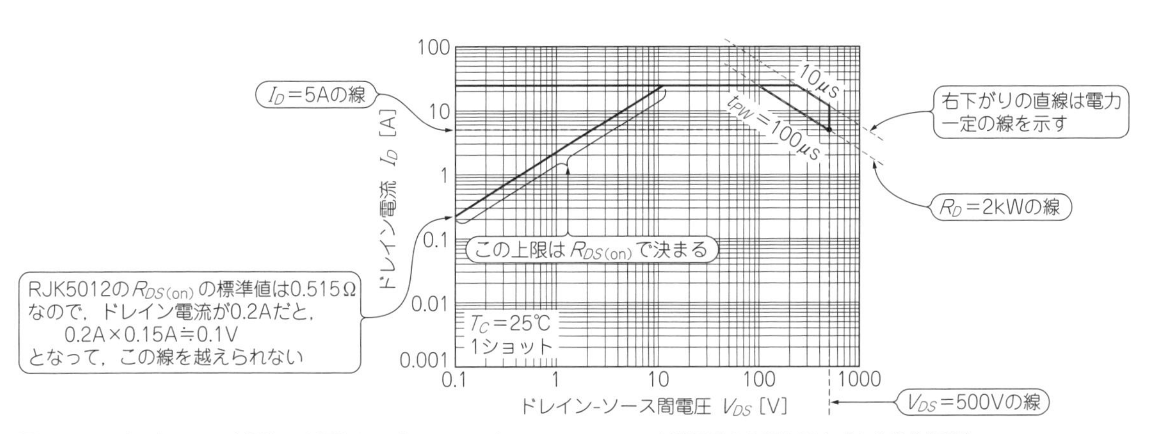

図10 ドレイン（コレクタ）電流の上限とドレイン-ソース（コレクタ-エミッタ）間電圧の上限を示す「安全動作領域」

(Ta = 25°C)

Item	Symbol	Ratings	Unit
Drain to source voltage	V_{DSS}	500	V
Gate to source voltage	V_{GSS}	±30	V
Drain current	I_D Note4	12	A
Drain peak current	$I_{D (pulse)}$ Note1	24	A
Body-drain diode reverse drain current	I_{DR}	12	A
Body-drain diode reverse drain peak current	$I_{DR (pulse)}$ Note1	24	A
Avalanche current	I_{AP} Note3	4	A
Avalanche energy	E_{AR} Note3	0.88	mJ
Channel dissipation	Pch Note2	30	W
Channel to case thermal impedance	θch-c	4.17	°C/W
Channel temperature	Tch	150	°C
Storage temperature	Tstg	–55 to +150	°C

Notes: 1. PW ≤ 10 μs, duty cycle ≤ 1%
2. Value at Tc = 25°C
3. STch = 25°C, Tch ≤ 150°C
4. Limited by maximum safe operation area

ドレイン-ソース間電圧の定格とドレイン・ピーク電流の定格とを掛け算すると500 V × 24 A = 12 kWとなってしまう．→定格値を同時に満たせるわけではない

図11 パワー MOSFET RJK5012の絶対最大定格

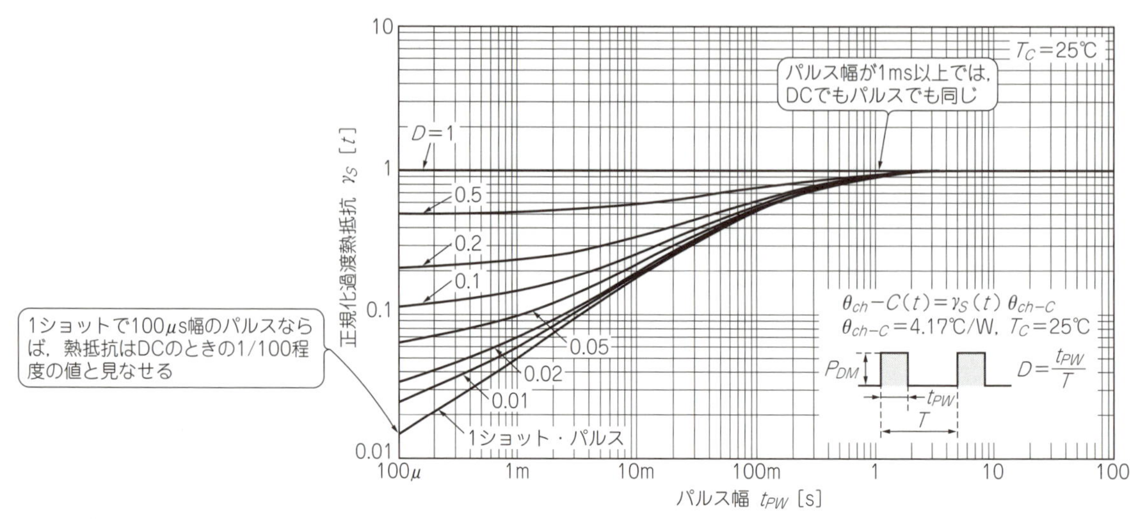

図12　パワー MOSFET RJK5012の過渡熱抵抗データ
トランジスタは一瞬なら大電力に耐えられる

● パルス状電力の場合，過渡熱抵抗で許容電力が決まる

縦軸は継続して発熱する場合の熱抵抗を1として正規化した過渡熱抵抗の値です．右にいくほどパルスの幅が長くなり，1 msあたりから1に近づいています．つまりこのトランジスタでは1 ms以上の幅を持つパルスは放熱の観点ではDCと変わらないということです．一方，単発(1 shot)で100 μsのポイントを見ると，0.01～0.02というあたりなので，100倍近く熱抵抗が低く見なせることになります．これがSOAの100 μsの条件におけるリミットに対応しています．

SOAのグラフに戻って，今度は左上の斜線に注目すると，$R_{DS(on)}$によるリミットと書かれています．ドレイン-ソース間のオン抵抗を固定値だと思えば，ドレイン電流に応じてドレイン-ソース間電圧は一意に定まるはずです．こちらの斜線はその傾向を表しているので，超えてはいけない線というよりも，どうやっても原理的に超えられない線です．

3-6 高インピーダンス入力を直列抵抗で保護する

● 高インピーダンスの端子は壊れやすい

トランジスタの故障を避けるための方策として，ベース端子およびゲート端子に直列抵抗を入れておくことがあります．

一般的にはゲート端子やベース端子は高インピーダンスなので外来ノイズの影響を受けやすくなります．またノイズではなくとも，ちょっとした過渡的な回路の動作で過大な信号が入って来ることもあるかもしれません．高インピーダンスということは，少しの電流が飛び込んだだけで高い電圧が発生するということなので，過電圧でトランジスタが壊れるおそれがあります．

直列抵抗を入れておくと，この直列抵抗とトランジスタの入力容量との間でRCフィルタが形成され，瞬間的なノイズを減衰させられます．もう一つの意味としては，仮にトランジスタが過電圧によってブレーク・ダウンしたとしても，この端子から流入する電流を抵抗で制限することで故障を回避できます．

● デメリットもある

この手法は非常に有効な回路保護ではありますが，入力にRCフィルタを構成することになるのでトランジスタに高速な動作を期待する場合には不向きです．

自分の設計した回路の中で，そのトランジスタにどういった役割を求めているのかに応じて回路保護も使い分けたいところです．

3-7 複数個入りのトランジスタ

● 複数個入りのモジュール・トランジスタを使うとスペースやコストが減る

一つのパッケージ内に複数個のトランジスタを内蔵した製品も存在します．分かりやすいものとしては，2個のトランジスタをダーリントン接続することで，大きな電流増幅率を持つ1個のトランジスタとして使用できるものがあります．また，コンプリメンタリな2個のトランジスタ，つまり特性のよく似たNPN＋PNP，あるいはNMOS＋PMOSを1個にまとめたものもあります．これらは1個ずつ別々に用意して回路を組むこともできるものですが，あらかじめ1パッケージにしてくれているものを選定すれば回路に使用する部品の点数を削減できます．

部品点数を減らすことは，基板上のスペース削減，信頼性の向上，コストの削減といった意味で重要な意味を持ちます．

● 温度特性の良いアンプ作りにはマッチング・トランジスタがいい

その他にも，マッチングの取れたトランジスタを複数個まとめてパッケージングした製品があります．シリコンのウェハ上で近接した場所に作成したトランジスタは特性がそろっていることが期待されるので，それを一緒に切り出して一つのパッケージに収めてあります．V_{BE}やh_{FE}の特性のマッチングをデータシートで保証して(**図13**)いるので，差動アンプの入力に用いたり，カレント・ミラーを構成したりといった用途に真価を発揮します．また，もともとの特性がそろっていることに加えて，互いのトランジスタ同士が熱的に結合していることがさらに重要なポイントです．

トランジスタの特性は温度係数を持っており，温度が変わればさまざまなパラメータも変化します．マッチングを期待するトランジスタ同士は同じ温度でいてくれなければ困るのです．その意味では，同じダイの上に形成されたトランジスタであれば，互いに低い熱抵抗で結合しているので温度もそろっていることが期待できます(**図14**)．

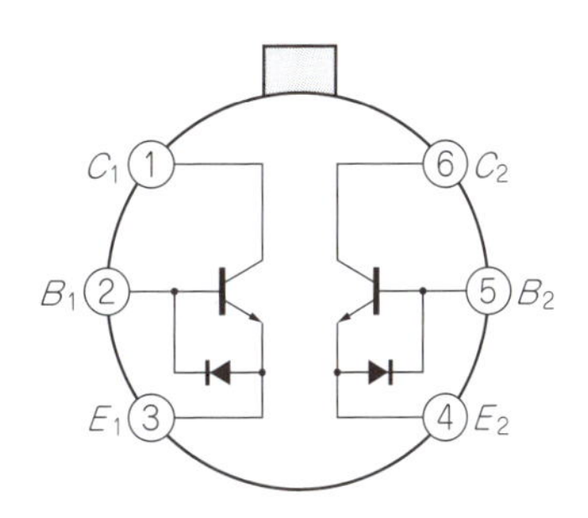

特性のそろった2個のNPNトランジスタが一つのパッケージに収められている

(a) 内部回路

Table 1.

Parameter	Symbol	Test Conditions/Comments	Min	Typ	Max	Unit
DC AND AC CHARACTERISTICS						
Current Gain[1]	h_{FE}	I_C = 1 mA	300	605		
		−40°C ≤ T_A ≤ +85°C	300			
		I_C = 10 μA	200	550		
		−40°C ≤ T_A ≤ +85°C	200			
Current Gain Match[2]	Δh_{FE}	10 μA ≤ I_C ≤ 1 mA		0.5	5	%
Noise Voltage Density[3]	e_N	I_C = 1 mA, V_{CB} = 0 V				
		f_O = 10 Hz		1.6	2	nV/√Hz
		f_O = 100 Hz		0.9	1	nV/√Hz
		f_O = 1 kHz		0.85	1	nV/√Hz
		f_O = 10 kHz		0.85	1	nV/√Hz
Low Frequency Noise (0.1 Hz to 10 Hz)	e_N p-p	I_C = 1 mA		0.4		μV p-p
Offset Voltage	V_{OS}	V_{CB} = 0 V, I_C = 1 mA		10	200	μV
		−40°C ≤ T_A ≤ +85°C			220	μV
Offset Voltage Change vs. V_{CB}	$\Delta V_{OS}/\Delta V_{CB}$	0 V ≤ V_{CB} ≤ V_{MAX}[4], 1 μA ≤ I_C ≤ 1 mA[5]		10	50	μV
Offset Voltage Change vs. I_C	$\Delta V_{OS}/\Delta I_C$	1 μA ≤ I_C ≤ 1 mA[5], V_{CB} = 0 V		5	70	μV
Offset Voltage Drift	$\Delta V_{OS}/\Delta T$	−40°C ≤ T_A ≤ +85°C		0.08	1	μV/°C
		−40°C ≤ T_A ≤ +85°C, V_{OS} trimmed to 0 V		0.03	0.3	μV/°C

二つのトランジスタのh_{FE}は，互いに0.5％，最悪でも5％しか違わない

オフセット電圧とは，二つのトランジスタのV_{BE}の差分

(b) マッチング特性

図13 NPNデュアル・トランジスタMAT12の内部回路とマッチング性能
この手のモジュール・トランジスタを使うと温度特性の安定したアンプを作れたりする

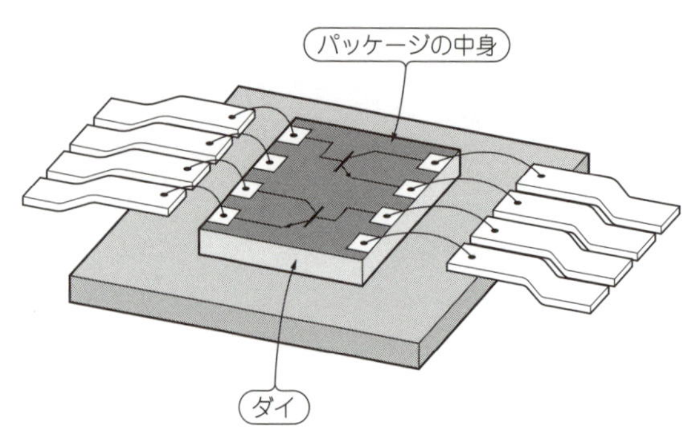

図14　マッチング・トランジスタは熱結合も優れている
シリコンのウェハを細かく切断したもの．同じダイの上にあるトランジスタ同士は良い熱結合がとれている(＝温度差が小さい)

複数の個別トランジスタをヒートシンクに共締めしたりして熱結合する場合もありますが(3)，ジャンクション-ケース間の熱抵抗が存在するので，同一のダイの上に存在するトランジスタ同士の熱結合には敵うはずもありません．

注意が必要なのは，仮に複数個のNPNトランジスタが一つのパッケージに入っている製品があったとして，それが必ずしもマッチング・トランジスタであるとはいえないということです．

複数個入りのトランジスタといっても，1個のトランジスタが形成されたダイを複数個まとめてパッケージしているだけかもしれません．単純に省スペース性だけを目的にしているのであればそれでもかまわないわけです．きちんとデータシートを見て，特性のマッチングについての記述があるか確認しましょう．

3-8 特殊用途向けのトランジスタ

● 小さなスペースでちょこっと論理反転したいなら抵抗入りトランジスタ

最近増えつつあるのは抵抗内蔵型のトランジスタです．アマチュアが電子工作でトランジスタ回路を組む際には，バイアス条件を自分の好きなように決められる方が嬉しいのですが，バイアス条件を決めるための抵抗がトランジスタのパッケージに内蔵されていると，外付けの抵抗が不要になるぶんプリント基板上の実装面積を節約できます．

バイポーラ・トランジスタはベース電流によって駆動するデバイスですが，入力信号は電圧として設定する場合がほとんどです．電圧信号を電流に変換するために抵抗が必要ですが，電子機器の小型化，高集積化が進んでいる昨今では，実装する部品はチップ抵抗1個であっても削減したいというのが実情です．そうしたニーズから生まれた製品といえるでしょう．ただし，このトランジスタはリニア・アンプに使うというよりも，ロジック回路的な動作をさせる前提で考えられています(**図15**)．その意味で，「ディジタル・トランジスタ」という名称が付けられています．

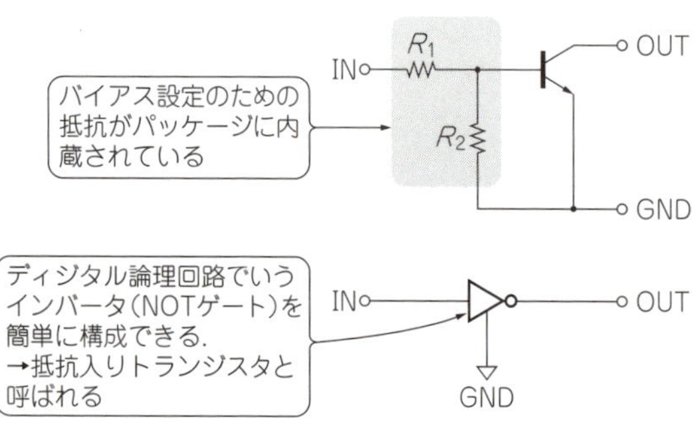

図15　バイアス抵抗を内蔵したトランジスタ(DTC023J，ローム)

● GHz超の高周波信号を増幅するならHEMT

HEMTというのはHigh Electron Mobility Transistorの略で，和訳は「高電子移動度トランジスタ」となります．

電子の「移動度」とは，半導体の中を電子が流れるスピードのことを指し，それが高いということはそれだけ高速に動作できるトランジスタだということになります．数GHz以上の帯域が必要な高周波回路向けに使われ，一般にはGaAs(ガリウム・ヒ素)などの化合物半導体で作られる場合が多いようです．材料の持つ特性として電子の移動度が高いため，シリコンで作られたトランジスタよりも高速化しやすい面があります．

一般的にこうした材料は高コストであることと，近年はシリコン系のトランジスタも高速化が進んでいることから，特殊用途向けだといえます．

● あのスーパーベータ・トランジスタは実はIC内部で用いられている

スーパーベータ・トランジスタというのはその名の通り，β(電流増幅率)がスーパーな特性を持った(＝非常に大きい)トランジスタです．

その値は数千という値です．単に電流増幅率が欲しければ複数のトランジスタをダーリントン接続するという手もありますが，1個で通常のトランジスタより

ICは便利だけど中身を理解して使う　Column 5-3

トランジスタを組み合わせて実現できる動作であっても，回路設計の場面では専用ICを使うことが多くなります．同じ機能を実現するにしても，より高性能に，より省スペースに，より低コストに，より高信頼性に，というニーズに対して最適なものを選ぶというのが設計エンジニアの仕事です．

例えばリレー・スイッチを1個動かしたいと思えば，**図A**のようにトランジスタを接続し，ベースに信号を入力すればON/OFF制御できます．ただし，リレーの制御端子の中身は電磁石ですから，比較的大きな値のインダクタンスを持っています．

電磁石に流していた電流を急にOFFすると，トランジスタのコレクタ端子には瞬間的に過電圧がかかり故障するかもしれないので，通常は保護のためダイオードを電源電圧に向かって入れます．また，大きなリレーになると電磁石に流すべき電流値も大きくなるため，トランジスタをダーリントン接続にする必要が出てくるかもしれません．

同じようなリレーを複数個コントロールしたい場合もあるでしょう．そうすると1個ずつのトランジスタやダイオードを並べるよりも，専用ICを使ってしまった方が結果的に省スペースで安上がりになります．

図Bはリレー・ドライバとして使えるトランジスタ・アレイと呼ばれる製品です(MC1413，オン・セミコンダクター)．ダーリントン接続されたトランジスタとバイアス抵抗，保護ダイオードが組み合わされており，これが7チャネルぶんで1個のパッケージに収められています．多数のリレーをコントロールするには，こうしたドライバICを使うのが一般的です．

これはあくまでも一例に過ぎませんが，このように便利なICを使うことでよりシンプルに回路設計を行うことができます．ただし，その場合にもICの中身がどのようになっていて，何に気を付ければ良いかはある程度理解したうえで使うことを心掛け，決してブラック・ボックス的にICを使うようなことのないようにしましょう．

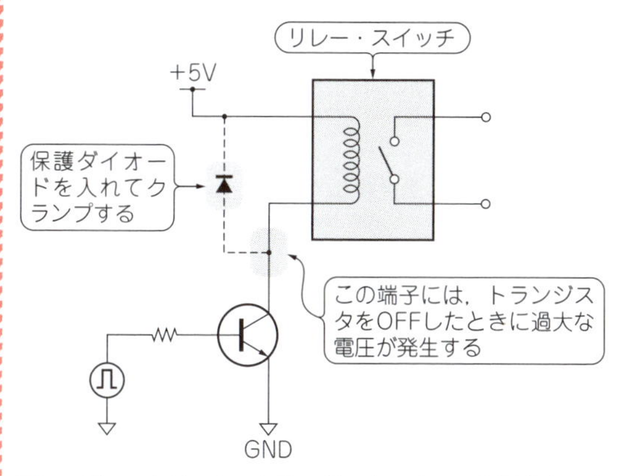

図A　ディスクリート・トランジスタでリレーを駆動する場合はこんな回路になる

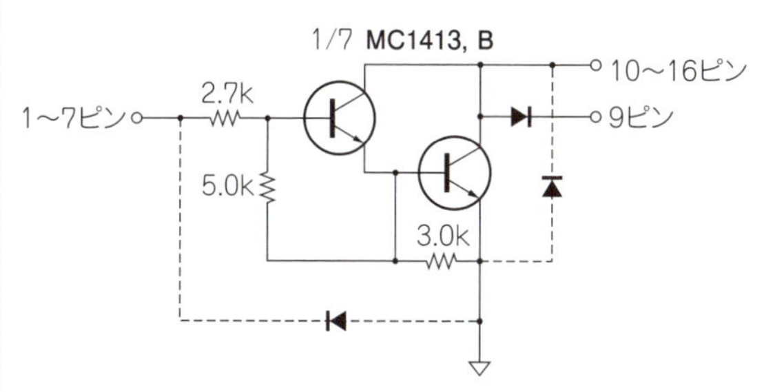

(a) 等価回路

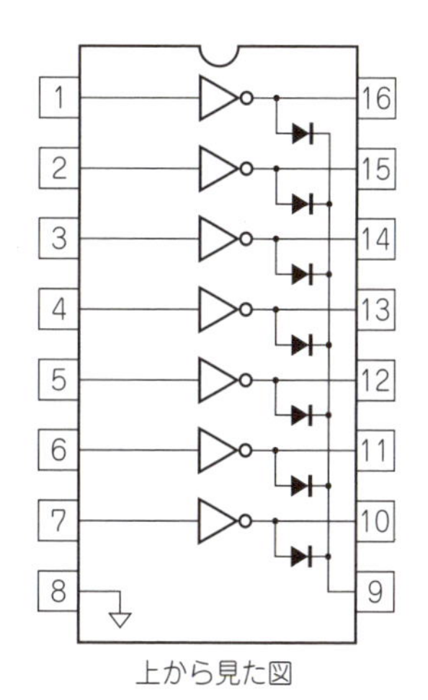

(b) 端子配列と内部ブロック

図B　複数のリレーを駆動するときはこのようなトランジスタ・アレイIC(MC1413)を使ってシンプルに仕上げる
ディスクリート・トランジスタで作ると，1個のリレーを駆動するだけでも図13のような回路が必要になることを理解したうえで使いたいも1けた程度大きなβを期待できるというのが売りです．単体パッケージのトランジスタとしてそれほどメジャーに使われているわけではありません(筆者は1度も使ったことがない)．

OPアンプの入力バイアス電流を抑えるために，入力段に使われていることが多いようです．βが大きいということは，同じコレクタ電流を流してトランジスタを動作させた場合にも，ベース電流をより低い値に抑えられます．

3-9 トランジスタの持つ温度特性は設計上の重要なポイント

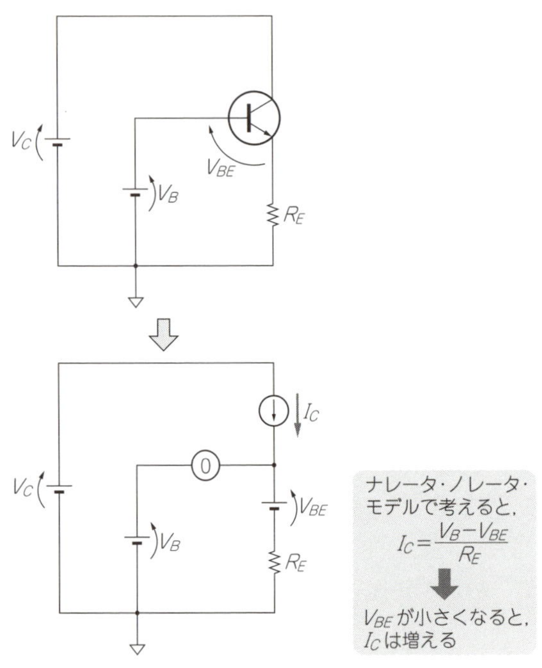

図16　V_{BE}の温度特性に注意

● BJTは温度が上がると電流増加が止まらなくなり壊れることがある

さまざまな資料や教科書にもきちんと書いてありますが，トランジスタが持つ温度特性は，設計上重要なポイントなので，バイポーラ・トランジスタとMOSFETの定性的な比較をしてみます．

仮に図16のような回路があったとして，コレクタに流れる電流はベース端子に与えられた電圧V_Bと，エミッタ抵抗R_E，ベース-エミッタ間電圧V_{BE}とで決まります．電流が流れるとトランジスタは発熱するので，トランジスタの温度は上昇します．するとV_{BE}が変化するのですが，この変化の方向が問題です．温度が上昇すると，V_{BE}は小さくなるのです．V_{BE}が小さくなるとR_Eの両端の電圧が大きくなるので，コレクタ電流は増えます．

コレクタ電流が増えればさらに発熱して，という具合にどんどん発熱が大きくなってしまいます．これが熱暴走のしくみです．

● MOSFETは温度係数がBJTと逆なので，熱暴走は起きにくい

MOSFETでは，温度が上昇するとチャネルの抵抗率が上がって見えるので，等価的にはV_{GS}にはバイポーラ・トランジスタのV_{BE}とは逆向きの温度係数があるように見えます．MOSFETの場合は，熱暴走の心配はあまりありません．

バイポーラ・トランジスタのV_{BE}というのは，PN接合(ダイオード)の順方向電圧に相当します．電流値にもよりますが，この温度係数はおよそ－2 mV/℃と安定しているので，ダイオードを温度計として使用する理由にもなっています．CPUなどのICには内部温度を知らせる機能が付いていたりしますが，内部回路にダイオード温度計が仕込まれていて温度を測定している場合が多いです．

3-10 シリコンの半導体がこんなに普及した理由

● シリコンはいくらでもある

ちょっと番外編的な内容です．一部にはGaAs(ガリウム・ヒ素)などの「化合物半導体」と呼ばれる他の材料を用いたトランジスタもありますが，圧倒的にシリコンのトランジスタICが普及しているのが今日の状況です．

歴史的にはゲルマニウム(Ge)を材料に使用したトランジスタの方が先に実用化されたのですが，その後

にシリコンに逆転されました.

一つの理由で決まっているわけではなく，さまざまな要因が絡み合って現在の状況になっています．いくつかシリコンの利点を挙げると，

(1) 資源が豊富(地球上で酸素に次いで2番目に多い元素)だった
(2) バンド・ギャップが適切な(使いやすい)値だった
(3) 酸化物が安定的に作れ，それが良好な絶縁性を持っていた

といったあたりになるかと思います.

そこらへんに転がっている石ころはSiO_2(二酸化ケイ素，二酸化シリコン)でできていることがほとんどです．地球全体が石ころの塊だと思えば，酸素がシリコンの2倍存在し，その次がシリコンというのもうなずけます．半導体に使うシリコンは99.999…％と，9の数字が11個並ぶ「イレブン・ナイン」と呼ばれるほどの純度まで高めて使われます(**写真2**)．そのへんの石ころから作り始めるのは難しく，コストもかかるでしょうが，資源が多いのは良いことです.

● シリコン・トランジスタはほどよい電圧で動く

(2)ではバンド・ギャップというやや専門的な用語が出てきましたが，ここでは電圧に対する特性と考えてもらえれば十分です.

バンド・ギャップが大き過ぎると，トランジスタとして動作させるのに大きな電圧をかける必要がありますし，逆に小さすぎると耐電圧を保つのが難しくなってしまいます．電子回路を構成するうえで，シリコンのバンド・ギャップが扱いやすい値だったということが普及した要因の一つです.

近年ではスイッチング用途に使われるトランジスタとしてSiC(シリコン・カーバイド，シリコンと炭素の化合物)という材料が普及し始めています．これはシリコンに比べてバンド・ギャップが広いために耐電圧が確保しやすいということが理由の一つです.

● MOSFETは作りやすい

バイポーラ・トランジスタについて(3)は大した利点にはならないかもしれませんが，MOSFETを作製するには大きな魅力です．ゲートの絶縁膜を作るために，もともとそこにあるシリコンを酸化させれば良いので，CMOSの集積回路を作るには非常に有利に働きます．またIC内の配線を引き回す際に互いにショートしないことを目的とする層間絶縁膜にも酸化物が使われてきました.

最新の高速かつ高集積なICでは絶縁膜の材料もただの酸化物ではないので状況は変わってきていますが，酸化物の扱いやすさがシリコンの成長を後押ししたことは確実です.

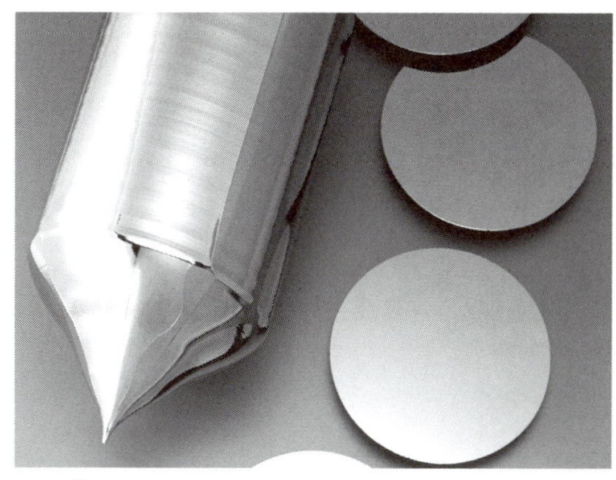

写真2[9]　**イレブン・ナインのシリコン**(信越化学工業)

● シリコンの実績は輝かしいが，光り輝くことが苦手…LEDには向かない

シリコンは優秀な半導体材料として現在までエレクトロニクスの産業を牽引してきました．弱点らしい弱点は見当たらないのですが，強いて挙げるとするならば「光らない」というくらいです.

シリコンを材料とした太陽電池は広く普及しているので，光を吸収して電力に変えることはできますが，投入した電力を光に変える効率が悪く，LEDとして動作させることには向いていません.

◆参考・引用*文献◆

(1) 藤井 信生；アナログ電子回路－集積回路化時代の－，1998年4月，昭晃堂.
(2) 渋谷 道雄；回路シミュレータLTspiceで学ぶ電子回路，2011年7月，オーム社.
(3) 2N3904データシート，2014年10月，フェアチャイルドセミコンダクタージャパン㈱.
(4) NTD6414ANデータシート，2014年9月，オン・セミコンダクター社.
(5) RJK5012DPP-E0データシート，2012年6月，ルネサス エレクトロニクス㈱.
(6) MC1413データシート，2006年7月，オン・セミコンダクター㈱.
(7) MAT12データシート，2014年1月，アナログ・デバイセズ㈱.
(8) DTC023Jデータシート，2013年5月，ローム㈱.
(9)* 信越化学工業㈱，Webサイト：https://www.shinetsu.co.jp/jp/products/semicon.html.
(10) TO-92データシート，Tタイプ構造図，トレックス・セミコンダクター㈱.

(初出：「トランジスタ技術」2015年5月号 特集 Appendix)

Appendix 1 リカバリ時間が短い！オン抵抗が低い！高温でも安定動作！

SiCショットキー・バリア・ダイオードの実力

堀米 毅

パワー回路の損失を低減できるパワー半導体の一つにSiCショットキー・バリア・ダイオード(SBD)があります．本章では，パワエレ回路設計者のために，特に温度を変化させた場合のSiC SBDの各種電気的特性を実際に測定してみました．参考値ではありますが，実測値を例にSiC SBDの特徴について解説します．

(a) SCS110AG（ローム）

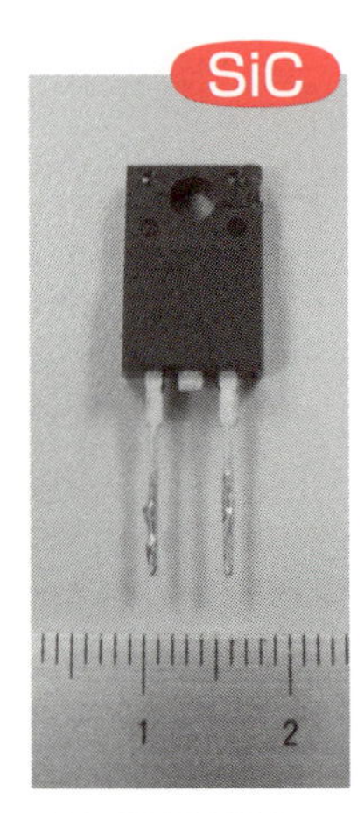

(b) FSC10A60（日本インター）

(c) C3D10060G（CREE社）

(d) IDH10SG60C（インフィニオンテクノロジーズ）

写真1 今回評価した定格600 V/10 AのSiCショットキー・バリア・ダイオード

写真2[注1] 比較用定格600 V/10 Aのシリコン・ファスト・リカバリ・ダイオードDF10L60（新電元工業）

600 V以上の高圧回路と高温下で威力を発揮するパワー半導体 SiC

● 回路の効率改善にはパワー半導体の性能向上が必須

パワエレ/電源回路で使われるディスクリートのダイオードやMOSFETなどのことをパワー半導体といいます．省エネのために回路の消費電力を小さくし，スイッチング損失を軽減するには，メインとなるパワー半導体の性能改善が要求されます．

● 効率改善が期待できる半導体の新素材SiC

シリコン製のパワー半導体は，1985年から2005年の20年間でパワー・ロスが約1/3にまで改善されていますが，さらなる損失低減に新半導体材料開発が望まれています．近年，新しい半導体として実用化されたのがSiC（シリコン・カーバイド）（炭化ケイ素）材料です．

SiCデバイスは，国内外でショットキー・バリア・ダイオードを中心に量産化されています．SiC MOSFETも量産化されつつあり，SiC Junction FET，SiC BJT（バイポーラ・ジャンクション・トランジスタ）なども登場しています．また，SiCだけではなく，GaN（窒化ガリウム）半導体も市場に出てきています．

損失を低減できるSiC！ 三つの特徴

SiCデバイスの主な特徴は三つあります．

(1) リカバリ時間（逆回復時間）t_{rr}が非常に短い
(2) オン抵抗が低い
(3) 高温での安定動作

▶(1) リカバリ時間（逆回復時間）t_{rr}が非常に短い

SiCデバイスは多数キャリア・デバイスのため，蓄積された少数キャリアがありません．よって，少数キ

注1：入手したSiC SBDに対応するシリコンSBDがなかったため，シリコン製ファスト・リカバリ・ダイオード(FRD)と比較した．

表1　主な半導体材料の物性定数

材　料	4H-SiC	6H-SiC	3C-SiC	GaN（窒化ガリウム）	Si（シリコン）
バンド・ギャップ EG [eV]	3.26	2.93	2.23	3.39	1.12
電子移動度 μe [cm^2/Vs]	1000/850	80/400	800	900	1400
正孔移動度 μh [cm^2/Vs]	115	90	40	150	600
絶縁破壊電界強度 E_c [V/cm]	2.5×10^6	2.8×10^6	1.2×10^6	3.3×10^6	3.0×10^5
熱伝導度 λ [W/cmK]	4.9	4.9	4.9	2	1.5
飽和速度 V_{sat} [cm/s]	2.2×10^7	1.9×10^7	2.0×10^7	2.7×10^7	1.0×10^7
誘電率 ε	9.7	9.7	9.7	9.0	11.8
シリコンに対する性能指数BM	340	191	30	653	1
シリコンに対する性能指数$BHFM$	50	25	9	78	1

SiCやGaNはシリコンと比べて電界強度が高くなっても壊れにくいため，膜を薄くできる．＝オン抵抗を小さくできる

ャリアが原因となって発生する逆回復電流がありません．これはリカバリ時間t_{rr}が非常に小さい値であることを意味します（$-di/dt$法で逆回復特性を測定した場合）．ダイオードのスイッチング時に損失の原因となる逆回復時間が非常に小さいため，損失を低減できます．

▶(2) オン抵抗が低い

SiCデバイスはシリコン・デバイスと比較して，絶縁破壊電界/ブレークダウン電圧が約10倍高く，薄い半導体層でもより高い電圧に耐えられます．その結果オン抵抗を低くすることができ，損失も低減できます（**表1**）．

▶(3) 高温でも安定動作

SiCデバイスは，バンド・ギャップがSiデバイスの約3倍です．熱的に励起されるキャリアが少ないため，高温でも安定して動作します．バンド・ギャップは，SPICEのモデル・パラメータではEGに相当します[注2]．

一般のシリコン・ダイオードは，高温になると電気的特性が悪くなり，特に逆回復時間t_{rr}が常温に比べて長くなり，その分スイッチング損失が増加します．

そのほか，SiCデバイスはシリコン半導体と比べて，性能指数BMおよび$BHFM$[注3]と呼ばれる値が優れています（**表1**）．

実験の方法

● 今回は「高温動作」を中心に実験

今回はSiCデバイスの特徴のうち，特に「(1)リカバリ時間（逆回復時間）t_{rr}が非常に短い」と「(3)高温での安定動作」に着目して実験しました．

実際にSiC SBDを温度変化させて，次の四つの特性を測定しました．

測定その1：順方向特性
測定その2：逆方向特性
測定その3：容量特性
測定その4：逆回復特性

逆回復特性の測定方法には，IFIR法と電流減少率法がありますが，各デバイスの特性を比較しやすくするために，IFIR法を採用します．

また温度測定には，ジャンクション温度（T_j）とケース温度（T_c），周囲温度（T_a）の3種類があります．これも比較しやすいように周囲温度を採用します．温度測定は，−25℃，25℃，75℃，125℃で行いました．

● 定格600 V/10 AのSiC SBDとシリコンFRDを比べる

次が実験した定格600 V/10 Aダイオードです．

● SiC SBD（**写真1**）
①型名：SCS110AG（ローム）
②型名：FSC10A60（日本インター）
③型名：C3D10060G（CREE社）
④型名：IDH10SG60C（インフィニオンテクノロジーズ）
● シリコンFRD（**写真2**）
⑤型名：DF10L60（新電元工業）

実験に使うサンプルのSiC SBDは，国内2社（量産

注2：シリコン・デバイスの場合，$EG = 1.12$だが，4H-SiCの場合，$EG = 3.26$，6H-SiCの場合，$EG = 2.93$，3C-SiCの場合，$EG = 2.23$となる．
注3：それぞれの性能指数の計算方法は下記の通り．
$BM = \varepsilon\mu eEc^3$，$BHFM = \mu eEc^2$

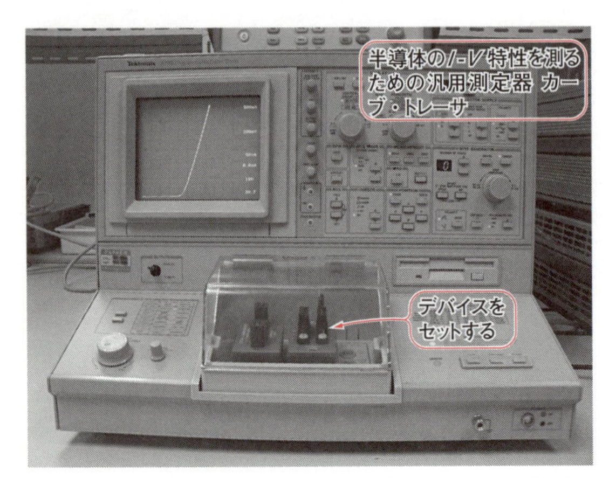

写真3　ダイオードやMOSFETなどのディスクリート半導体の特性を測る専用の測定器カーブ・トレーサ

化に成功している企業）と海外2社の定格600 V/10 A品（ColumnA-1）を入手しました（①～④）.

また，SiC SBDとシリコンSBDを比較したいのですが，シリコンだとピーク繰り返し逆電圧が120 V程度のデバイスしかありませんでした.

そのため，特性比較がしやすい定格600 V/10 Aのシリコン FRDと比較します（⑤）.

以後の型名に関する説明を上記の①から⑤の順に記載します.

測定その1：順電圧-順電流特性

● 測り方：半導体の特性を測る専用装置カーブ・トレーサを使う

ダイオードの順方向特性（順方向電圧-順方向電流）は周囲温度によってばらつきます．このことを考慮して回路を設計しなければなりません．順方向特性の温度ばらつきを測ってみましょう.

パワー半導体の電圧と電流の関係を測定する場合，カーブ・トレーサと呼ばれる測定機器を使用します（**写真3**）.

ダイオードであれば，カーブ・トレーサは順方向電圧，逆方向リーク電流，逆方向ブレークダウン電圧などのパラメータを測定できます．基本動作は，測定対象物に掃引された電圧を加えて，そのときに流れる電流を測定します．この結果を電圧対電流カーブとして画面に表示します．順方向特性の測定のようすを**写真3**に，実験構成を**図1**に示します．今回の測定では，テクトロニクスのカーブ・トレーサ370Bを使用しました.

恒温槽で周囲温度が任意の温度になるのを熱電対温度計で観測し，温度測定を開始します．電流が多く流れる場合，デバイス自体が自己発熱するので，測定は短時間で行います.

SiCデバイス国内メーカが特に力を入れている分野　Column A-1

● 国内メーカは定格600 V/10 Aを中心に提供

海外メーカでは，多種多様な定格のSiCショットキー・バリア・ダイオードのラインアップを提供しており，広い選択肢があります．国内メーカは，定格600 V/10 A中心の提供です．その背景として，電源回路といっても，商用電源/モータ/インバータなどの交流回路で使われるPFC（力率改善）回路に絞っていると推測できます.

● 小型のハイ・パワー装置が作れるようになる

期待される応用分野は，電力，自動車，家電などの電源/インバータ回路です．特に，高耐圧領域の高周波化における電源回路では消費電力低減のみならず，小型化も期待できます．まとめると次の目的に向いています.

(1) 高パワー密度化によって小型化したい
(2) 低損失化によって高効率を目指したい
(3) 高周波化（動作周波数の高速化）によって高性能化したい
(4) 高温でも安定的な動作をしなければならない

具体的に次の産業分野に使えると期待されています.

発電・送電分野：太陽光発電，風力発電，スマート・グリッド
IT分野：データ・センタのサーバの電源，UPSなど
民生分野：エアコンのインバータおよび電源回路
産業分野：モータ駆動のインバータおよびドライブ回路
自動車分野：電気自動車およびハイブリッド自動車の回路全般

それ以外の分野でも，上記の分野で実績が作られて量産化され，低コスト化が可能になれば，適用範囲は広がります.

〈堀米 毅〉

● **結果：順方向電流1.5～2Aのとき－25～＋125℃で順方向電圧の変動なし**

順方向特性の測定結果を**図2**に示します．通常のデータシートでは，横軸の順方向電圧が線形表示，縦軸の順方向電流が対数表示です．今回は違いを分かりやすくするため，縦軸の順方向電流を線形で表示しています．

②，③，④の3種類のSiC SBDの傾向は大体類似しており，順方向電流が1.5～2Aなら，温度を振っても順方向電圧に変化はありません．

①のSiC SBDの場合，温度による順方向特性の変化は少なく，順方向電流が7A付近では順方向電圧に変化は見られませんが，2A付近では順方向電圧がぶれます．また，⑤のシリコンFRDはI_F＝2Aを基準で見ても，V_F値が温度によりばらついているのが分かります．

測定その2：逆電圧－逆電流特性

● **測り方：順方向特性とほぼ同じ**

SBDの逆電流は汎用ダイオードと比べて1～3けた大きいので無視できません．温度ばらつきもあるため，実際に測ってみました．

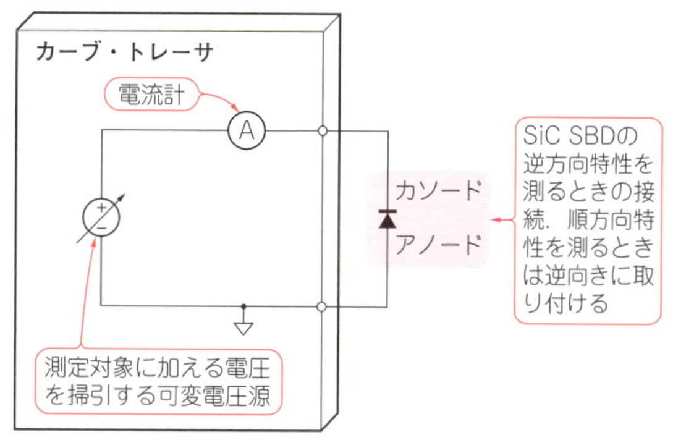

図1　実験の構成

順方向特性の測定機器と同じカーブ・トレーサを使用します．端子を入れ替え，逆電圧を600Vまで加えます．測定機器の機能を使い，掃引して画面に表示させます．全体像が把握できたら，カーソル機能で数値を読んでいきます．

● **結果：SiC SBDは高温で大きな逆電圧V_Rが加わっても逆電流I_Rがあまり増えない**

逆方向電圧は0～600V，逆方向電流は0～15μA

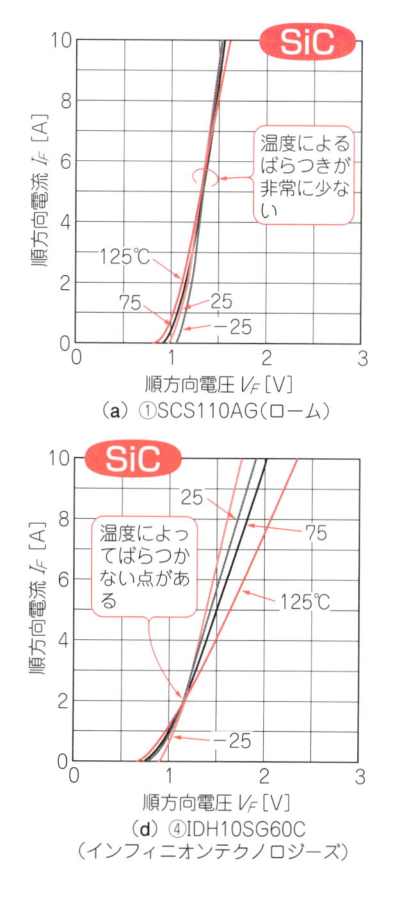

(a) ①SCS110AG(ローム)

(d) ④IDH10SG60C(インフィニオンテクノロジーズ)

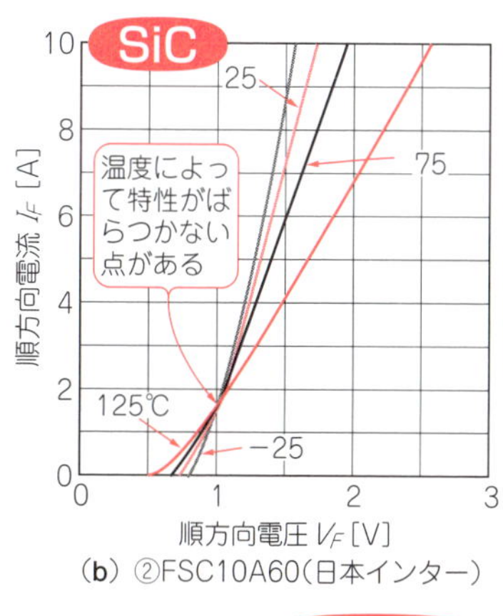

(b) ②FSC10A60(日本インター)

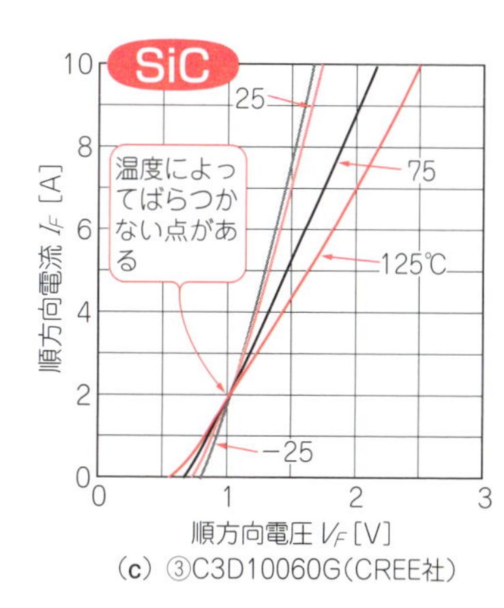

(c) ③C3D10060G(CREE社)

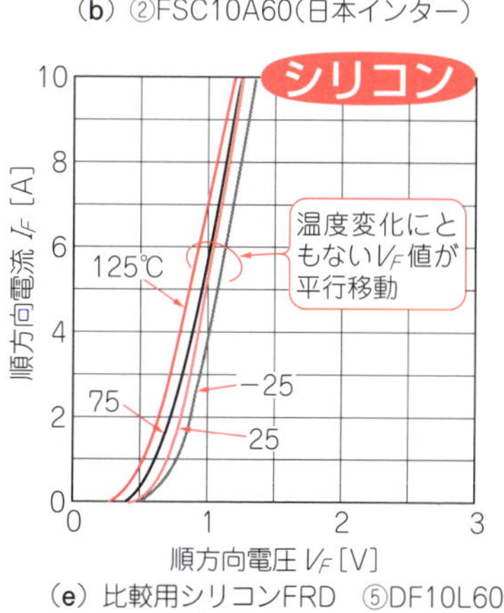

(e) 比較用シリコンFRD　⑤DF10L60(新電元工業)

図2
SiC SBDの順方向特性がそれほど優れているわけではないが，温度によって順電圧と順電流の関係が変化しない点がある
横軸：電圧0.5V/div，縦軸電流1A/div

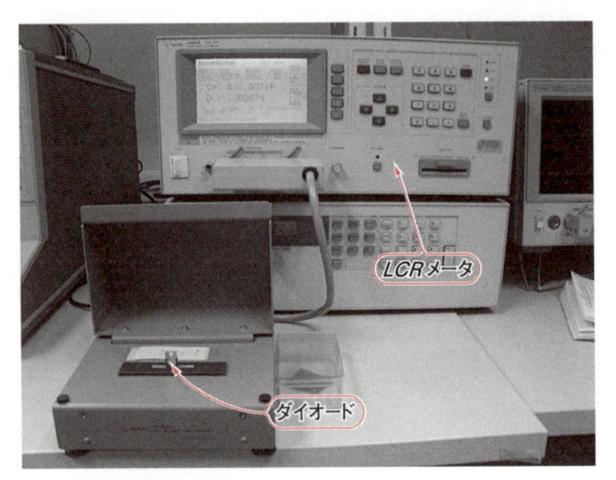

写真4　端子間容量を測るLCRメータ

です．図3が測定結果です．

通常のデータシートでは，横軸が逆方向電圧で線形表示，縦軸が逆方向電流で対数表示です．各デバイスの違いを分かりやすくするため，縦軸の逆方向電流を，線形表示で掲載します．

一般にSBDは小信号汎用ダイオードと比較して，逆電流が大きいのが特徴です．SiC SBDも逆電流は大きいのですが，温度特性に優れています．特に④IDH10SG60Cは，470 Vよりも小さければ逆電流の影響はほとんどありません．シリコンFRD⑤DF10L60は，高温になるにつれて逆電流が多く流れます．高温動作時には無視できない特性です．

測定その3：容量特性

● 測り方：LCRメータを使う

ダイオードの内部には容量成分があり，逆電圧を加えると変化します(容量特性)．容量成分はスイッチング損失に影響があるため測ってみました．

容量特性は，逆電圧を加えながら，端子間の容量を測定します．逆電圧を0.1から100 Vまで印加しながら，容量値をLCRメータで読み取っていきます．LCRメータの内部電源では100 Vまで加えられないので，外部電源と治具を準備します．測定に使用した機器は次の通りです．また，LCRメータの測定条件は，半導体測定に使われる一般的な周波数である1 MHzとします．

LCRメータ　：4284A(アジレントテクノロジー)
外部DC電源：665(アジレントテクノロジー)
治具　　　　：16065A(アジレントテクノロジー)

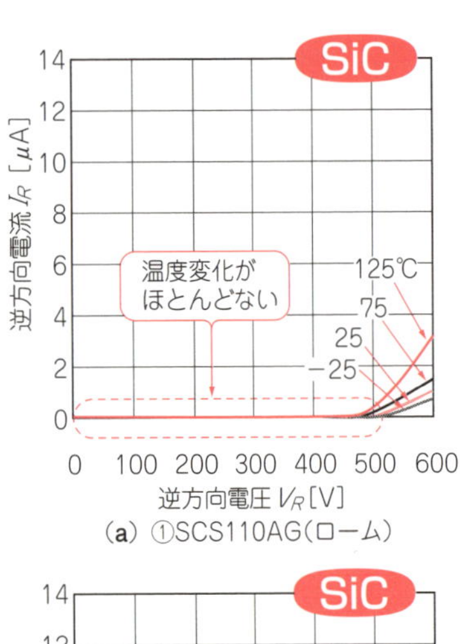

(a) ①SCS110AG(ローム)

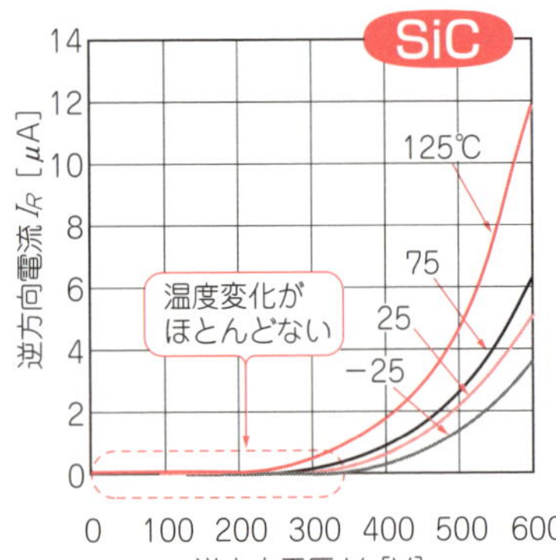

(b) ②FSC10A60(日本インター)

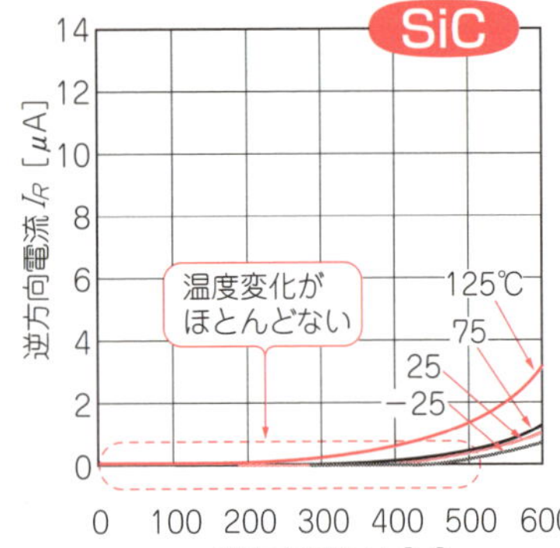

(c) ③C3D10060G(CREE社)

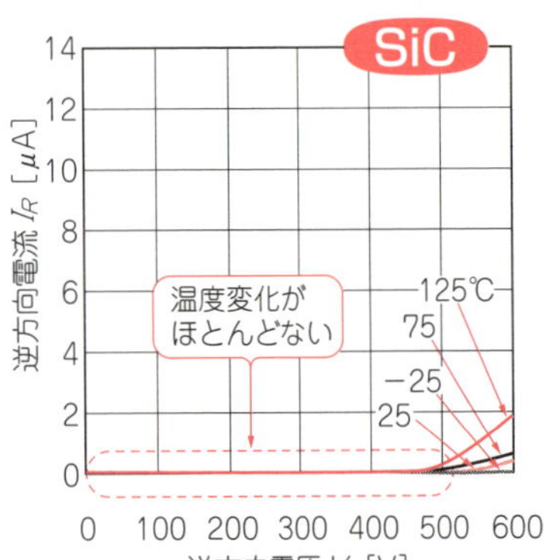

(d) ④IDH10SG60C(インフィニオンテクノロジーズ)

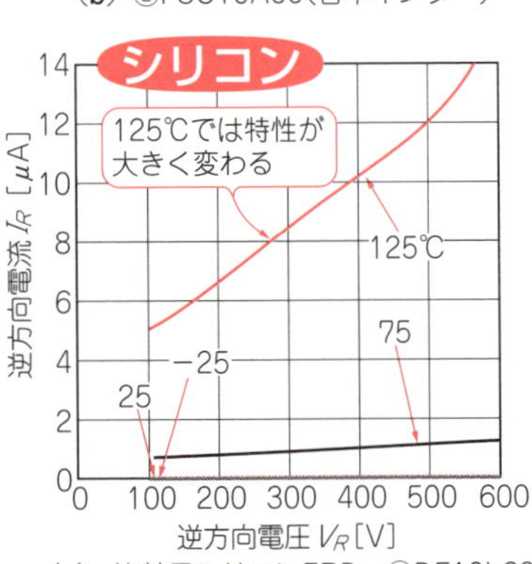

(e) 比較用シリコンFRD　⑤DF10L60(新電元工業)

図3　測定したSiC SBDの逆方向特性
横軸：電圧100V/div，縦軸：電流2 μA/div

測定のようすを**写真4**に掲載します．

● 結果：SiC SBDの端子間容量は−25～＋125℃までほとんどばらつかない

逆方向電圧は0～100 Vで対数表示，端子間容量値は10 p～1000 pFで対数表示です．

図4に測定結果を示します．容量特性は温度変化に対してもほとんど変化しないことが分かります．これもSiCデバイスの大きな特徴です．シリコンFRDの⑤は，温度が高くなるにつれて容量値が大きくなっていき，この温度変化が逆回復時間に影響します．

測定その4：逆回復特性

● 測り方：カスタム環境が必要

パワー回路では，ダイオードの逆回復時間が短いほど損失が小さくて済みます．温度によってもばらつくため測ってみました．

逆回復時間の測定方法は，電流減少率法とIFIR法があり，今回はIFIR法で行いました．IFIR法では，t_{rr}は**図5**の定義でt_{rj}とt_{rb}に分割します．測定のようすを**写真5**に示します．

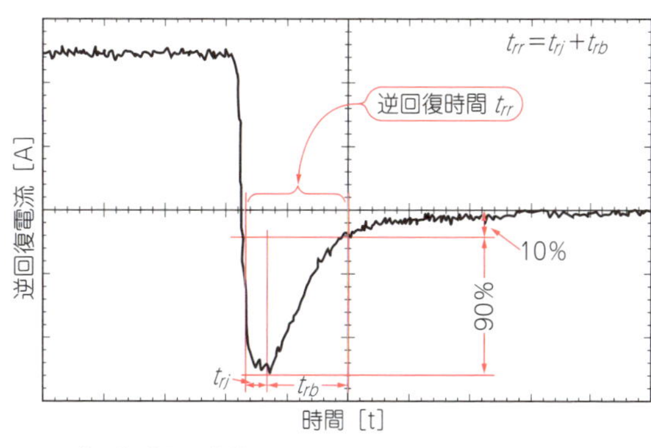

図5　逆回復時間の定義

逆回復特性のIFIR法は汎用計測機器がないため，評価ボードを外部に製作依頼するか，自作する必要があります．測定条件は，$I_F=I_R=0.2$ Aで$R_L=50\Omega$です．

逆回復特性の波形は，オシロスコープで観察します．使用したのはテクトロニクスのTDS3054Bです．

● 結果：SiC SBDの逆回復特性は周囲温度で変化しない

一般に，ダイオードは，高温になるにつれて逆回復

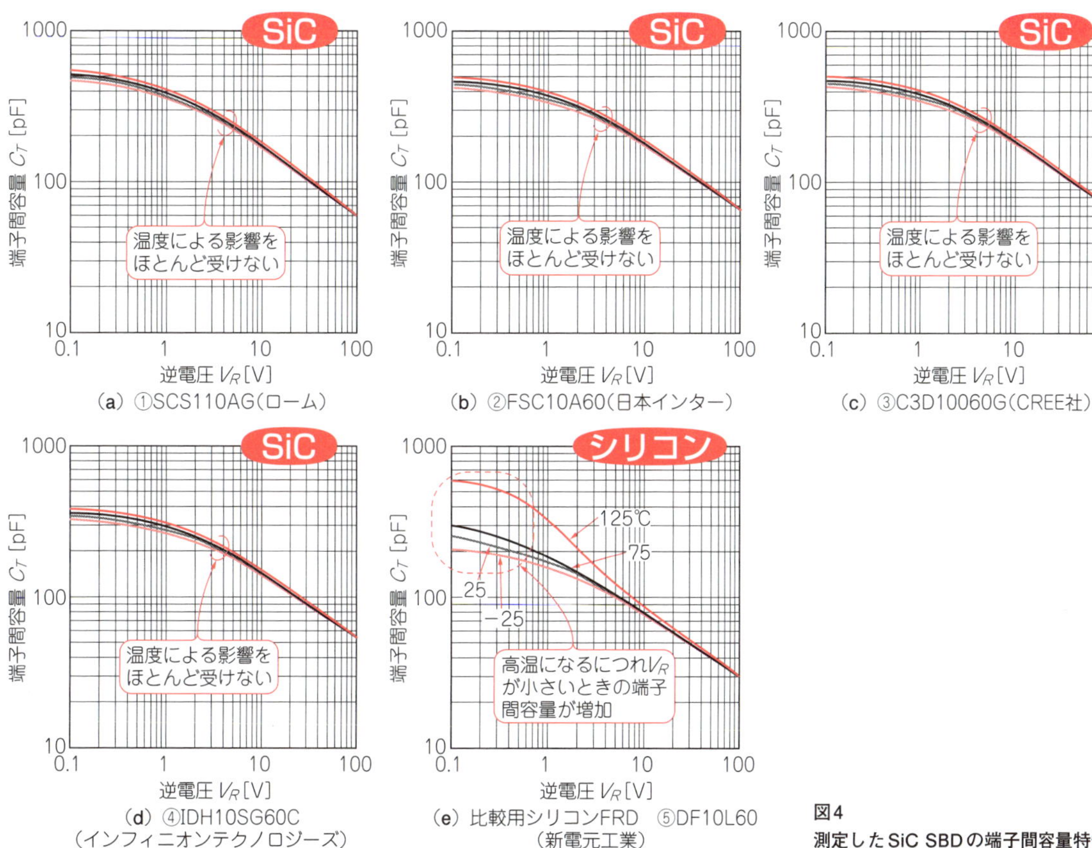

図4
測定したSiC SBDの端子間容量特性

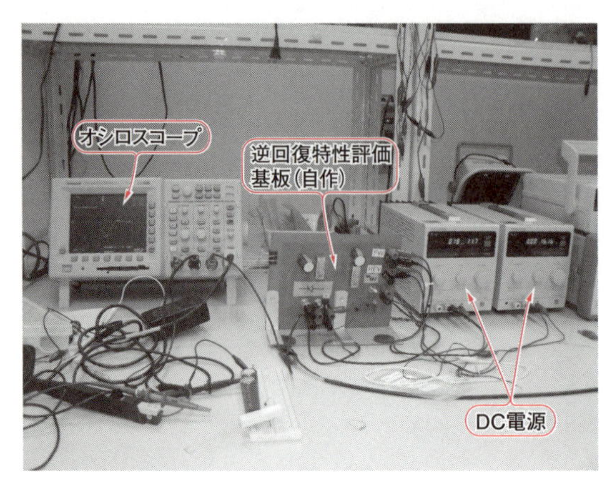

写真5　逆回復特性を測るには治具を自作しなければならない

時間が長くなります．t_{rr}が長くなるぶん，スイッチング損失も大きくなります．

▶シリコンFRDは25℃から125℃になると逆回復時間が4倍長くなり，損失も大きくなる

例えばシリコンFRD(DF10L60)は，温度変化により，逆回復時間が変化します．それぞれの数値を**表2**に掲載します．グラフを**図6**に示します．また，波形を**図7**に掲載します．常温と高温125℃で比較すると，約4倍も逆回復時間が長くなっています．そのぶん，スイッチング損失も大きくなります．

▶SiC SBDは周囲温度－25～125℃において逆回復時間が全く変化しない

SiC SBDの結果は，素晴らしいものでした．今回測定したすべてのデバイスが，周囲温度－25℃～125℃において，全く変化がありませんでした(**図8**)．温度変化，特に高温においてもt_{rr}が変化しないということ

高圧，高電流，高温…危険の多いパワー回路はシミュレーションで設計

Column A-2

● シミュレーションなら損失計算も簡単

パワー回路の設計において，回路の動作を実験で確認するのは簡単ではありません．取り扱う電流が大きいのと，スイッチング波形から正確な損失を計算するのが非常に難しいからです．

そこで，電子回路シミュレータ(SPICE)は非常に役立ちます．過渡解析で電圧波形と電流波形を掛け合わせれば，損失が計算できます．特に，精度の良いSPICEモデルを採用すれば，より正確な損失が計算できます．**図A**にPFC回路のシミュレーション回路を示します．

解析結果は**図B**で，逆回復特性ということで，スイッチング波形の電圧波形，電流波形，損失計算結果を示しています．このように電流波形と電圧波形を掛け合わせることで，損失が計算できます．

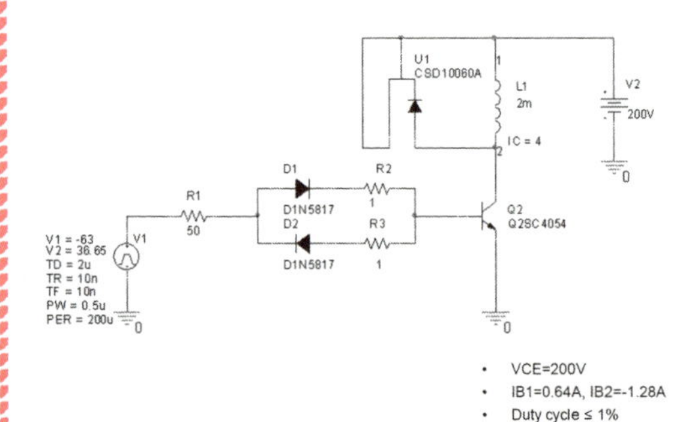

図A　シリコンBJTとSiC SBDを使ったPFC回路のシミュレーション回路

● 問題点：SiCデバイスなどの新しい部品のSPICEモデルがあまり普及していない

現在ではまだシリコン・デバイスのモデルしか普及しておらず，SiCデバイスを使ったパワエレ回路の解析は簡単ではありません．

図Aは，実はシリコンBJTとSiC SBDで構成された回路です．

シリコンBJTは新電元工業2SC4054(Q2)のGummel-Poonと呼ばれるモデルを，SiC SBD(U1)はCREE社CSD10060Aのカスタムで製作したSiCデバイス専用の等価回路モデルを使っています．

このように特性を合わせ込んだモデルを使うと精度良く損失を求めることができます．〈堀米 毅〉

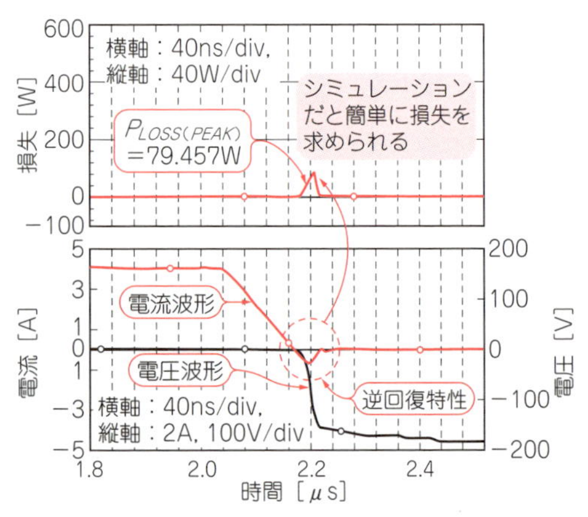

図B　電子回路シミュレーションなら損失計算も簡単

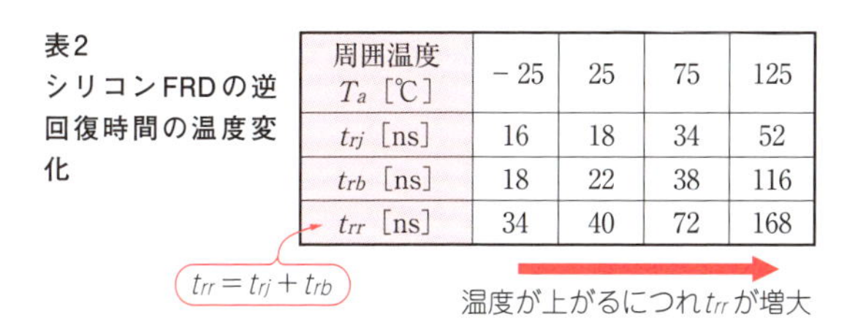

表2 シリコンFRDの逆回復時間の温度変化

周囲温度 T_a [℃]	−25	25	75	125
t_{rj} [ns]	16	18	34	52
t_{rb} [ns]	18	22	38	116
t_{rr} [ns]	34	40	72	168

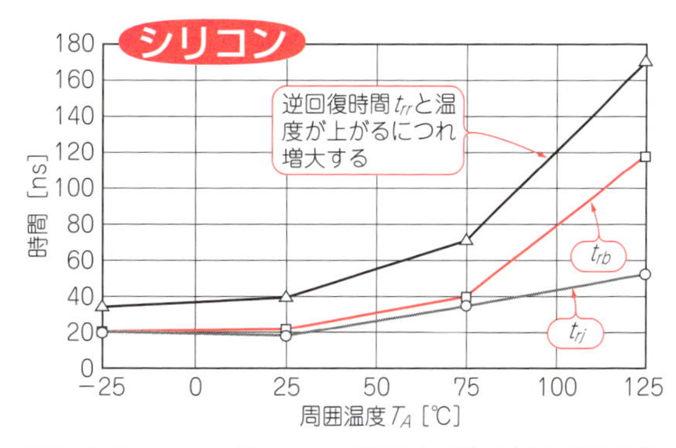

図6　シリコンFRD ⑤DF10L60(新電元工業)は高温で逆回復特性が増加する

とは，高温においても常温と同じスイッチング損失と考えてもよいということです．それぞれのSiC SBDの逆回復時間を**表3**に，波形を**図9**に示します．逆回復時間そのものも，基本的にシリコンFRDより短くなっています．

● シリコンにはない特徴を持つSiCダイオード

SiC SBDが温度変化，特に高温に対して，シリコン・デバイスのような容量特性の変化を受けないことが分かりました．また，驚いたことに，すべてのSiC SBDにおいて逆回復時間は常温と全く同じです．これが意味するところは，高温において，スイッチング損失が常温と変わらないということであり，シリコン・ダイオードでは見られない現象です．

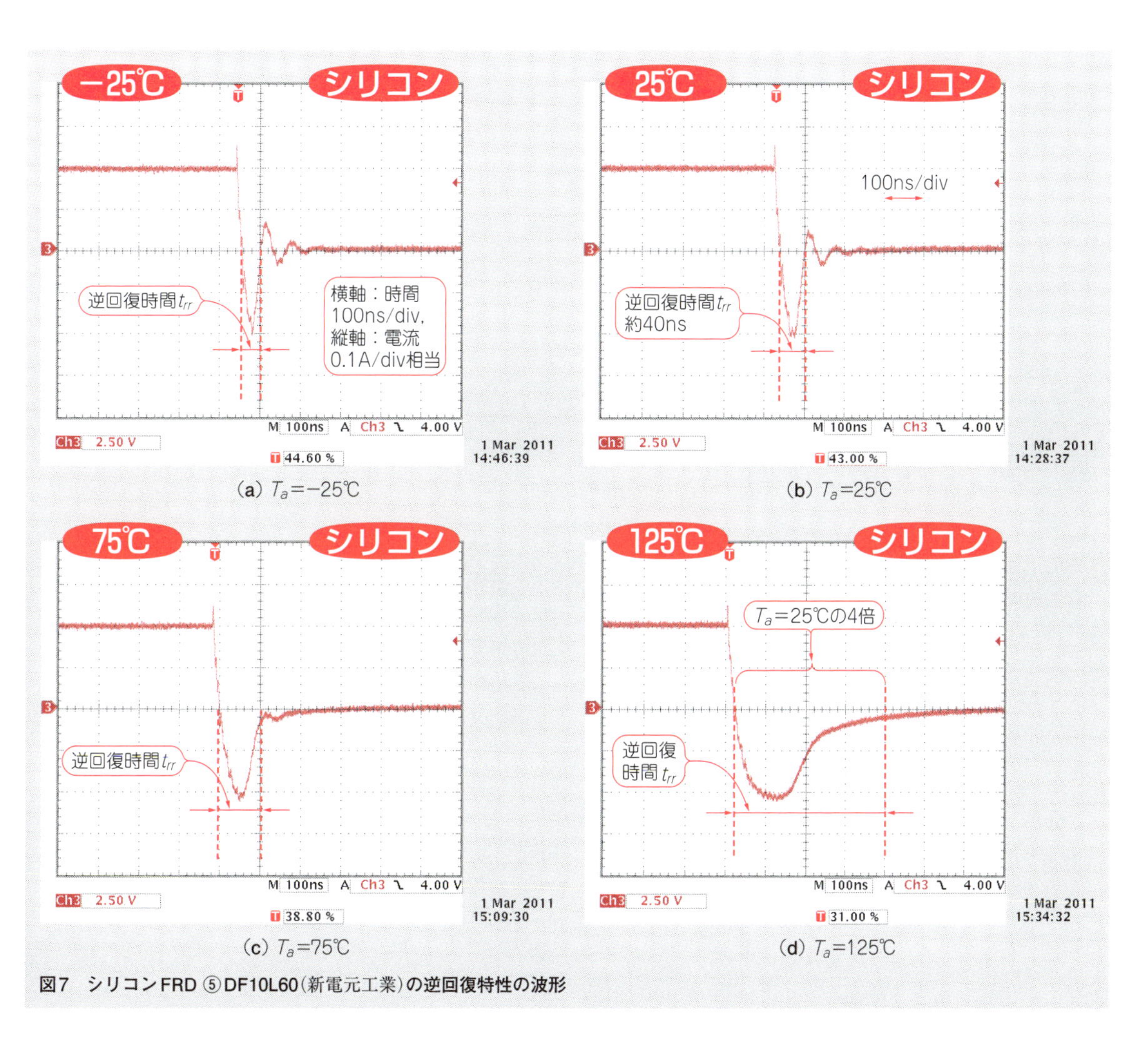

(a) T_a=−25℃

(b) T_a=25℃

(c) T_a=75℃

(d) T_a=125℃

図7　シリコンFRD ⑤DF10L60(新電元工業)の逆回復特性の波形

表3 SiC SBDの逆回復時間

デバイス	①SCS110AG	②FSC10A60	③C3D10060G	④IDH10SG60C
メーカ	ローム	日本インター	CREE社	インフィニオン
t_{rj} [ns]	7.5	15.2	16.8	15.2
t_{rb} [ns]	16	16.8	21.6	18.4
t_{rr} [ns]	23.5	32	38.4	33.6

$t_{rr}=t_{rj}+t_{rb}$

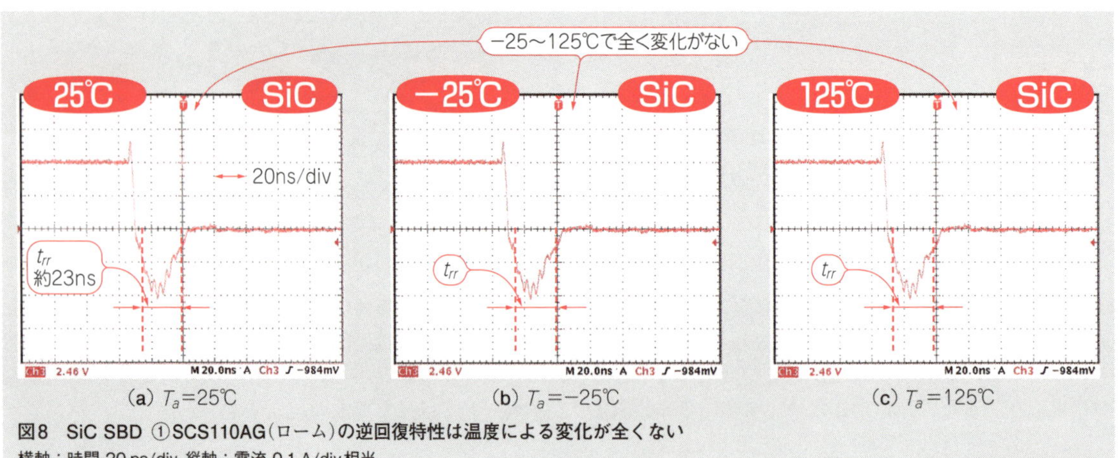

(a) T_a=25℃ (b) T_a=−25℃ (c) T_a=125℃

図8 SiC SBD ①SCS110AG(ローム)の逆回復特性は温度による変化が全くない
横軸：時間 20 ns/div, 縦軸：電流 0.1 A/div相当

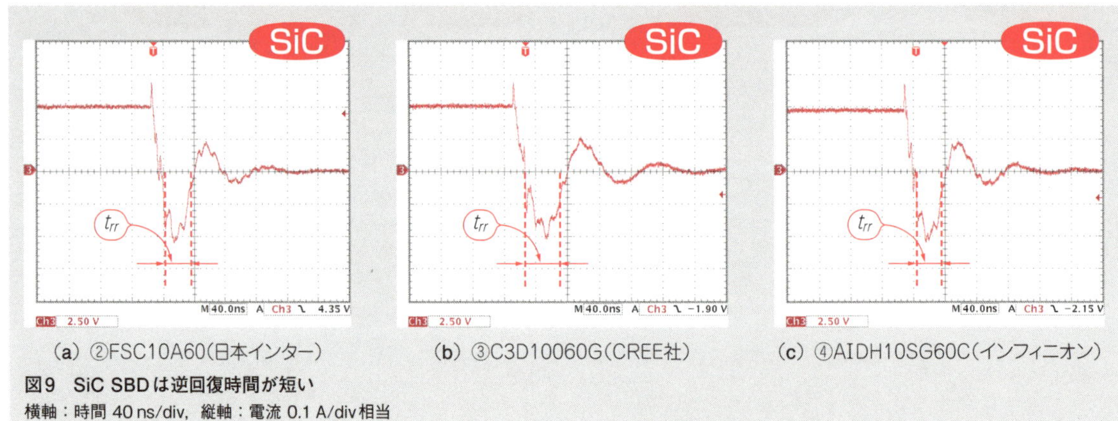

(a) ②FSC10A60(日本インター) (b) ③C3D10060G(CREE社) (c) ④AIDH10SG60C(インフィニオン)

図9 SiC SBDは逆回復時間が短い
横軸：時間 40 ns/div, 縦軸：電流 0.1 A/div相当

● SiC SBDはシリコンFRDよりまだ高価

電気的特性に優れたSiC SBDですが，一つだけ弱点があります．それはシリコンFRDと比べて価格が高いことです．量産化効果は出てくると思いますが，現状では特定用途の分野での活用になりそうです．例えば，世界中のデータ・サーバの消費電力は推測もできませんが，そのような回路にSiCデバイスが採用されれば，消費電力低減に一役買うでしょう．

◆重要！ 注意事項◆

今回の実験データはあくまでもサンプル品を入手して実測しただけの参考値です．メーカが保証している仕様ではありません．設計時は，必ず温度による電気的特性図をメーカから取り寄せ，設計してください．

(初出：「トランジスタ技術」2011年5月号 特集Appendix 1)

Appendix 2 導通損失/スイッチング損失の低減に期待！

SiC MOSFETの実力

堀米 毅

SiCはAppendix 1で紹介したように低損失が期待される半導体の新素材です．高温/高耐圧で従来のシリコンよりも低いオン抵抗特性を示します．本章では，600 V/10 AクラスのSiC MOSFETを入手して実験を行い，現在のシリコンMOSFETと比較してみました．オン抵抗が低いことが確認できました．

SiC MOSFETが期待されている理由

● SiC化でパワーMOSFETのスイッチング損失が減れば，パワー回路全体の損失を大きく低減できる

Appendix 1で紹介したように，国内メーカが出荷している主なSiC ショットキー・バリア・ダイオード(SBD)は，定格600 V/10 Aです．用途を商用電源/モータ/インバータなどの交流回路で使われるPFC(Power Factor Control，力率改善回路)などに絞っていると推測できます．一方，もう一つのSiCパワー半導体であるSiC MOSFETはまだ各社開発段階です．

ここでPFC回路の大きな損失要因を考えてみると，次の5点が挙げられます．

要因1：パワーMOSFETのターンオン期間の損失(スイッチング損失)
要因2：パワーMOSFETのターンオフのスイッチング損失
要因3：パワーMOSFETのON期間の損失(導通損失)
要因4：ダイオードの逆回復遷移期間の損失(スイッチング損失)
要因5：ダイオードのON時間の損失(導通損失)

一般に，導通損失はON時の抵抗値で決まり，スイッチング損失はデバイスの蓄積キャリアが強く影響しているといわれます．

このうち，要因3と要因5の導通損失は，SiCの物性値を考えると低抵抗化が可能です．

スイッチング損失の要因4は，Appendix 1で実測したSiC SBDの登場で損失を低減できそうです．

SiCのMOSFETが出てくれば，要因1と要因2が解決できます．主な損失要因のすべてが改善できるため，パワー回路の電力損失(導通損失＋スイッチング損失)の大幅な低減が期待されています．

写真1　サンプル出荷が始まったSiC MOSFET SCU210AX(ローム)

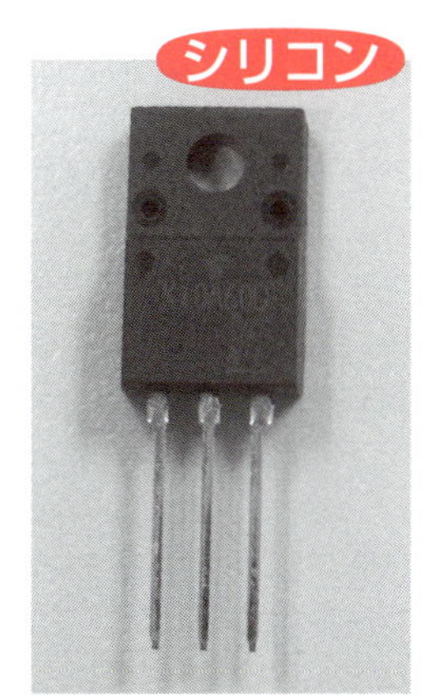

写真2　写真1のSCU210AXと定格が同じシリコンMOSFET TK10A60D(東芝)

同じ定格の従来シリコン・タイプと比べる

● SiC MOSFETを入手してシリコンMOSFETと比較してみる

今回は，ロームのSiC MOSFETであるSCU210AX(**写真1**)のサンプルを入手しました．600 V，10 Aのデバイスであり，大きな市場である600 V級のPFC回路分野を想定していると考えられます．

シリコンMOSFETは，同じ耐圧の東芝セミコンダクター社TK10A60D(**写真2**)を選定しました．ゲート・チャージ特性や容量特性，スイッチング特性は，データシートの仕様を参照する限り，そんなに違いがありません．

● 高温動作を中心に重要なパラメータ五つを測る

回路設計者がパワーMOSFETを選定する場合，伝達特性，オン抵抗，ドレイン遮断電流，ゲート・チャージ特性，容量特性などが重要です．また，ボディ・ダイオードのDC特性と逆回復特性も確認します．

今回は，次の5項目についての温度における電気的特性について比較実験をしてみました．

- 測定その1：伝達特性
- 測定その2：ドレイン遮断電流
- 測定その3：ドレイン-ソース間オン抵抗
- 測定その4：ボディ・ダイオードの順方向特性
- 測定その5：ボディ・ダイオードの逆回復特性

SiC SBDの測定と同様に，温度測定点は，周囲温度－25℃，25℃，75℃，125℃の4点です．

測定その1：伝達特性

● 測り方

V_{DS}(ドレイン-ソース間電圧)が一定のときのV_{GS}(ゲート-ソース間電圧)-I_D(ドレイン電流)特性は，何VでMOSFETがONになるかを表します．伝達特性といいます．V_{DS}が10Vのときの伝達特性をカーブ・トレーサで取得します．それぞれの周囲温度にて測定します．電流は5Aまで加えるので，自己発熱の影響が出ないように素早く測定する必要があります．

● 結果：伝達特性の温度によるばらつきはシリコンMOSFETの方が小さい

SiC MOSFETとシリコンMOSFETの，温度による伝達特性の違いを**図1**に掲載します．横軸は，ゲート-ソース間電圧で1V/divです．縦軸はドレイン電流で対数表示で0.1Aから10Aまでを表示しています．伝達特性の温度によるばらつきは，シリコンMOSFETの方が小さいという結果になりました．

測定その2：ドレイン遮断電流I_{dss}

● 測り方

ドレイン遮断電流(I_{dss})は，ドレイン-ソース間の漏れ電流で，OFF時の損失の原因になります．また，温度変化に敏感です．V_{DS}(ドレイン-ソース間電圧)が600V，V_{GS}(ゲート-ソース間電圧)が0Vのときのドレイン遮断電流値を測定します．これも周囲温度を変化させて測定します．使用する測定機器はカーブ・トレーサです．

● 結果：SiCとシリコンであまり大きな差はない

SiC MOSFETとシリコンMOSFETの測定したドレイン遮断電流を**図2**に示します．ドレイン遮断電流は，特に高温(125℃)で，シリコンMOSFETよりもSiC MOSFETの方が小さい結果になりました．

測定その3：ドレイン-ソース間オン抵抗$R_{DS(on)}$

● 測り方

ON時の損失原因となるドレイン-ソース間オン抵抗の測定にもカーブ・トレーサを使用します．半導体のDC特性を測定する場合，カーブ・トレーサを主に使用します．測定条件は，ドレイン電流が5A，ゲート-ソース間電圧を14Vにしました．その測定条件のときのドレイン-ソース間オン抵抗値を測定します．

● 結果：オン抵抗$R_{DS(on)}$は低く，温度変化も小さい

SiC MOSFETとシリコンMOSFETのドレイン-ソース間オン抵抗の温度変化を**図3**に示します．

一般に，SiC MOSFETはオン抵抗が低く温度変化にも優れているといわれます．実験結果でもSiC MOSFETのドレイン-ソース間オン抵抗値は，温度変化に対し，それほど変化しませんでした．

測定その4：ボディ・ダイオードの電圧-電流特性

● 測り方

ドレイン-ソース間に寄生的に発生するダイオード(ボディ・ダイオード)の測定には，カーブ・トレーサを使用します．測定条件は，ゲート-ソース間電圧を0Vとします．

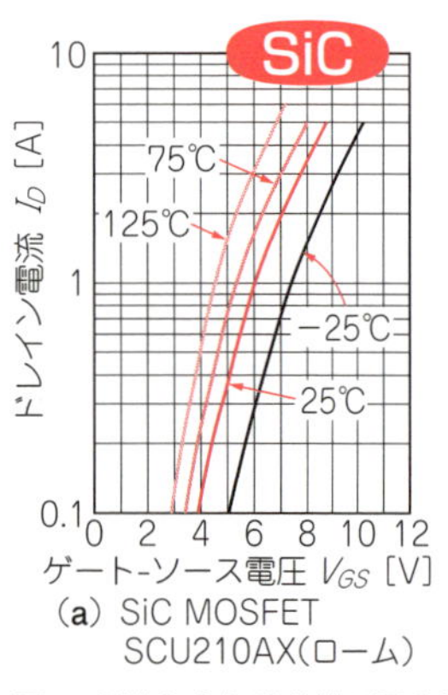

(a) SiC MOSFET SCU210AX(ローム)

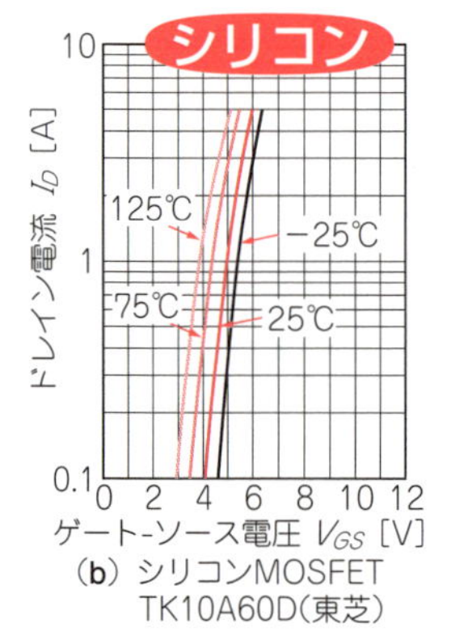

(b) シリコンMOSFET TK10A60D(東芝)

図1 測定した伝達特性の温度特性

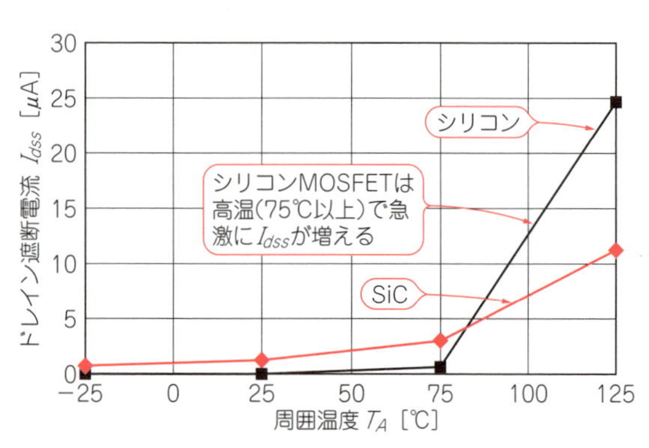

図2 測定したドレイン遮断電流I_{dss}の温度特性

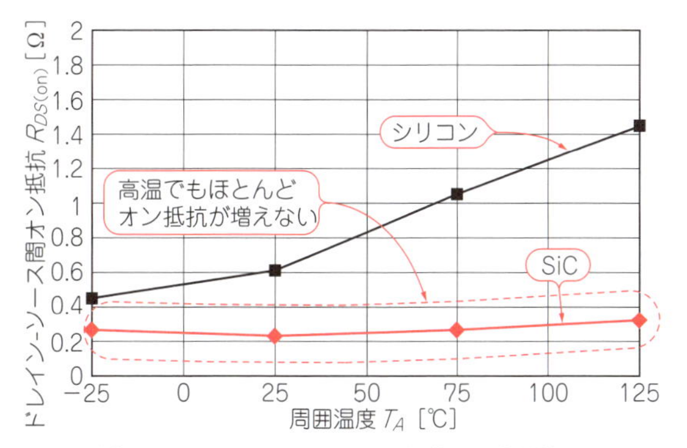

図3 測定したドレイン-ソース間オン抵抗の温度特性

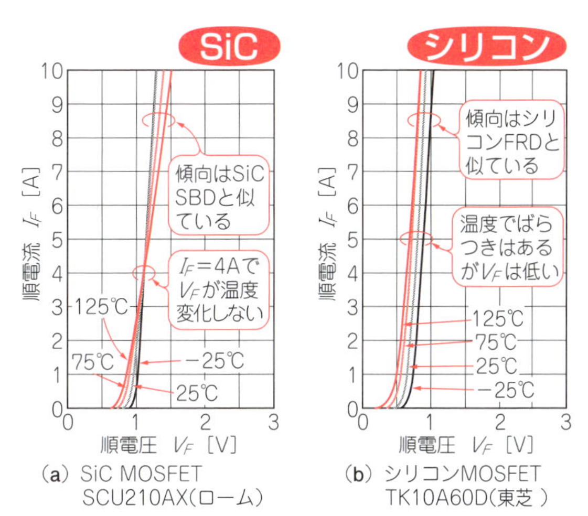

(a) SiC MOSFET SCU210AX(ローム)　(b) シリコンMOSFET TK10A60D(東芝)

図4 測定したMOSFETボディ・ダイオードの順方向特性

● 結果：温度によるばらつきは小さい

SiC MOSFETのボディ・ダイオードは，Appendix 1のSiC SBDの傾向に似ていました．**図4**にSiC MOSFETとシリコンMOSFETのボディ・ダイオードの電圧-電流特性の測定結果を示します．横軸が順方向電圧で0～3 V，0.5 V/divです．縦軸は順方向電流で耐圧いっぱいの0～10 A，1 A/divです．シリコンMOSFETのボディ・ダイオードと比べると，順方向電圧は大きいものの，温度変化によるばらつきは小さくなりました．

測定その5：ボディ・ダイオードの逆回復特性

● 測り方

ボディ・ダイオードの逆回復特性は，波形の形状がノイズに影響します．測定環境は，SiC SBDの逆回復特性の測定環境と同じです．測定方法にはIFIR法を採用し，測定条件は$I_F = I_R = 0.2$ Aで，負荷抵抗は50 Ωです．t_{rj}成分とt_{rb}成分も把握できます．

● 結果：値は大きいが温度変化は少ない

表1に逆回復時間をt_{rj}とt_{rb}成分に分割した数値表を掲載します．一概に比較はできませんが，シリコンMOSFETのボディ・ダイオードの逆回復時間は非常に短いことが分かります．温度変化による逆回復時間の影響は2倍程度です．SiC MOSFETのボディ・ダイオードの逆回復時間はμs単位なので，速いとはいえませんでした．しかし，温度に対しては，SiC SBD同様，変化が少ないことが分かりました．

＊　　＊

SiC MOSFETは，温度特性には優れているものの，シリコンMOSFETの性能も向上しており，顕著な違いは見られませんでした．しかし，オン抵抗は低い値でした．繰り返しになりますが，今回はサンプル出荷中のデバイスを入手して測ってみただけです．両デバイスのこれからの改善に期待できます．

SiC MOSFETの性能はまだ十分に検証できていませんが，PFC回路に組み込んだ場合，高温でどのくらいの損失が低減するのか非常に興味があります．

表1 測定したMOSFETボディ・ダイオードの逆回復時間

周囲温度 T_a [℃]	−25	25	75	125
t_{rj} [μs]	0.04	0.04	0.04	0.04
t_{rb} [μs]	0.07	0.06	0.06	0.06
t_{rr} [μs]	0.11	0.10	0.10	0.10 ← t_{rr}が小さい

(a) SiC MOSFET SCU210AX(ローム)

周囲温度 T_a [℃]	−25	25	75	125
t_{rj} [μs]	0.28	0.36	0.48	0.56
t_{rb} [μs]	1.04	1.16	1.24	1.92
t_{rr} [μs]	1.32	1.52	1.72	2.48 ← t_{rr}が大きい

$t_{rr} = t_{rj} + t_{rb}$

(b) シリコンMOSFET TK10A60D(東芝)

◆重要！ 注意事項◆

今回の実験データはあくまでもサンプル品を入手して実測しただけの参考値です．メーカが保証している仕様ではありません．設計時は，必ず温度による電気的特性図をメーカから取り寄せ，設計してください．

(初出：「トランジスタ技術」2011年5月号 特集 Appendix 2)

Appendix 3 パシパシッとON/OFFして損失1/4！

GaN FETの実力

山本 真義

私たちの身近にある家電機器やハイブリッド・カーの半導体には，Si(シリコン)が使われていますが，二つの新材料の半導体も頭角を現してきています．一つはSiC(炭化ケイ素)，もう一つはGaN(窒化ガリウム)です．ここでは，GaNでできたFETを評価します．GaN FETは家電などに向いています．

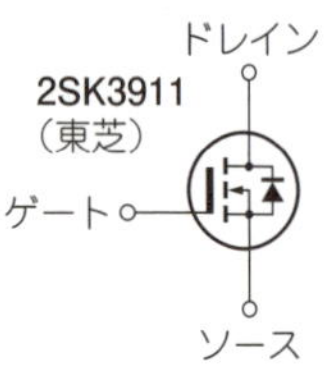

項目	仕様
耐圧	600V
定格電流	20A
オン抵抗	0.22Ω

(a) Si MOSFET

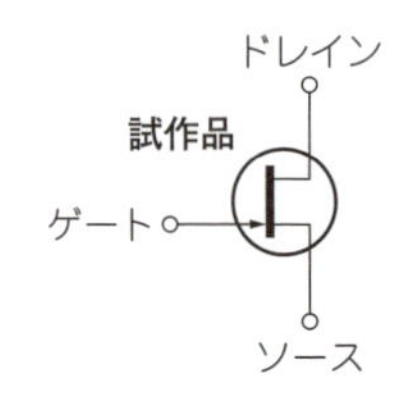

項目	仕様
耐圧	600V
定格電流	20A
オン抵抗	0.05Ω

(b) GaN FET

図1 評価に使ったSi MOSFETとGaN FET

● 評価するFETと駆動回路

定格電圧600 V，定格電流20 Aの，GaN FET試作品とSi MOSFET 2SK3911を評価しました(**図1**)．

図2に，従来のSi MOSFET用とGaN FET用のゲート駆動回路を示します．GaN FET用のゲート駆動回路は，低いスレッショルド電圧と非絶縁のゲートというGaN FETの特性に対応しています．それぞれのゲート駆動回路でのゲート電圧波形を**図3**に示します．

● スイッチング時の損失をSi MOSFETと比較

スイッチング素子に発生する二つの損失を，Si MOSFETとGaN FETとで比較します．

▶導通損失

導通損失は，スイッチング素子がONのときに半導

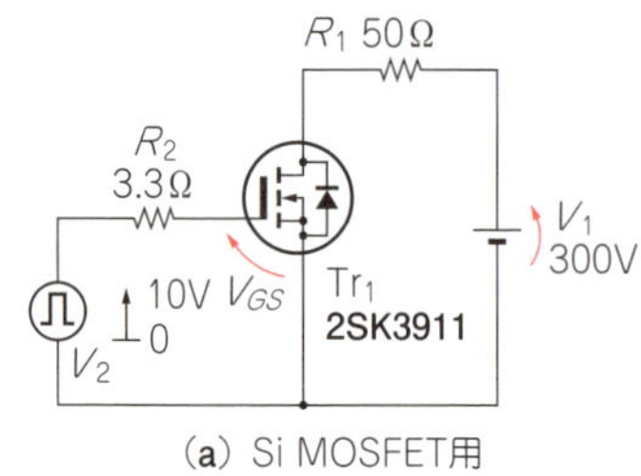

(a) Si MOSFET用

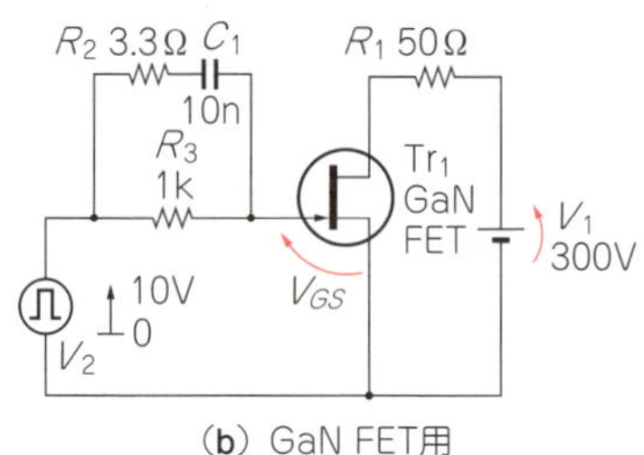

(b) GaN FET用

図2 評価に使ったゲート駆動回路
それぞれ最高の効率を得られる回路を使った．同じ回路にすると動かなかったり効率が悪化したりする

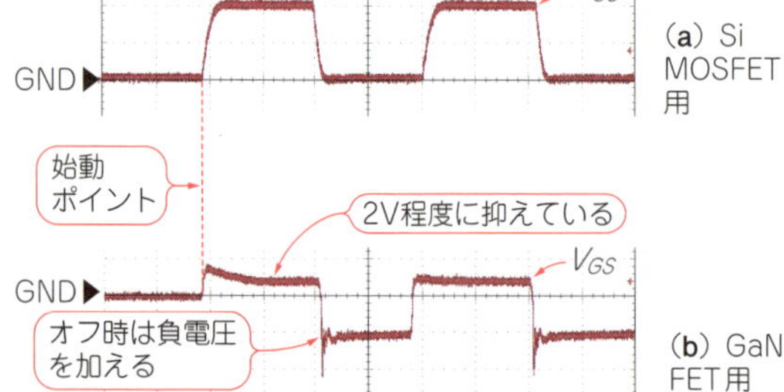

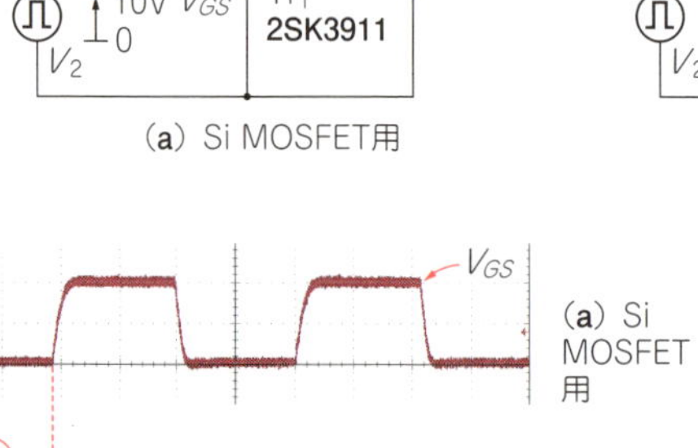

図3 図2の回路によるゲート駆動電圧波形(5 V/div，400 ns/div)
スイッチング周波数は1.25 MHz

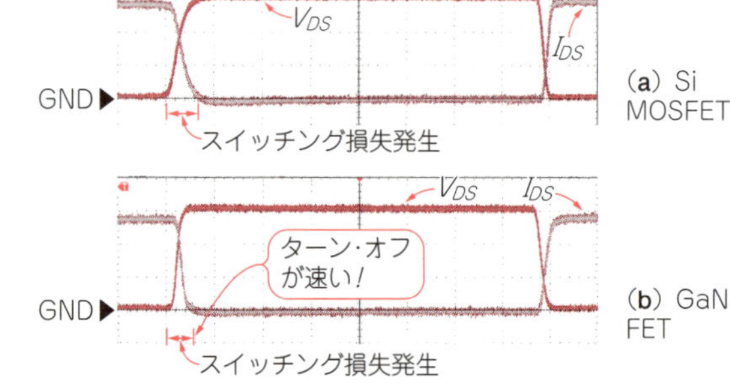

図4 スイッチング損失を確認するためターン・オン/オフ時間を観測した(100 V/div，1 A/div，100 ns/div)
GaN FETの方がターン・オフが速くスイッチング損失が小さい

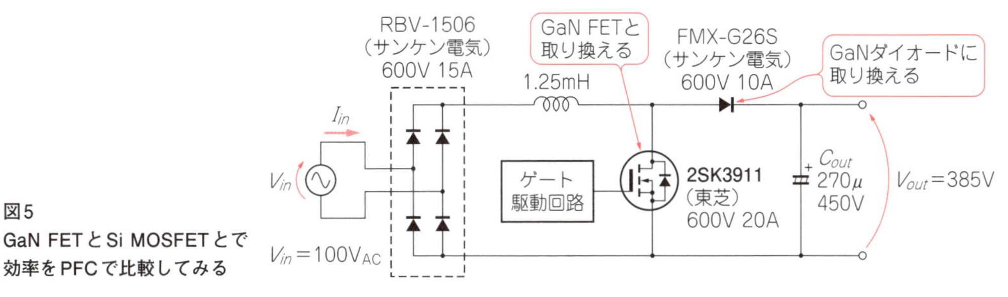

図5
GaN FETとSi MOSFETとで効率をPFCで比較してみる

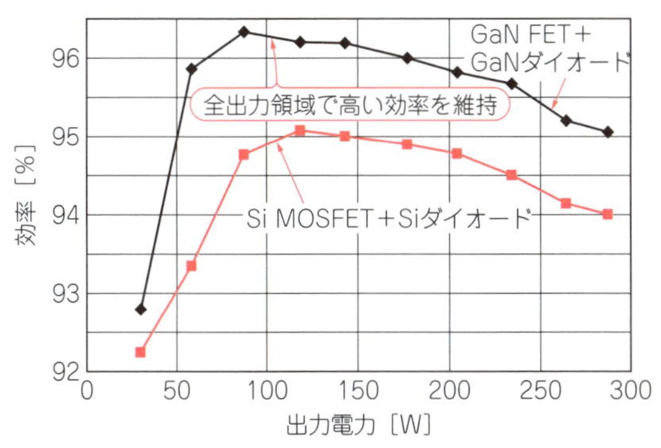

図6　図5のPFCの効率(スイッチング周波数100kHz)
オン抵抗もスイッチング損失も小さいGaN FETがSi MOSFETよりも全領域で効率が高い

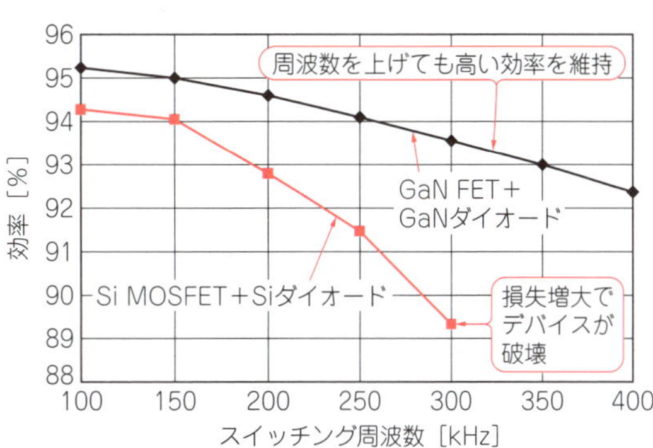

図7　図5のPFCのスイッチング周波数を上げたときの効率
Si MOSFETはスイッチング損失が大きいため300kHzにしたら破裂した

体のオン抵抗で発生します．GaN FETのオン抵抗は，従来のSi MOSFETが0.22Ωであるのに対して0.05Ωと非常に小さいです．GaN FETの導通損失はSi MOSFETよりも小さいことが分かります．

▶スイッチング損失

スイッチング損失は，スイッチング素子のON/OFFが切り替わるときにドレイン-ソース間電圧が加わった状態でドレイン電流が流れることで発生します．

図2のゲート駆動回路を動作させたときのスイッチング波形を**図4**に，**表1**にターン・オン/オフ時間を示します．ターン・オン/オフ1周期分の損失を計算すると，Si MOSFETの16.68 μJに対して，GaN FETは4.5 μJと1/4です．損失が小さいことで，冷却フィンを小型化できます．または，コンデンサやインダクタに小さいものを使うためスイッチング周波数を4倍にしても，これまでと同じ冷却フィンを使えます．

● 応用例…PFCに使ったとき

図5に示すPFC回路でSi MOSFETを使ったときとGaN FETを使ったときとで効率がどのくらい違うのかを確認しました．

▶変換効率

Si MOSFETからGaN FETに変更して効率を測定しました．ゲート駆動回路もGaN FET用に置き換えて接続しました．効率の評価結果を**図6**に示します．

▶スイッチング損失の違いを確認

表1　図4で観測したターン・オン/オフ時間
GaN FETのターン・オフ時間が特に短い

項目	ターン・オン時間	ターン・オフ時間
GaN FET	42.03 ns	19.44 ns
Si MOSFET	46.52 ns	111.15 ns
差	− 4.49 ns	− 91.71 ns

図7に示すのは，PFCのスイッチング周波数を上げてスイッチング損失を確認した結果です．スイッチング周波数を高くすると，効率には導通損失ではなく，スイッチング損失の影響が大きく出てきます．

Si MOSFETの場合，スイッチング回数が増えることで効率が大きく低下します．400 kHzまで実験しようと思っていたのですが，300 kHzの実験時に，あまりの損失増大のため，半導体が熱暴走を起こして破裂してしまいました．

これに対して，GaN FETではスイッチング損失が少ないので，スイッチング回数が増えても効率の低下はそこまで見られません．予定していた400 kHz条件でも難なく動作しました．400 kHz時でのGaN FET使用時の効率を見ると，Si MOSFET使用時で200 kHz条件での効率とあまり変わりませんでした．スイッチング周波数を高くすることでコンデンサやインダクタに小さいものを使えます．このことから，GaNを使った方が基板サイズを小さくできることが分かります．

(初出:「トランジスタ技術」2013年10月号　特集 Appendix 4)

第2部　要点マスタ！パワー回路編

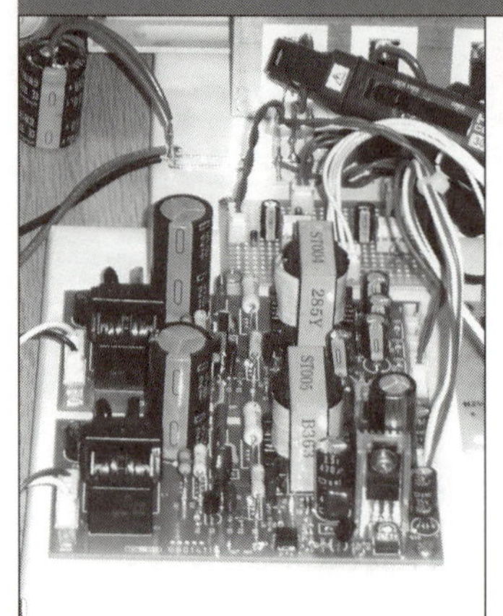

第4章　小型，低消費電力，ハイパワーを総取り

パワー回路を効率良く動かすテクニック

田本 貞治

基本的にパワー回路は「必殺の基本回路」を組み合わせれば構成できます．そこでこの「必殺の基本回路」の動作を実験で確認しながら，設計のポイントを紹介していきます．

4-1 高効率な電力変換を実現できるのは「アーム」のおかげ

● パワー回路は「必殺の基本回路」の組み合わせで構成できる

MOSFETやダイオードを使ってスイッチングを行い，効率良く電力を変換するパワー回路は，**図1**に示すような基本回路の組み合わせで構成できます．これらの回路をアームまたはレグといいます．

この基本回路アームに適切な部品が使用され，正しく駆動パルスが供給されるならば，それぞれの目的のパワー回路が構築できます(Appendix 4参照)．

本章では，この「必殺の基本回路」の正しい使い方を理解するために，間違った使い方や問題点を示し，その改善方法について実測データを交えて説明していきます．

写真1は実際に実験を行っているようすです．実験に使う回路は「インバータ実験回路」と呼ぶことにします．入力電圧DC50 V，出力電圧DC12 V，負荷電流2 Aで実験を行っています．インバータ実験回路は，ベニヤ板にプリント基板用の端子を打ち込み，それにメッキ線で回路を作り，トランジスタ，抵抗，チョーク・コイル，コンデンサなどの部品をはんだ付けしています．トランジスタのゲート回路とPWMパルス発生回路はプリント基板に実装しています．それ以外にゲート回路用と発振回路用の補助電源が必要です．なお，今回の実験では制御法について解説しないので，フィードバック制御は行っていません．

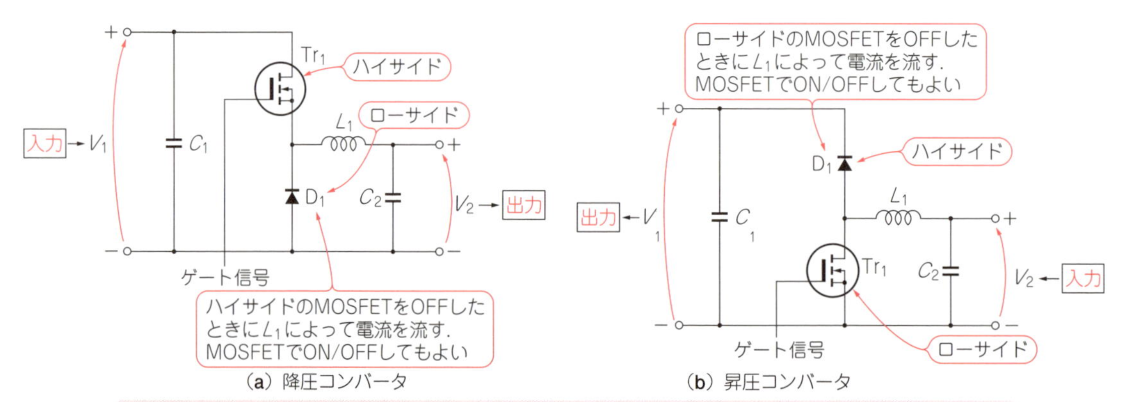

図1　パワー回路の「必殺の基本回路」
2個のトランジスタのうち1個をダイオードに代えたインバータ回路．本章の実験では，基本的にはどちらもトランジスタを使う

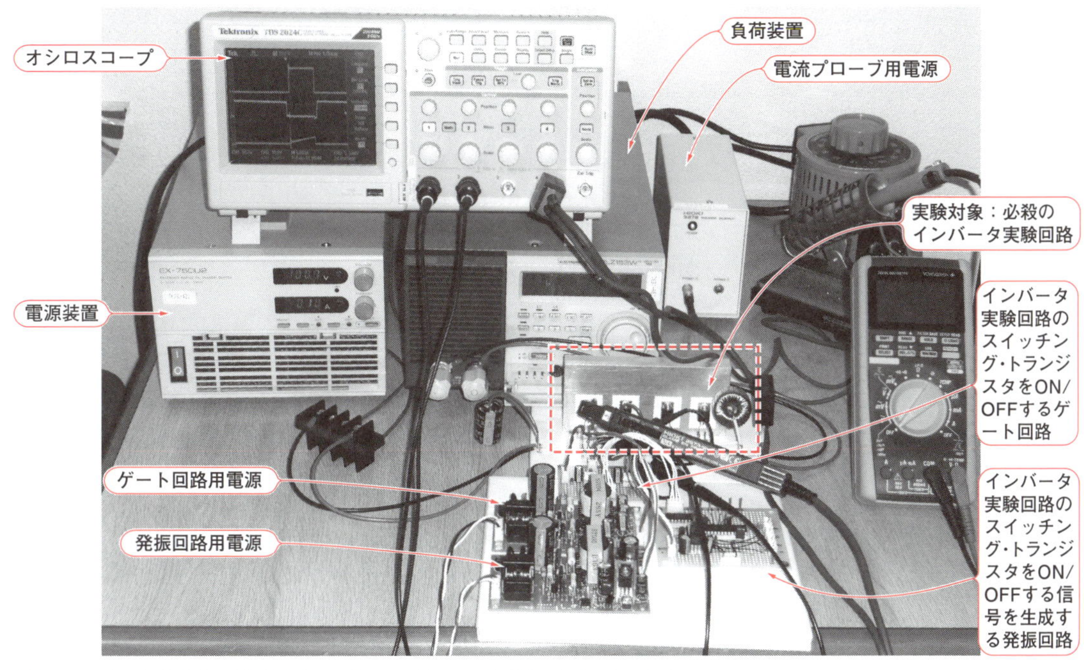

写真1　パワエレ/電源の「必殺の基本回路」の動作を実験で確かめているようす

4-2 行きと帰りの大きなスイッチング電流が流れる電源供給線2本は横並びにする

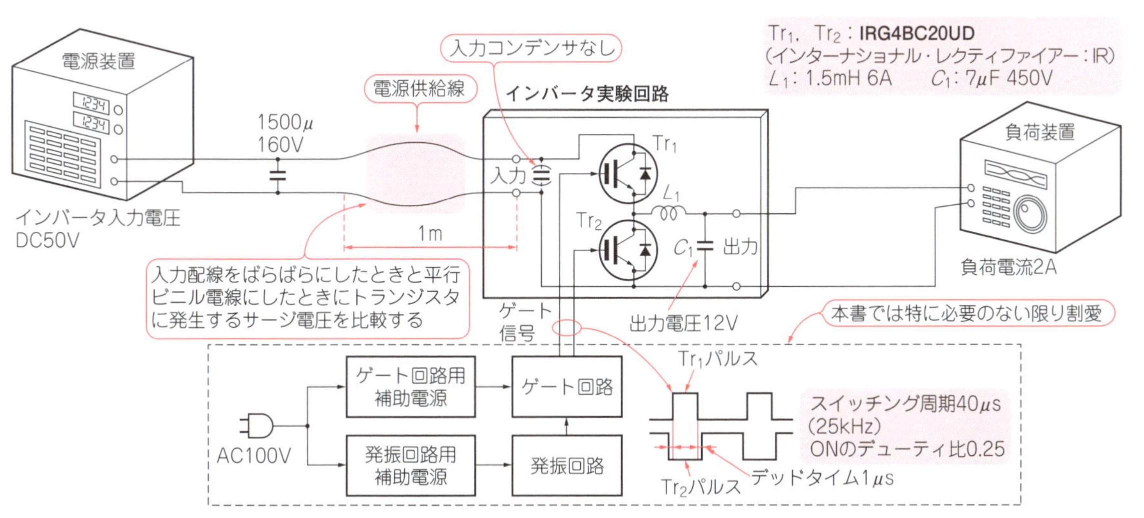

図2　パワー回路の動作を理解するためのインバータ実験回路
パワー回路のトランジスタのON/OFFは，スイッチング周波数25 kHzでデューティ比0.25の固定PWMパルスを用いる．インバータの1アームを実験回路にしている

● 電源入力線が長いばらばらの線だと大きなサージ電圧が発生する

図2はパワー回路の動作を確認するためのインバータ実験回路です．この回路の仕様を**表1**に示します．電源装置から実験回路に電源を入力しています．電源供給には長さ1 mの2本のばらばらの線を使っています．

図3(a)［before］にオシロスコープで測定したスイッチング波形を示します．スイッチング・トランジスタのサージ電圧が大きくなっており，電源電圧50 Vに対して185 Vまでサージ電圧が跳ね上がってしまいました．

表1　実験回路の仕様

項　目	仕　様
入力電圧	DC50 V
入力電流	0.55 A
出力電圧	DC12 V
出力電流	2 A
スイッチング周波数	25 kHz
ONのデューティ比	0.25

● 配線のインダクタンスは平行線を使うと1/3になる

図3(a)のトランジスタOFF時のスイッチング波形を時間軸で拡大すると図4のようになっています．トランジスタがOFFし，サージ電圧が立ち上がっているときの電流は1.1 A/26 nsとかなり急しゅんに変化しています．サージ電圧はインダクタンスに電流変化が加わると発生します．入力配線が長いためスイッチング回路のインダクタンスが大きくなってサージ電圧が出てしまいました．

電線に電流を流すと電線の周りに磁界が発生します．この磁界でインダクタンスが発生します．2本の入力配線には行きと帰りで向きが逆の電流が流れています．電流の向きが互いに逆の2本の配線から生じる磁界が

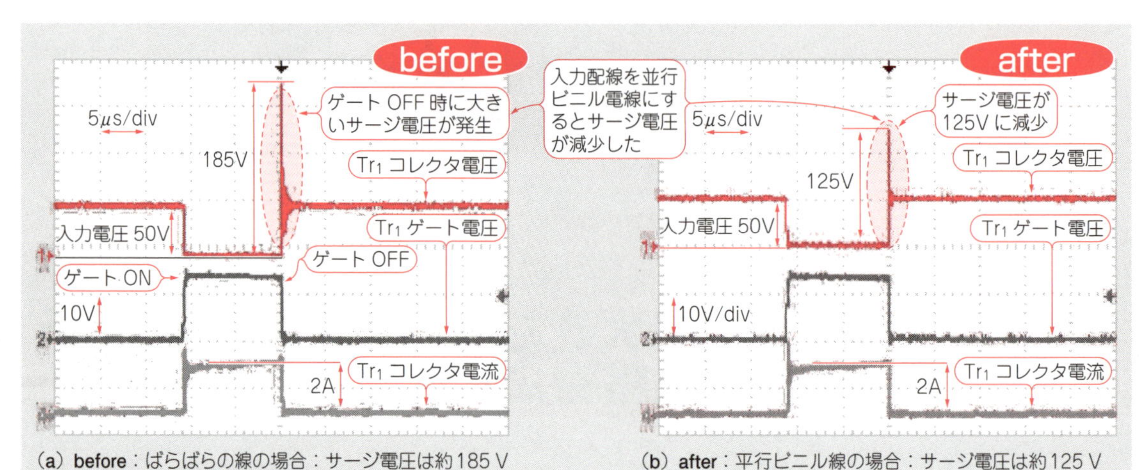

(a) before：ばらばらの線の場合：サージ電圧は約185 V　(b) after：平行ビニル線の場合：サージ電圧は約125 V

図3　実験結果：電源供給線にばらばら線ではなく平行線を使うとサージ電圧が抑えられる
インバータ実験回路の50 V入力の配線長が1 mのときのハイサイド・トランジスタTr1のサージ電圧の波形．スイッチング周波数は25 kHz．実験的に入力に電解コンデンサを接続していない

電源供給に平行線ではなくツイスト・ペア線を使ってもサージ電圧の抑制効果は大差ない　Column 4-1

平行ビニル電線は2本の線間にすき間があり発生磁界を十分抑制しているとはいえません．そこで，2本の線から発生する磁界を抑制できる方法とし，2本の線を固くより合わせて，ツイスト・ペア線にしました．しかし，図Aに示すようにサージ電圧はほとんど改善されず125 Vでした．

ビニル線をより線にしても，電線間の距離が変わらないことと，より線のよりピッチが短くできないため，平行ビニル電線と変わらない結果になったと考えられます．平行ビニル電線が入手できないとき，ツイスト・ペア線は容易に作ることができるので，配線のインダクタンスを下げるためには有効な方法です．しかし，コンデンサを入力部に実装しないとサージ電圧は収まりそうにありません．〈田本　貞治〉

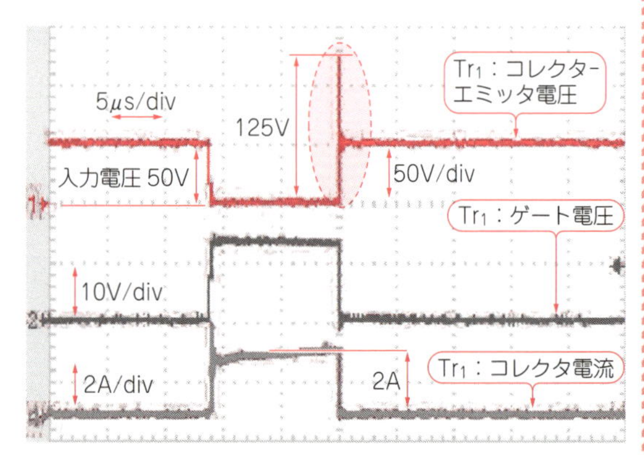

図A　入力配線をツイスト・ペア線に変えてもサージ電圧は平行ビニル線と変わらない

打ち消し合うため，インダクタンスが小さくなります．

配線のインダクタンスは1m当たり1μ～2μHありますが，配線を平行にするとインダクタンスが約1/3になります(Column 4-2「配線インダクタンスを算出すればサージ電圧を見積もれる」を参照)．スイッチングのサージ電圧が抑えられます．

● 対策

入力の配線を1mの平行線に変えたときの波形を**図3(b)［after］**に示します．サージ電圧は125Vとなりました．

サージ電圧は若干改善されましたが，対策としてはまだ十分とはいえません．

配線のインダクタンスの影響がないように，実際には入力回路に電解コンデンサC_1を実装しなければなりません．今回の回路は，実験的にC_1を外しています．

サージ電圧を減らすための電解コンデンサの選び方や，サージ電圧を抑えるためのスナバと呼ばれる回路の動作などについては後述します．

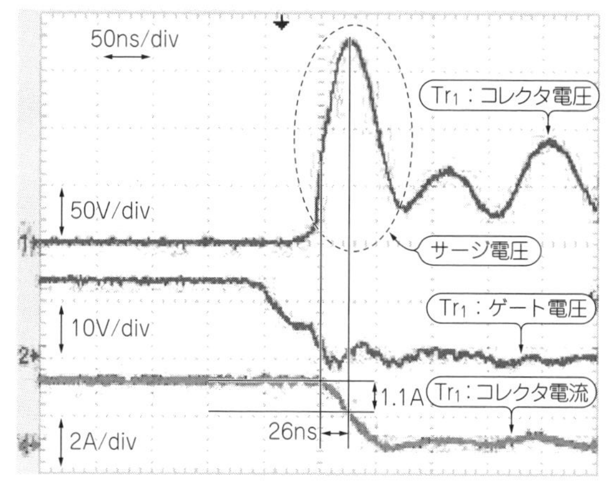

図4　トランジスタTr_1がOFFしたときのスイッチング波形
簡易的に電流変化からサージ電圧を求める．サージ電圧の立ち上がり部分における電流変化は1.1 A，電流の変化時間は26 nsなので，電流変化率は$di/dt = 1.1/0.026 = 42$ A/μsと大きな値である

配線インダクタンスを算出すればサージ電圧を見積もれる　Column 4-2

配線のインダクタンスを計算して，電流変化量からサージ電圧がどのようになるかを計算してみます．

実験では長さ1mの配線を使用していました．往復の長さは2mとなります．そこで電線のインダクタンスを計算してみます．電線1本のインダクタンスは式(A)で与えられます．

$$L_1 = \frac{\mu_0 l}{2\pi}\left(\log\frac{2l}{a} - 1\right) \cdots\cdots (A)$$

ここで，μ_0は真空の透磁率，aは電線の半径，lは電線の長さです．真空の透磁率を$\mu_0 = 4\pi \times 10^{-7}$，電線の半径$a = 0.3$ mm，電線の長さを$l = 2$ mとすると，式(A)からインダクタンスは$L_1 = 3.2\ \mu$Hと求められます．

次に，平行線のインダクタンスを求めます．電線の透磁率をμとすると，電線の半径がa，2本の距離がd，電線の長さがlの2本の平行線のインダクタンスは式(B)で求められます．なお，銅線も非磁性体なので透磁率は真空の透磁率と同じμ_0を使用します．

$$L_2 = \frac{l}{4\pi}\left(4\mu_0 \log\frac{d}{a} + \mu\right) \cdots\cdots (B)$$

電線の半径を$a = 0.3$ mm，電線間の距離$d =$ 3 mmをとすると，インダクタンスは$L_2 = 1.02\ \mu$Hと，L_1に対して約1/3になります．

次に，電線を流れる電流の変化率を計算します．**図4**のように，トランジスタがOFFしたときの電流のピーク値は1.1 A，電流の変化時間は約26 nsです．

最初のばらばら配線のときのインダクタンスL_1を適用すると，サージ電圧は135 Vです．平行ビニル電線を使用したときは43 Vです．

$$V_{S1} = L_1\frac{di}{dt} = 3.2 \times \frac{1.1}{0.026} = 135\ \mathrm{V} \cdots\cdots (C)$$

$$V_{S2} = L_2\frac{di}{dt} = 1.02 \times \frac{1.1}{0.026} = 43\ \mathrm{V} \cdots\cdots (D)$$

式(C)と式(D)の値に電源電圧を加えた値が実測値として測定されるはずです．電源回路内にもインダクタンスが存在するので，簡易計算では正確ではありませんが，ばらばらの線のときはほぼ同じ値185 Vになりました．平行線の場合は実測値125 Vに対して計算値は93 Vになりました．実際にはインバータ実験回路内のインダクタンスも影響しているものと思われます．

このように簡易計算すると，サージ電圧がどのようになるか見当を付けることができます．

〈田本 貞治〉

4-3 直流電源供給部に数十μFの電解コンデンサを付けるとノイズがグンと小さくなる

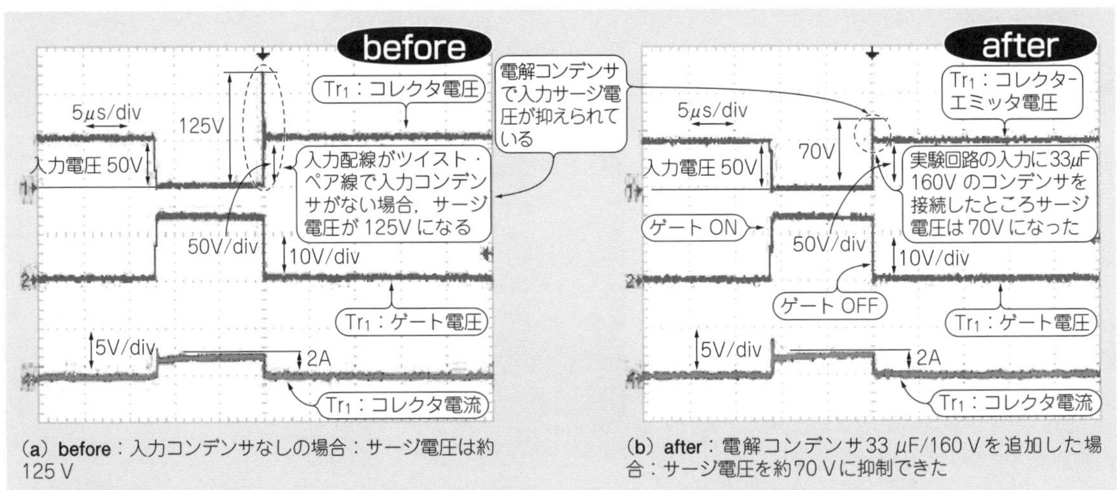

(a) before：入力コンデンサなしの場合：サージ電圧は約125 V

(b) after：電解コンデンサ33 μF/160 Vを追加した場合：サージ電圧を約70 Vに抑制できた

図5　実験結果：入力に電解コンデンサを入れると，入力配線のインダクタンスによるサージ電圧を大幅に抑制できる
インバータ実験回路の50 V入力の配線長が1 mのときのハイサイド・トランジスタTr1のサージ電圧

● 入力に33 μF/160 Vの電解コンデンサを入れたときの効き目

4-2項では，インバータ実験回路のインバータの入力回路にはコンデンサが実装されていませんでした．その結果，**図5(a)[before]**(**図A**)のようにハイサイド・スイッチング・トランジスタTr1に125 Vのサージ電圧が発生しました．インバータの入力電圧を高くしていくとサージ電圧に対して余裕がなくなりますし，負荷変動などの過渡変動が加わるとさらに大きなサージ電圧が発生します．入力配線が長くても，スイッチング動作に影響がないようにしなければなりません．

そこで，入力配線の影響を減らすため，**図6**のようにインバータの入力回路に33 μF/160 Vの電解コンデンサを実装しました．

その結果，**図5(b)[after]**のようにサージ電圧が約70 Vまで下がりました．**図5(b)**では入力配線にツイスト・ペア線を使用しましたが，ばらばらの線に変えてもサージ電圧は変わらず70 Vのままでした．

このように，インバータ回路の入力に電解コンデンサを接続すると，入力配線の影響を大幅に低減できます．

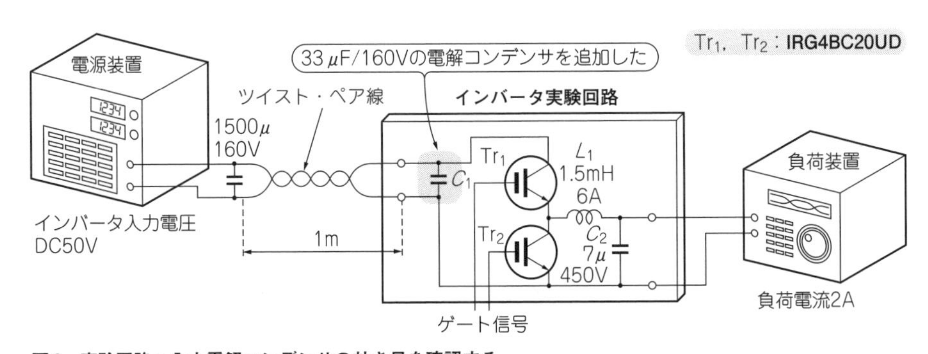

図6　実験回路：入力電解コンデンサの効き目を確認する

4-4 直流電源供給部の電解コンデンサのリプル電流定格に余裕を持たせて発熱を小さくする

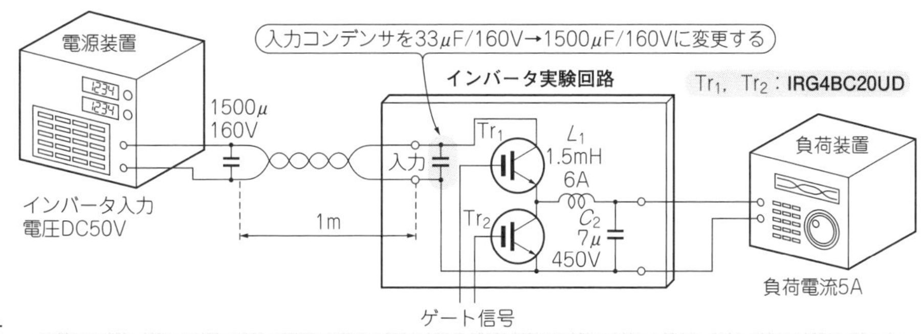

図7 実験回路：入力コンデンサの許容リプル電流による違いを確かめる

● 負荷電流を増やしてしばらく通電すると，大きなリプル電流が流れて，入力コンデンサが過熱

図7の回路のように，入力回路に33 μF/160 Vの電解コンデンサを実装し2 Aの負荷電流を流しました．その結果スイッチング・トランジスタのサージ電圧は小さくなりました．しかし，負荷電流を5 Aに増やしてしばらく通電してみると，実装した電解コンデンサが過熱し始めました．

コンデンサの電流をオシロスコープで測定すると，**図8**(a)[before]のように大きなリプル電流が流れていました．どうもこのリプル電流でコンデンサが過熱しているようです．このコンデンサの許容リプル電流は，データシートで125 mAです．しかし実際は，どう見ても許容リプル電流より大きい電流が流れています．これでは，コンデンサが過熱してしまいます．

● 大きな電流が流れるパワー回路では，許容リプル電流を満足するコンデンサを選ぶ

スイッチング電流がすべて入力コンデンサから流れるとして，リプル電流を計算で求めてみます．

この回路の入力コンデンサのリプル電流I_{ciRMS}は，式(1)で求めることができます．ここで，D_SはON時のデューティ比で0.25，D_S' はOFF時のデューティ比で0.75，I_oは負荷電流で5 Aです．

$$I_{ciRMS} = \sqrt{(D_S D_S')}\, I_o \cdots\cdots (1)$$

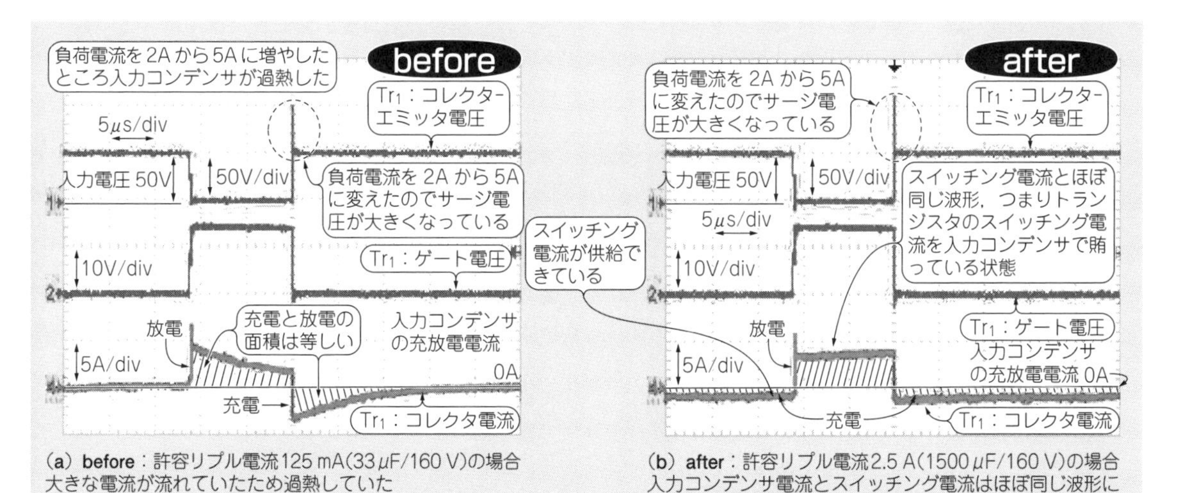

(a) before：許容リプル電流125 mA(33 μF/160 V)の場合
大きな電流が流れていたため過熱していた

(b) after：許容リプル電流2.5 A(1500 μF/160 V)の場合
入力コンデンサ電流とスイッチング電流はほぼ同じ波形になった＝トランジスタのスイッチング電流は入力コンデンサから流れ出るようになった

図8 実験結果：負荷電流5 Aのときの入力コンデンサ・リプル電流
スイッチング・トランジスタのデューティ比は0.25なので，流れるリプル電流は$I_{ciRMS} = \sqrt{(0.25 \times 0.75)} \times 5\text{ A} = 2.16\text{ A}$

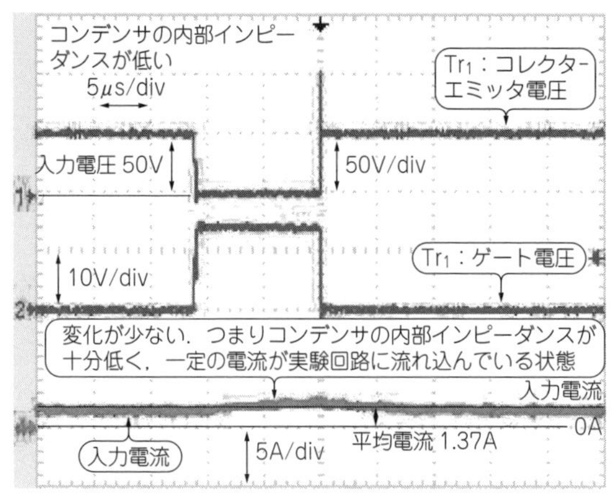

図9　入力コンデンサが許容リプル電流2.5 A品(1500 μF/160 V)**のときの入力電流**

入力電流の変化が少なくなり，一定電流が実験回路に流れ込んでいる．コンデンサの内部インピーダンスが十分低いことを示している

計算すると2.16 Aと求められました．この値と最初の33 μF/160 Vのコンデンサの許容リプル電流125 mAを比較すると明らかに不足しています．そこで，許容リプル電流が2.5 Aと満足できる1500 μF/160 Vのコンデンサと交換したところ，今度はコンデンサも過熱せずにインバータ実験回路を動かすことができました．

このように，入力コンデンサは大きなリプル電流が流れるので注意が必要です．このときのコンデンサのリプル電流波形を**図8**(b)[after]に，入力電流波形を**図9**に示します．入力電流の変化が少ないことから，コンデンサの内部抵抗が小さく，コンデンサからスイッチング電流が流れ出ていることが分かります．また，入力電流はおおむね直流電流となっています．電流の変動が少ないため，入力配線によるサージ電圧はほとんど発生しなくなりました．

低圧回路では小型のセラコンが主流，でも特性には要注意　Column 4-3

現在では高い実装密度の基板が当たり前となり，小型のチップ・コンデンサとしてセラミック・コンデンサの利用が主流となりました．電解コンデンサ利用時の高温耐性の寿命問題や，タンタル・コンデンサ利用時の発火/発煙の問題を回避したいという理由もあります．高誘電率を有する材料が開発されるにつれ，以前であればアルミ電解コンデンサが唯一の選択肢だったところにもセラミック系のチップ・コンデンサが採用されるようになってきました．

一方で，セラミック・コンデンサには高い誘電率を利用していることに伴う特有の問題もあります．誘電体にも磁性体と同じようにキューリ温度というものがあり，温度上昇に伴って誘電率が低下するほかに，電圧の印加に伴っても誘電率の減少が見られるのです．

電圧印加に伴う容量減少は，特に電源系では注意が必要です．使用する電圧に十分なマージンを持った耐圧のコンデンサを選択しないと，リプル電圧が設計値より大きくなります．アナログ信号を扱う個所では，信号の高調波が作られ，ひずみ特性の劣化となって現れます．フィルタ回路の部品に採用する場合では，温度変化に伴ってフィルタ特性が変化してしまいます．そのため，オーディオ系ではフィルム系のコンデンサが使われます．

メーカではそれらの特性についてX7Rというようなコードの指定で温度変化範囲を選べるようになっています．電圧印加特性についても例示されているので確認しておきましょう．

セラミック・コンデンサの採用が広がる理由は，大きさだけではなくセラミック自体が安定した材料であるという安心感から来ています．一時的に高温になったり，過電圧が印加されたりしたからといって，ほかのコンデンサと比べると問題を起こしにくく，常温に戻る，あるいは印加電圧がなくなれば，元の特性に戻るというのも大きなメリットです．

〈大貫 徹〉

4-5 チョーク・コイルに流す電流値は一線を越えちゃいけない！越えるとただの導線と化す

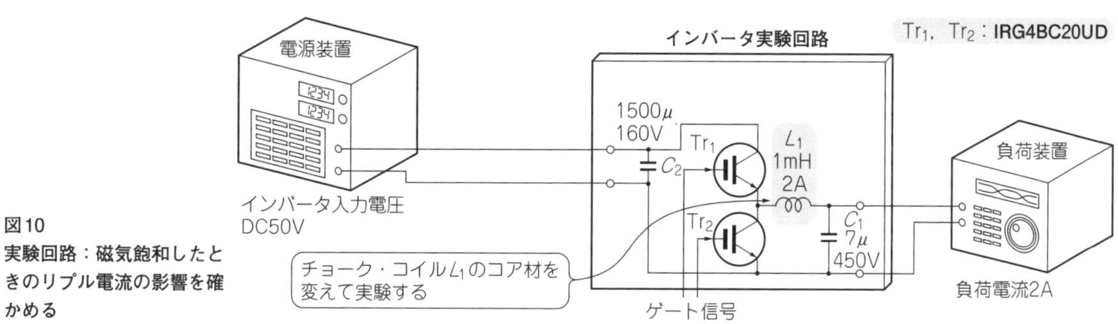

図10
実験回路：磁気飽和したときのリプル電流の影響を確かめる

● **単に透磁率μが大きなコア材のコイルを使うと…**

図10，**表2**のインバータ実験回路の出力フィルタを検討します．出力電圧に含まれるリプル電流を小さくするためにはチョーク・コイルLのインダクタンスを大きくする必要があります．

そこでインダクタンスが大きなチョーク・コイルを得るために，透磁率μが大きなコモン・モード用のコア材を使って自作してみることにしました．

表2　インバータ実験回路の仕様

項　目	仕　様
入力電圧	DC50 V
入力電流	1.1 A
出力電圧	DC24 V
出力電流	2 A
スイッチング周波数	25 kHz
ONのデューティ比	0.5

このコア材の場合は1ターンのインダクタンスは6 μHとデータシートに出ています．インダクタンスは巻き数の2乗に比例するので，13ターン巻いて1.0 mH 2 Aのチョーク・コイルを製作しました．

このチョーク・コイルをインバータ実験回路に実装して動かしたところ，負荷電流が0.2 A流れただけで，チョーク・コイルの電流波形は**図11(a)**[before]のようになりました．トランジスタがONしたとき，大きなリプル電流が発生しています．このチョーク・コイルでは問題がありそうです．

● **パワー回路の出力フィルタに使うコイルは，電流を流してもインダクタンスが下がってはならない**

このチョーク・コイルのインダクタンスを測定してみました．確かに無負荷では1.0 mHのインダクタンスがあります．そこで，直流電流を流した(重畳した)

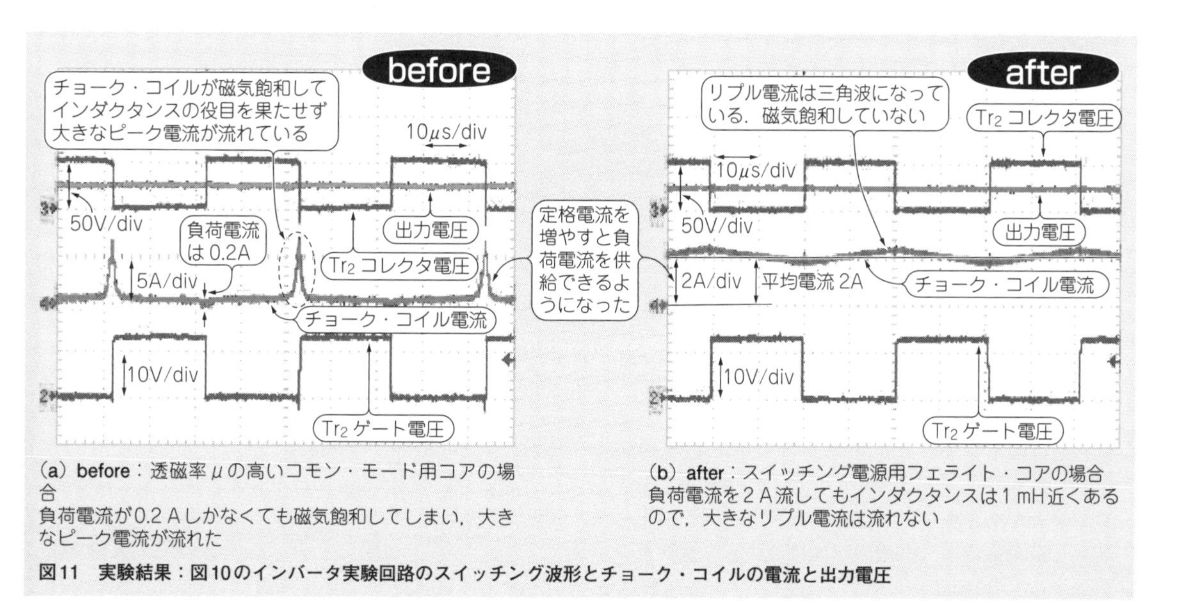

(a) before：透磁率μの高いコモン・モード用コアの場合
負荷電流が0.2 Aしかなくても磁気飽和してしまい，大きなピーク電流が流れた

(b) after：スイッチング電源用フェライト・コアの場合
負荷電流を2 A流してもインダクタンスは1 mH近くあるので，大きなリプル電流は流れない

図11　実験結果：図10のインバータ実験回路のスイッチング波形とチョーク・コイルの電流と出力電圧

ときのインダクタンスを測定してみました．その結果を図12(a)［before］に示します．わずか0.2 A流しただけでインダクタンスが1 mHから200 μHへと急激に下がっています．これでは1 mHのコイルとして使用できるはずがありません．電流を流してもインダクタンスが下がらない(磁気飽和しない)チョーク・コイルが必要です．

磁束が飽和するとチョーク・コイルとしての機能がなくなってしまうので，データシートから定格電流まで飽和しないチョーク・コイルを使うことにしました．トランスにも使用できるスイッチング電源用のEER型と呼ばれるフェライト・コアを使用して**表3**のコイルを自作します．チョーク・コイルの直流重畳特性を**図12(b)［after］**に示します．

インバータ回路に実装して動作させたところ，今度はチョーク・コイルの電流波形は**図11(b)［after］**のように三角になり大きなピーク電流はなくなりました．

表3　スイッチング電源用フェライト・コアを使用したチョーク・コイルの仕様

項　目	仕　様
インダクタンス	1 mH
定格電流	2 A
使用コア	PC40EER28L
電線径	φ0.7
巻き数	65 T
ギャップ	0.5 mm

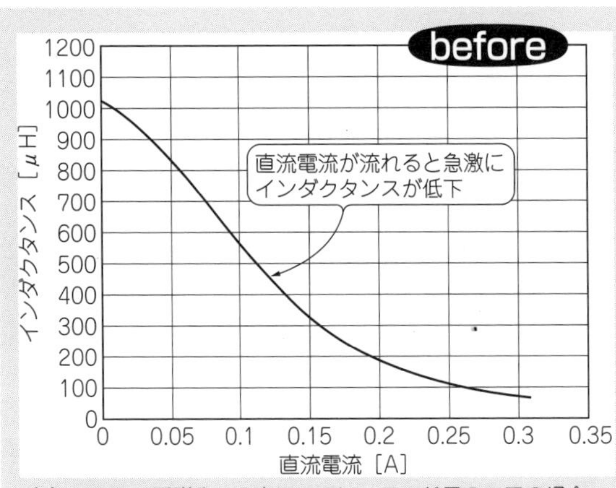

(a) before：透磁率μの高いコモン・モード用のコアの場合
直流電流が流れると急激にインダクタンスが低下する＝使いものにならない

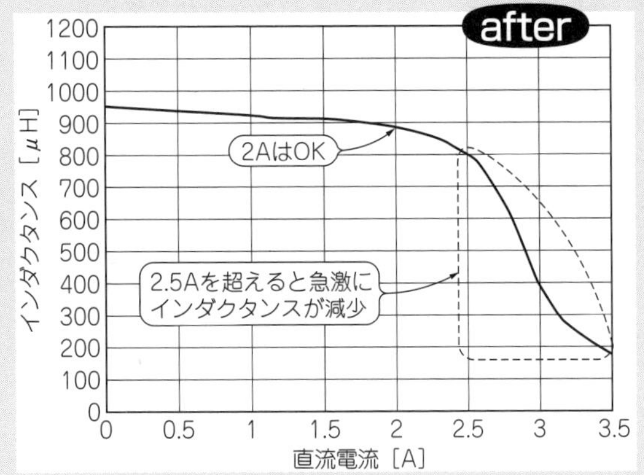

(b) after：スイッチング電源用フェライト・コアの場合
直流重畳特性だと2Aまでインダクタンスの低下は少ない＝使える．しかし，2.5Aを超えると急激にインダクタンスが減少している

図12　実験結果：電流が流れるパワー回路の出力に使うチョーク・コイルの直流重畳特性

危険な磁気飽和はピーク電流で考える．入出力電流では判断しない　Column 4-4

磁性材料をコアとしたインダクタではコアの飽和に注意して使います．コア磁性体が磁気飽和すると，銅線だけのコイルに電流を流しているようなもので，急激に電流が上昇してスイッチ素子にダメージを与える場合があります．インダクタ・メーカが規定している最大電流は，電流の増加に伴いインダクタンスが設計値の70 %に減少したときの電流などと規定しています．スイッチング方式を使うコンバータではインダクタの電流は常に大きく変動するので，入出力の電流ではなくインダクタに流れるピーク電流で選択しましょう．

〈大貫 徹〉

4-6 定常時とピーク時のコイルの電流比が大きいときはフェライトよりダストがいい

● ピーク電流が流れる場合はチョーク・コイルが飽和してリプル電流が急激に大きくなりやすい

図13のようにインバータ実験回路にフェライト・コアを使用したチョーク・コイルを実装しました．この回路は，定常状態では2 Aの電流が流れます．そのときのチョーク・コイル電流波形は4-5項の**図11(b)**のようになっています．

ところが，実験の負荷電流を5 Aまで増やすと，チョーク・コイル電流波形は**図14(a)**[**before**]のようにリプル電流が急激に大きくなってしまいました．フェライト・コアのチョーク・コイルにピーク電流を流すとチョーク・コイルが飽和するようです．

● ダスト・コアのチョーク・コイルは電流を増やしても急激にインダクタンスが下がらないので安定動作させられる

フェライト・コアの直流重畳特性は4-5項の**図12(b)**に示しました．これを見ると電流が2.5 Aを超えると急激にインダクタンスが低下しています．すなわち磁気飽和特性を示しています．そのため，チョーク・コイルのリプル電流が増加してうまく制御できなくなり，スイッチング・トランジスタにも負担がかかります．

このように，一瞬でも大きな電流が流れる回路では，その電流まで飽和しないチョーク・コイルが必要ですが，フェライト・コアの場合には形状が大きくなってしまいます．

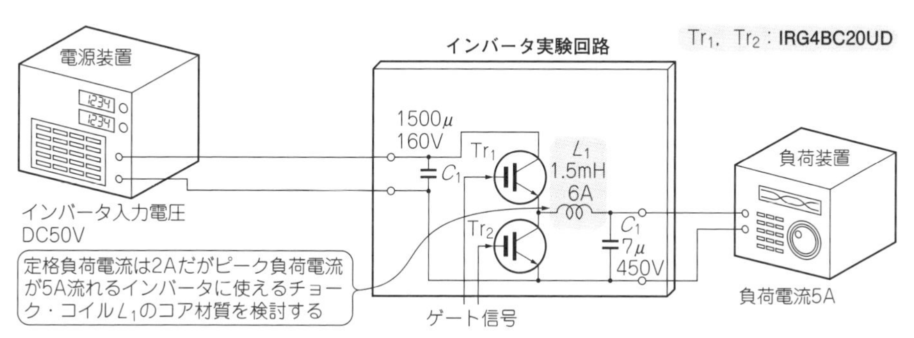

図13　実験回路：ピーク電流が流れたときのリプル電流を確かめる

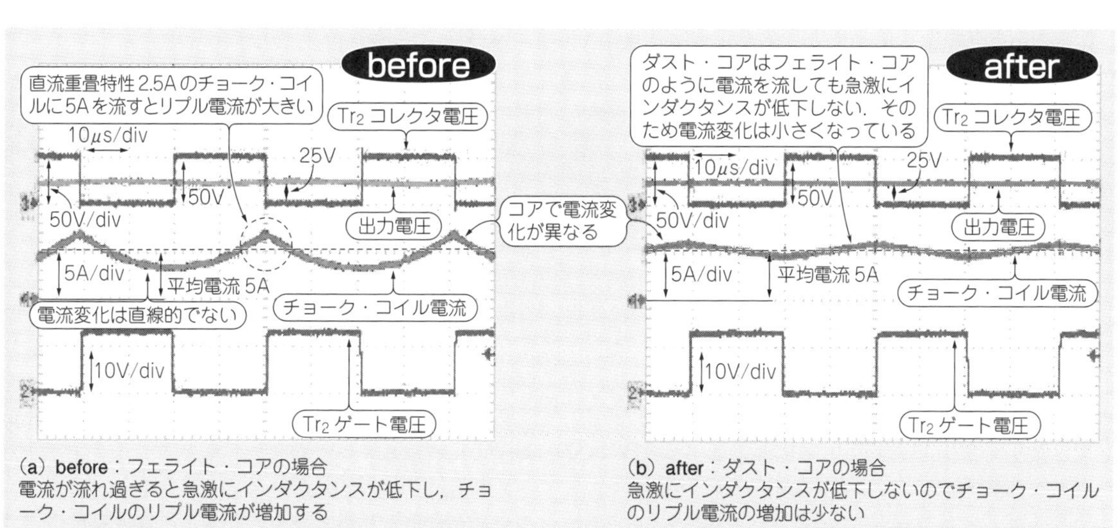

(a) **before**：フェライト・コアの場合
電流が流れ過ぎると急激にインダクタンスが低下し，チョーク・コイルのリプル電流が増加する

(b) **after**：ダスト・コアの場合
急激にインダクタンスが低下しないのでチョーク・コイルのリプル電流の増加は少ない

図14　実験結果：インバータ実験回路に5 Aの負荷電流を流したときのローサイド・トランジスタTr2のスイッチング波形とチョーク・コイル電流と出力電圧

そこで，ダスト・コアと呼ばれるコアを使用して5Aまで負荷電流を流しても飽和しないチョーク・コイルを製作しました．このチョーク・コイルの直流重畳特性を**図15**に示します．このチョーク・コイルは，通電電流が増加するとインダクタンスが低下する特性を示しています．無負荷のとき1.0 mHが2Aのときは0.7 mH，5Aのときは0.32 mHとインダクタンスは低下しています．しかしフェライト・コアのチョーク・コイルのように，2.5Aを越えると急激に飽和するような特性を示していません．その結果**図14(b)**［**after**］のように，5Aのときはチョーク・コイル電流のリプル電流は2倍に増加しますが，安定に動作させることができます．

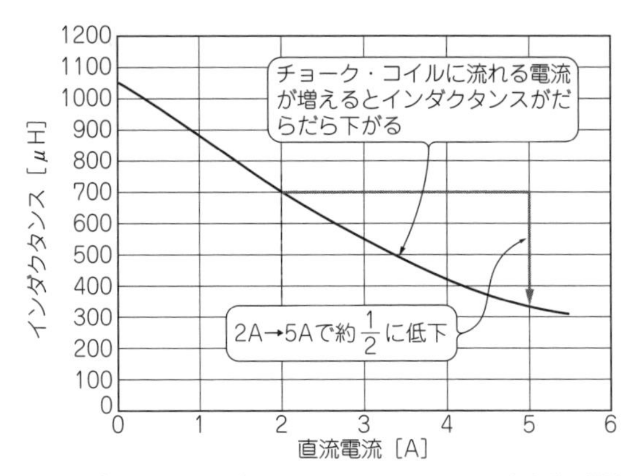

図15　ダスト・コアを使用したチョーク・コイルの直流重畳特性
チョーク・コイルを流れる電流が2Aから5Aに増えるとインダクタンスはだらだら約1/2に低下しているが，フェライト・コアのように急激なインダクタンスの低下は見られない

スイッチング電源の動作モードとインダクタの関係　Column 4-5

非絶縁型スイッチング電源では，インダクタを利用して激しい電圧変化を平滑化しますが，昇圧や降圧動作の際に電流がゼロになる時間帯の有無で動作モードの連続か不連続を区別しています．インダクタは両端子の電圧が変動してもインダクタの電流変化は即座に現れず，遅れて変化します．

スイッチング電源が連続モードで動作しているときの出力電圧は，単純にスイッチ動作のデューティ比で決定しますが，不連続モードで動作している場合はインダクタへの平均注入電力と平均出力電力によって電圧が決まります．

非同期整流では不連続モードでの動作によって，デューティの依存性なしに入出力電圧比が設定できますが，逆にインダクタのピーク電流に注意しなくてはなりません．平均電流が少なくてもインダクタのピーク電流は大きくなる場合があり，不用意に小さなインダクタを選択すると，コアの飽和により，過剰な電流でスイッチ素子を破壊したり，過電流保護が働いて目標電圧にならなかったり，あるいは異常な発熱などの問題に遭遇します．

連続モードを利用したコンバータではインダクタ損失のうち，直流重畳分がインダクタ内部のDCR（Direct Current Resistance；直流抵抗）のみに依存し，ヒステリシス損にはならないため，比較的小型のインダクタを採用できます．

オンボードのPOL（Point Of Load）コンバータの多くは，大きな電力を連続モードによる直流重畳分で供給することで，製品の小型化を実現しています．実際，きちんと設計されたコンバータでは定格電流においてスイッチングに伴うリプル電流は出力電流の2割程度で，残り8割は直流成分です．

逆に絶縁型コンバータではインダクタは常に不連続あるいは交流のみで動作し，電力はすべてコア内部の磁束変化分で伝送されます．ですから，ヒステリシス損（鉄損）に耐えうる大きなコア材が必要となり小型化は簡単ではありません．　**〈大貫 徹〉**

4-7 5A以上の直流電流でもインダクタンスをキープできるケイ素鋼板0.1mmリロール材

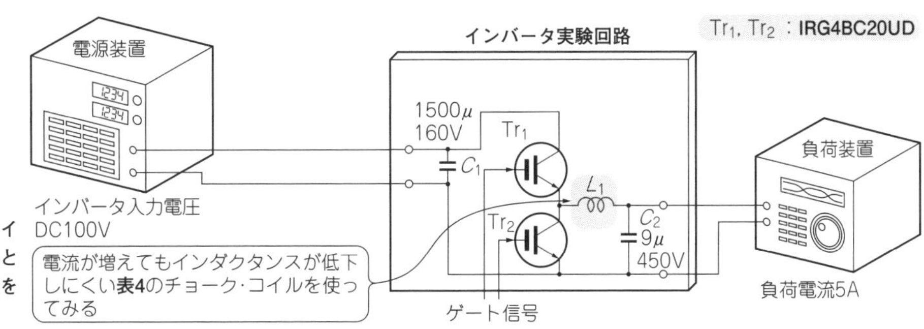

図16
実験回路：チョーク・コイルのコア材を変更したことによるリプル電流の変化を確かめる

● ピーク電流による出力リプル電圧を抑制したい

図16のインバータ回路は定格電流が2Aですが，5Aまで2.5倍のピーク電流が流れます．4-6項では，この回路にダスト・コアの2mHのチョーク・コイルを使用しましたが，負荷電流が5Aになると**図17**(**a**)［**before**］のように大きなリプル電流が流れ出力電圧に含まれるリプル電圧も大きくなっています．リプル電圧が大きくなると安定性に影響を与えるため改善が必要です．

表4　電流増加によるインダクタンスの低下も損失も少ないコア「ケイ素鋼板の0.1mmリロール材」を使用したチョーク・コイルの仕様

項　目	仕　様
コア(カットコア)寸法	6×10×25×20
電線	0.8 φ
巻き数	100 T
ギャップ	0.5 mm
インダクタンス	2 mH

● 直流重畳特性の優れたチョーク・コイルを使用する

このチョーク・コイルの直流重畳特性は，無負荷のとき2mH，2A負荷のとき1mH，3A負荷のとき0.7mHです．負荷電流が5Aのときはインダクタンス0.5mHまで低下しています．そこで，外形があまり大きくならず5Aまで一定のインダクタンスが得られるチョーク・コイルが必要です．

コア材の飽和磁束密度が高くなると，インダクタンスの低下が少なくなります．飽和磁束密度が高いコア材として変圧器に使用するケイ素鋼板があります．このコア材は周波数が高くなるとコア損失が増えます．

そこで，0.1mmに薄くリロールしたケイ素鋼板を使用したチョーク・コイルを実装することにします．

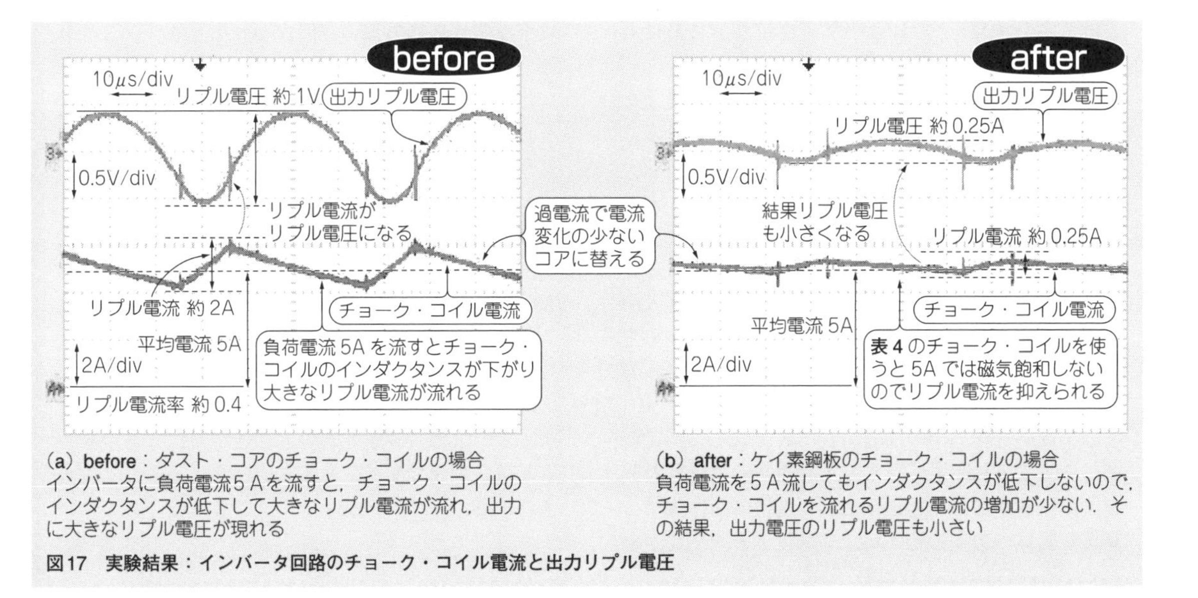

(a) before：ダスト・コアのチョーク・コイルの場合
インバータに負荷電流5Aを流すと，チョーク・コイルのインダクタンスが低下して大きなリプル電流が流れ，出力に大きなリプル電圧が現れる

(b) after：ケイ素鋼板のチョーク・コイルの場合
負荷電流を5A流してもインダクタンスが低下しないので，チョーク・コイルを流れるリプル電流の増加が少ない．その結果，出力電圧のリプル電圧も小さい

図17　実験結果：インバータ回路のチョーク・コイル電流と出力リプル電圧

そのコアの寸法とインダクタンスを**表4**に示します．また，インダクタンスの直流重畳特性を**図18**に示します．直流電流が5Aまで増えてもインダクタンスの低下は少なくおおむねフラットの特性が得られています．

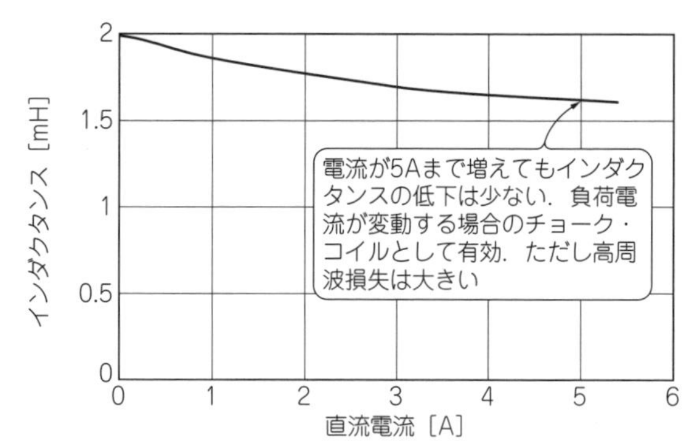

図18　表4のチョーク・コイルの直流重畳特性

● 過電流が流れてもリプル電流はあまり増加しない

このチョーク・コイルを実装してインバータ実験回路を動作させました．負荷電流が5Aのときのチョーク・コイル電流と出力リプル電圧波形を**図17(b)**［after］に示しています．インバータ回路は2.5倍の過電流を流してもインダクタンスの低下は少ないので，リプル電流はあまり増加していません．その結果，リプル電圧も増加しない良好な結果が得られました．

磁気飽和って何が起こっているの？　Column 4-6

空間中にある銅線に電流が流れている状況を考えます．銅線の周りには同心円状に磁束が周回しています．銅線に近いほど磁束密度が高くなります(アンペールの法則)．これは中学や高校の教科書にも出てきます．

次に，銅線の周りを磁性体で覆った場合を考えます．透磁率の高い磁性体ほど磁気抵抗が低く，多くの磁束が生まれます．これが磁性体を使ったインダクタが大きなインダクタンスを持つ理由です．

磁性体は小さな磁区の集まりで構成されていて，それぞれが小さな磁石です．外部に磁界がないと磁束の方向が互いに打ち消し合うように並ぶため，全体としては磁化されていません．そこに電流から生まれる磁界が加わると，磁界の強さに応じ磁区の方向(磁束)が磁界の方向にそろっていきます．

磁束は磁性体の中で同心円状に周回します．磁性体の中でも銅線に近くなるほど磁束密度は高くなります．電流がさらに増えると銅線近傍の磁性体では，磁区が磁界の方向にそろい，これ以上方向変化がなくなります．これが磁気飽和です．

この飽和域は電流増加に伴って銅線の外側に拡大し，やがて磁性体すべてが飽和すると，次に増える磁束は磁性体の外側の空間に漏れ出します．この状態では磁性体内部の磁束変化は大気中と同程度しか変化しません．

磁束の変化は銅線にとって起電力でもあり，インダクタンスの電流変化を抑える要因でもあるわけです．そのため，磁束の変化が空気中と同程度の磁性体に囲まれていては，はだかの銅線にしか見えません．磁気飽和時に銅線の電流が急激に増えてゆくのも納得できるのではないでしょうか．

急激な電流の変化よりわずかなインダクタンスでも大きな電圧変化を誘起し，スパイク電圧をスイッチ素子に与えます．過電圧時に半導体にダメージを与えるのは絶縁破壊を起因とした電流による焼損です．短い時間であっても最大定格を超えることは許されません．

〈大貫 徹〉

4-8 寄生ダイオードのキレの悪いMOSFETを使うと異常電流が流れて発熱する

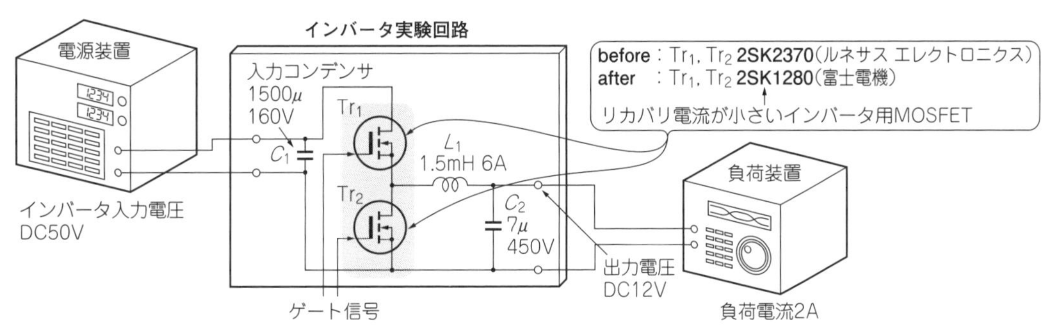

図19　実験回路：逆回復時間と発熱の関係を調べる

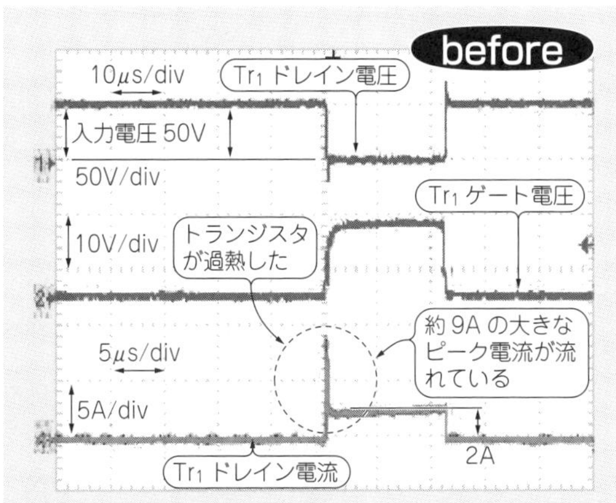

(a) beforeその1：汎用MOSFETの場合
トランジスタON時のサージ電流が大きい

● インバータ実験回路に汎用MOSFETを使うと貫通電流が流れて過熱した

図19に示すインバータ実験回路は汎用MOSFET 2SK2370(ルネサス エレクトロニクス，500 V耐圧)を使用しています．動作させるとトランジスタが過熱し始めました．

そこで，トランジスタのドレイン電流を，電流プローブをかませてオシロスコープで測定してみました．ハイサイド・トランジスタTr_1のスイッチング波形を図20(a)[beforeその1]に，そのトランジスタON時の拡大波形を図20(b)[beforeその2]に示します．

ローサイド・トランジスタのスイッチング波形は省略しますが，ハイサイドとローサイドどちらのトランジスタにも大きなピーク電流が流れていました．

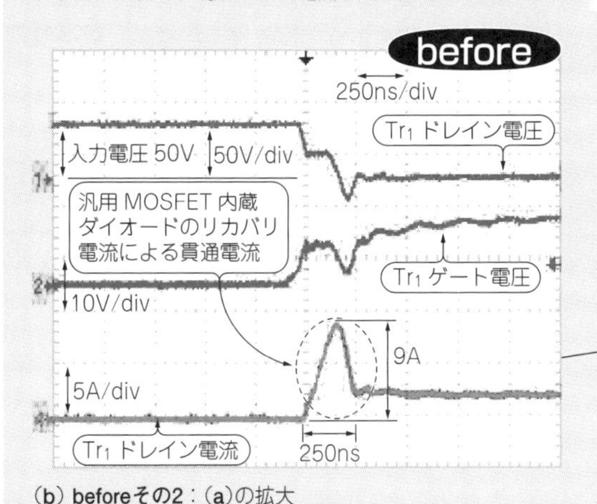

(b) beforeその2：(a)の拡大
サージ電流はトランジスタの内蔵ダイオードのリカバリ電流による貫通電流である．これが大きいとスイッチング損失が増加し，トランジスタが熱くなった．この実験ではトランジスタの温度上昇は 60 ℃で，放熱板は手で触っていられない温度まで上昇した

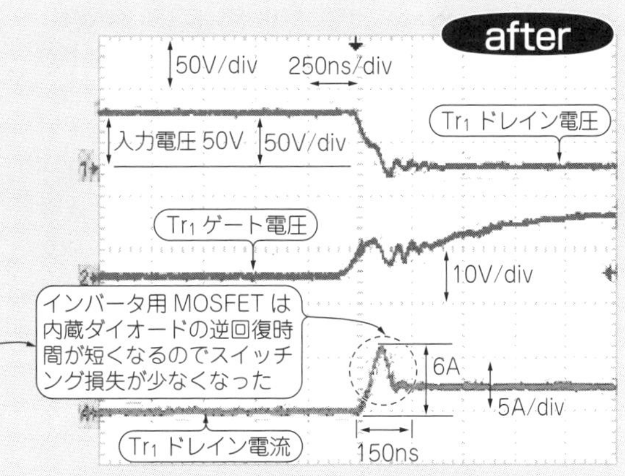

(c) after：インバータ用MOSFETの場合
ピーク電流は 9A から 6A に，電流が流れている時間は 250ns から 150ns に縮小している．この結果，スイッチング損失が少なくなり，トランジスタの温度上昇は改善された．この実験では温度上昇は約 30 ℃になり，放熱板は何とか手で触っていられる温度に収まった

図20　実験結果：ハイサイドMOSFETのスイッチング波形

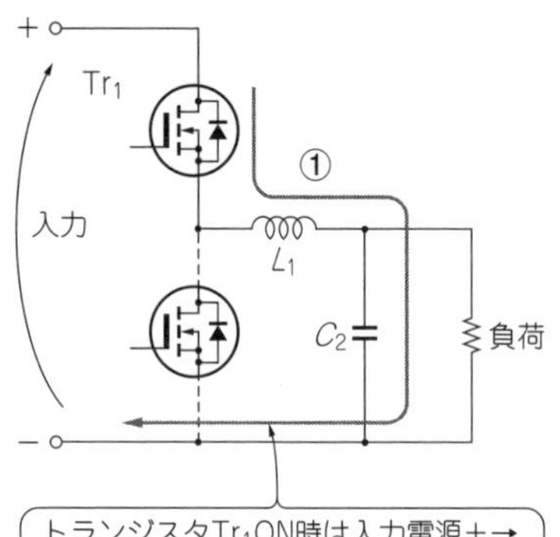

(a) ハイサイド・トランジスタTr1ON時

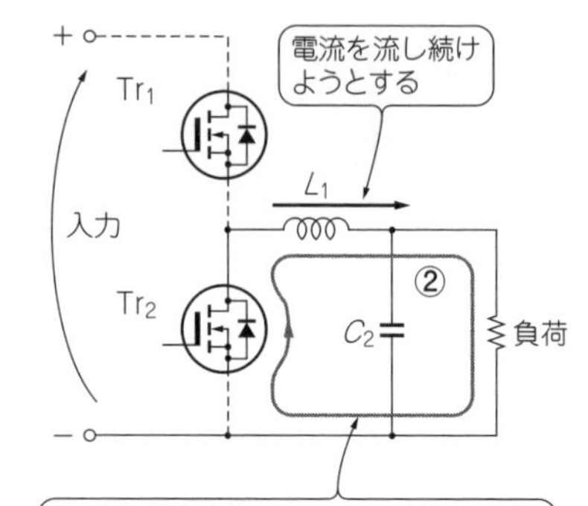

(b) ハイサイド・トランジスタTr1OFF時

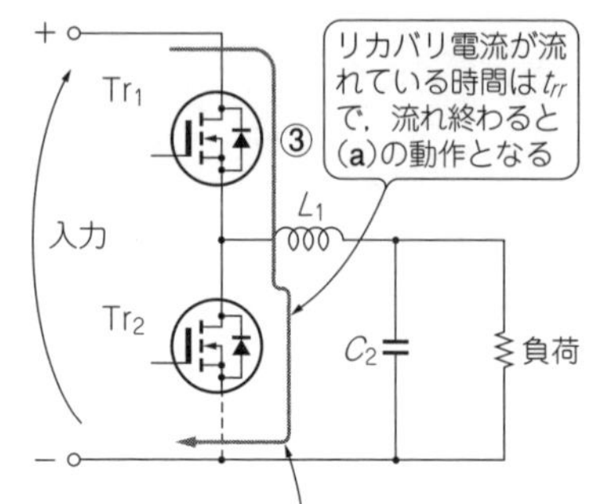

(c) 再びハイサイド・トランジスタTr1がONした瞬間

図21　インバータ回路でダイオードのリカバリ電流が流れる理由

この電流は，＋電源ラインからハイサイド・トランジスタ，ローサイド・トランジスタを通して－ラインへと貫通する電流が流れています．この電流によりトランジスタが過熱していることが分かりました．

● インバータ用MOSFETは内蔵ダイオードの逆回復時間t_{rr}が短く，貫通電流を抑えられる

選定した2SK2370は汎用のトランジスタです．そこで，インバータ用とデータシートに記載されたトランジスタ2SK1280との違いを調べてみました．**表5**は主な特性の比較です．

両者を比較すると耐電圧と電流容量はおおむね同じです．ところがトランジスタ内蔵ダイオード(ボディ・ダイオード)の逆回復時間t_{rr}にかなり違いがあります．2SK2370のt_{rr}は500 ns，2SK1280のt_{rr}は150 nsです．

逆回復時間が短いとOFFにスイッチング後MOSFETが素早くOFFになり，貫通電流が減ります．2SK2370の代わりにインバータ用の2SK1280に変更すると，トランジスタを流れるサージ電流は**図21(c)**[**after**]のように少なくなり，トランジスタの発熱は収まりました．インバータ回路にはt_{rr}の小さいインバータ用のMOSFETを実装する必要があります．

表5　汎用MOSFETとインバータ用MOSFETの違い

項　目	2SK2370	2SK1280
ドレイン-ソース電圧	500 V	500 V
ドレイン電流	20 A	18 A
ゲート電圧	± 30 V	± 20 V
ゲート・スレッショルド電圧	2.5 ～ 3.5 V	2.1 ～ 4.0 V
ドレイン-ソース間のオン抵抗	0.32 Ω	0.35 Ω
ダイオード逆回復時間	500 ns	150 ns

● スイッチング時に貫通電流が流れるメカニズム

インバータ実験回路では，ハイサイド・トランジスタTr1がON［**図21(a)**］からOFFにスイッチングすると，チョーク・コイルが連続して電流を流し続けようとし，Tr2のダイオードが導通して電流が流れ続けます［**図21(b)**］．その状態で，Tr2をOFFしてTr1をONすると，ダイオードに逆電流が流れている時間だけTr1からTr2に電流が流れ，貫通電流になります［**図21(c)**］．

逆電流が流れている時間を逆回復時間t_{rr}(リバース・リカバリ時間)といいます．インバータ用のトランジスタは内蔵ダイオードのt_{rr}の値を小さくして，スイッチングによる貫通電流が小さくなるようにしてあります．

4-9 寄生ダイオードの順電流をなくせばMOSFETのキレが良くなって異常電流が止まる

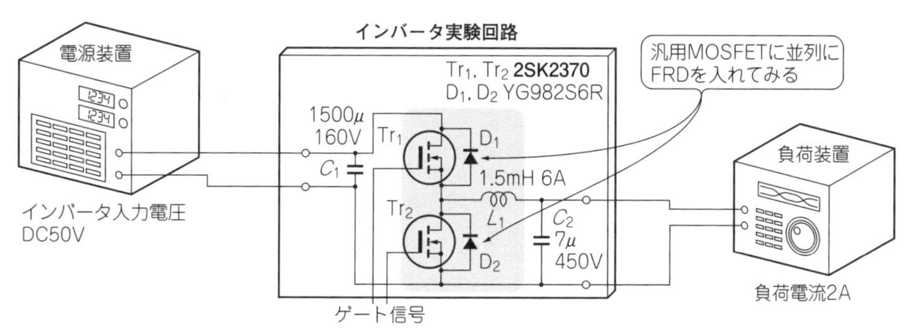

図22　実験回路：貫通電力を回避するためにダイオードを追加する

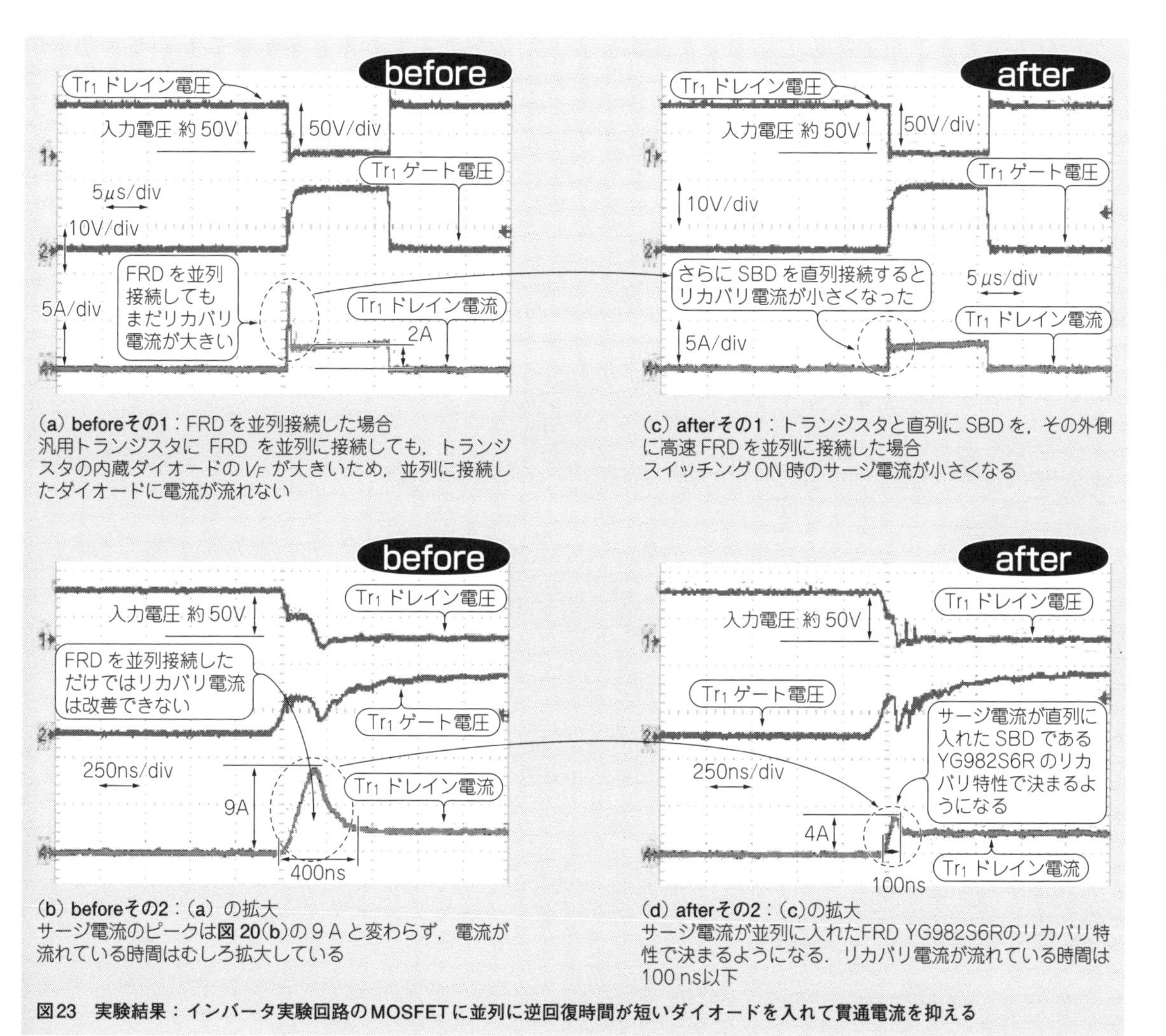

(a) **beforeその1**：FRDを並列接続した場合
汎用トランジスタにFRDを並列に接続しても，トランジスタの内蔵ダイオードのV_Fが大きいため，並列に接続したダイオードに電流が流れない

(c) **afterその1**：トランジスタと直列にSBDを，その外側に高速FRDを並列に接続した場合
スイッチングON時のサージ電流が小さくなる

(b) **beforeその2**：(a)の拡大
サージ電流のピークは**図20(b)**の9Aと変わらず，電流が流れている時間はむしろ拡大している

(d) **afterその2**：(c)の拡大
サージ電流が並列に入れたFRD YG982S6Rのリカバリ特性で決まるようになる．リカバリ電流が流れている時間は100ns以下

図23　実験結果：インバータ実験回路のMOSFETに並列に逆回復時間が短いダイオードを入れて貫通電流を抑える

● MOSFET寄生ダイオードの逆電流による貫通電流を回避するために，逆回復時間の短いFRDを並列接続してみた

ダイオードは順電流が流れている状態のところへ逆電圧を加える(ON→OFFにする)と，大きな逆電流が流れる性質があります．MOSFETに寄生するダイオード(ボディ・ダイオード)も同様です．

4-8項で，インバータにはインバータ用MOSFETを使用すればよいことは分かりました．さらに**図22**の回路のように，汎用MOSFETと並列にt_{rr}が28 nsと短いファスト・リカバリ・ダイオード(FRD) YG982S6R(富士電機)を接続し，そちらに順電流を流せばOFF時の貫通電流を少なくできるのではないかと考えて実験を行ってみました．

しかし，**図23(a)(b)[before]**のようにFRDを並列に接続していないときは[**図20(a)(b)**]とほとんど変わらない貫通電流が流れ，思わしくない結果となってしまいました．

● V_Fが低いためMOSFETの寄生ダイオードに電流が流れてしまった

汎用MOSFETと並列に高速ダイオードを接続しても波形がほとんど変わらなかったということは，順電流が汎用MOSFETの内部を流れ，FRDを流れてくれなかったと考えられます．

これはダイオードの順方向電圧V_Fに原因があります．この実験で使用したトランジスタ2SK2370の内蔵ダイオードのV_Fはデータシートから20 A流したとき1.0 Vとなっています．実際には，通電電流は5 Aなので1 Vより低い値になります．

一方高速ダイオード(FRD) YG982S6RのV_Fは100 ℃において，1.6 Vとなっています．YG982S6RのV_Fが2SK2370の内蔵ダイオードより大きいので，当然，V_Fの小さい方を流れてしまいます．したがって，単にリカバリ時間が短いダイオードを並列に接続しただけではリカバリ電流の問題は改善されません．

● 並列FRDに加えて，V_Fの小さいSBDを直列接続すれば，高速スイッチングと低貫通電流を両立できる

図24(b)の回路のように，トランジスタTr_1と直列にダイオードD_2を接続し，その外側に並列にダイオードD_1を接続すればトランジスタに電流が流れなくなります．しかし，D_2にD_1と同様なダイオードを挿入するとV_Fが大きいので損失が増えてしまいます．

そこで，V_Fの小さなショットキー・バリア・ダイオード(以下SBD)を挿入すれば問題が解決します．SBDは逆耐電圧が小さいため，その場合は壊れてしまうように思えます．しかし，トランジスタとSBDの外側にFRDを並列に接続しているため，SBDにはFRDの順方向電圧しか加わりません．耐電圧を超えて壊れてしまうことはありません．

図23(c)(d)[after]に40 V/10 AのSBD D10SC4M(新電元工業)を挿入したときの貫通電流の測定結果とトランジスタのスイッチング特性を示します．貫通電流は4 Aと小さな値になり，スイッチングの電圧変化時間は100 nsと良好な結果が得られました．

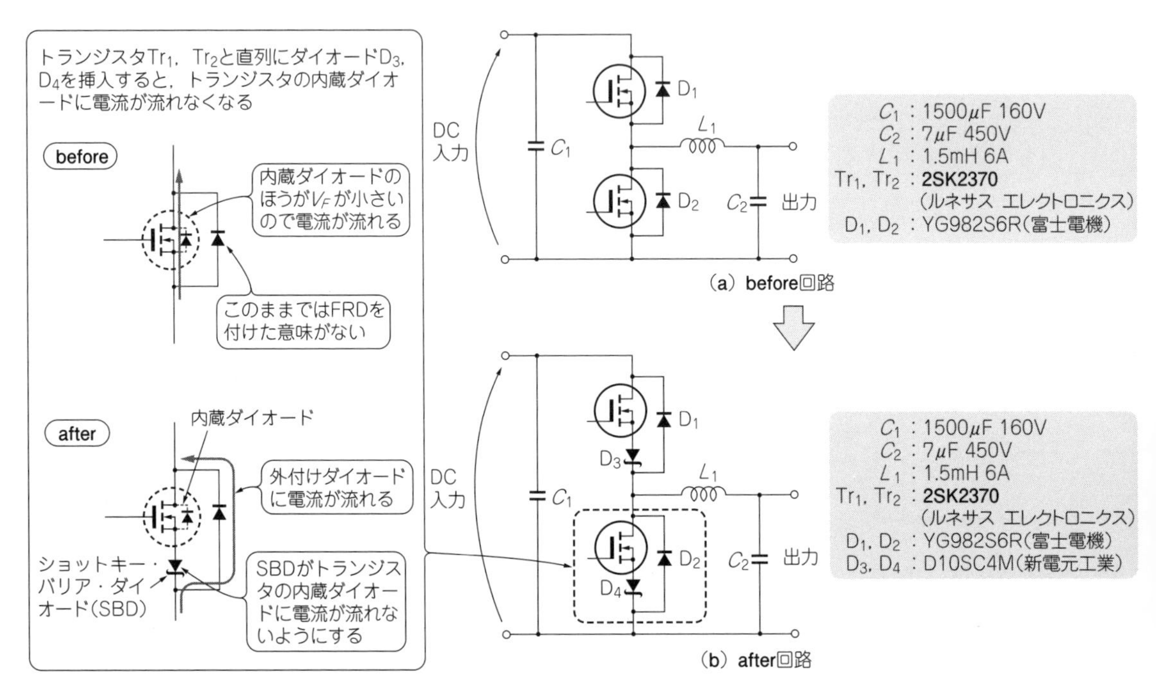

図24 ショットキー・バリア・ダイオードを直列に接続して高速スイッチングと低貫通電流を両立できる

4-10 ハイサイドとローサイドを駆動するときは両方がOFFしている期間を必ず設ける

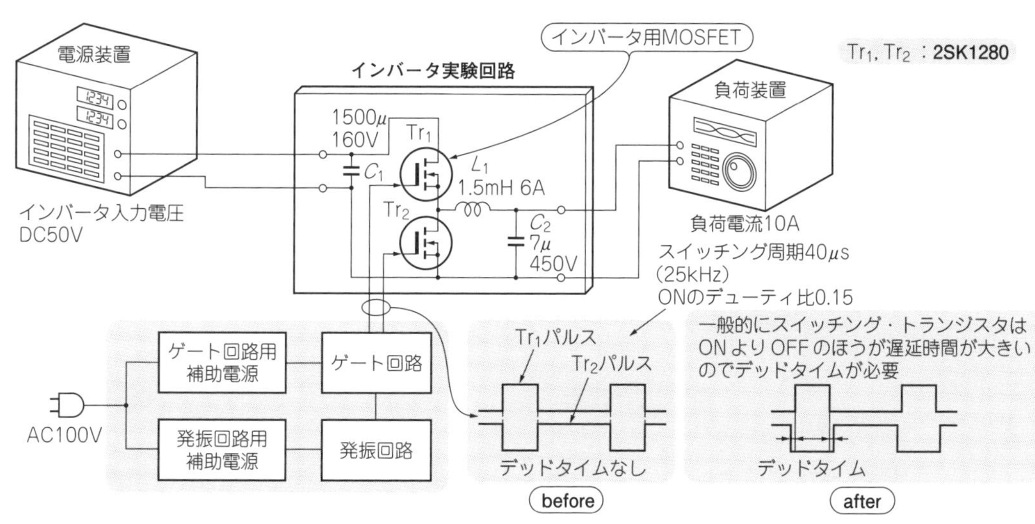

図25　実験回路：トランジスタがONするタイミングを遅らせて貫通電力をなくす

● ハイサイド/ローサイドのデッドタイムなしでスイッチングしたところOFFが遅れて貫通電流が流れた

図25の回路のように，インバータ用MOSFET 2SK1280を放熱板に取り付けてインバータ実験回路を製作しました．この回路のトランジスタのゲートにONのデューティ比0.15，デッドタイムなしで40 kHzの信号を与え，50 Vの電源電圧を加えて動作させました．ところがすぐに放熱板が過熱してしまい，トランジスタが壊れてしまいそうなため停止しました．

トランジスタのドレイン配線に電流プローブをかませて電流を測定したところ**図26(a)(b)[before]**のように，Tr_1とTr_2ともトランジスタがONとOFFの2個所で大きなサージ電流が流れています．**図26(a)**のトランジスタTr_1のON時と**図26(b)**のトランジスタTr_2のOFF時のサージ電流はリカバリ電流です．

図26(a)のトランジスタTr_1のOFF時と**図26(b)**のトランジスタTr_2のON時のサージ電流は短絡電流です．どうもトランジスタのOFFが遅れているようです．

表6　2SK1280のスイッチング時間特性

項　目	仕　様
ターンオン遅延時間$t_{d(on)}$	35 ns typ.
ターンオン立ち上がり時間t_r	150 ns typ.
ターンオフ遅延時間$t_{d(off)}$	450 ns typ.
ターンオフ立ち下がり時間t_f	180 ns typ.

● MOSFETのON/OFFの遅延時間が同じでないため，デッドタイムがないとONがオーバラップ

インバータ用MOSFET 2SK1280のデータシートにおけるスイッチング時間関係の項目を**表6**に示します．$t_{d(on)}$とt_rと$t_{d(off)}$とt_fの4項目があります．

- $t_{d(on)}$：ゲート信号を与えてからトランジスタの電流が流れ始め，トランジスタがONを始めるまでの遅延時間
- t_r：　電流が流れ始めてからトランジスタが完全にONするまでの動作時間
- $t_{d(off)}$：ゲート信号を解除してからトランジスタの電流変化が始まり，OFFを開始するまでの遅延時間
- t_f：　電流変化の減少が始まってからトランジスタが完全にOFFするまでの時間

トランジスタはON/OFFするまでに遅延時間がありON/OFFで値が異なります．ONの遅延時間35 ns(typ.)に比べて，OFFの遅延時間450 ns(typ.)の方が大きいので，ハイサイド・トランジスタとローサイド・トランジスタがオーバラップし，短絡電流が流れます．

● 同時ONにならないように，ONするタイミングを遅らせる

貫通電流を流さないためには，トランジスタの

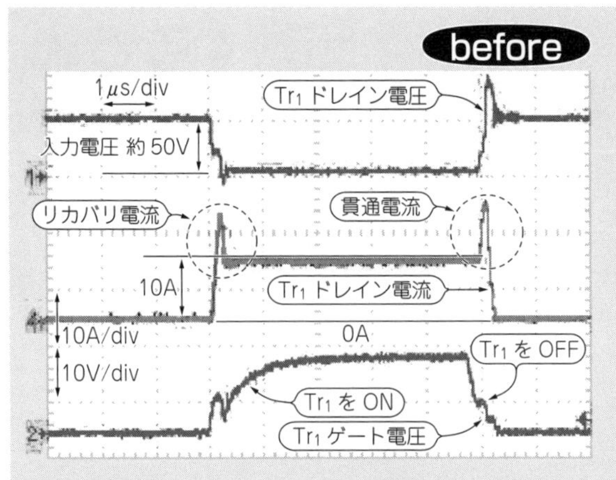

(a) **before その1**：デッドタイムなしの場合
トランジスタ Tr1 の OFF がトランジスタ Tr2 の ON より遅れているため貫通電流が発生している

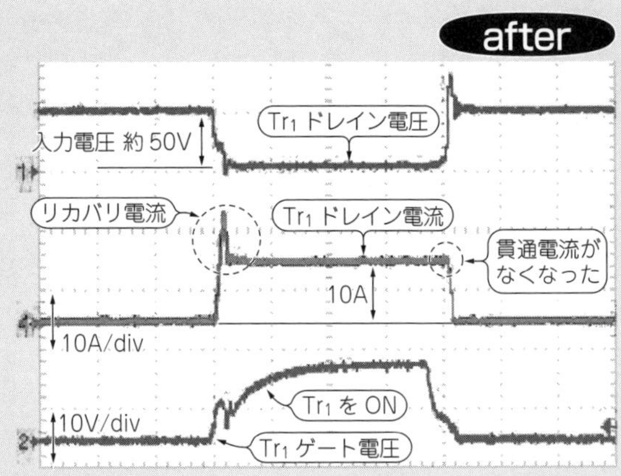

(c) **after その1**：デッドタイム挿入後の場合
Tr2 の ON 時に 1μs デッドタイムを加えたことにより貫通電流がなくなった

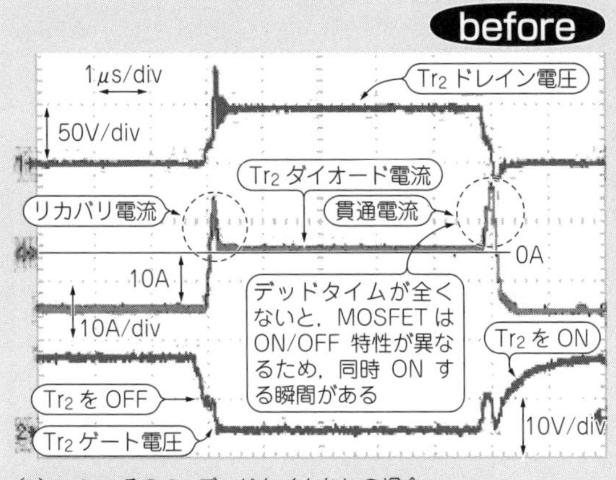

(b) **before その2**：デッドタイムなしの場合
トランジスタ Tr2 の OFF がトランジスタ Tr1 の ON より遅れているため貫通電流が発生している

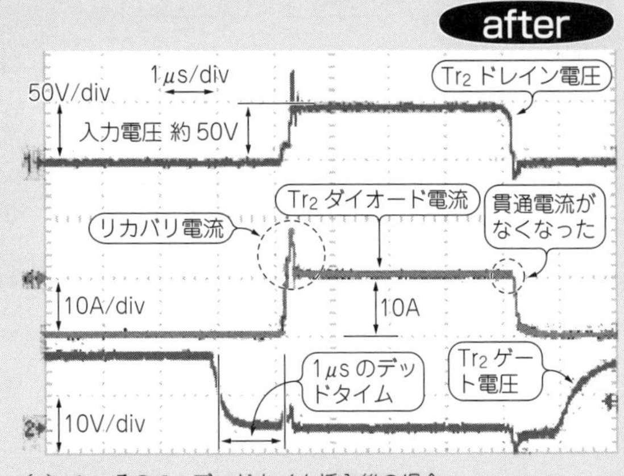

(d) **after その2**：デッドタイム挿入後の場合
Tr1 の ON 時にデッドタイム 1μs を加えたことにより貫通電流がなくなった

図26　実験結果：トランジスタのON/OFF遅延時間が異なるので，トランジスタがONするタイミングを遅らせて貫通電流をなくす

OFFの遅れを見越して，トランジスタがONするタイミングを遅らせます．トランジスタが同時ONにならないようにします．この遅れ時間をデッドタイムといいます．

図27(c)(d)[after]はデッドタイムを1μs設けたときのドレイン/ダイオード電流です．ハイサイドとローサイドのONのオーバラップがなくなったため，貫通電流がなくなりました．

4-11 デッドタイムを長くすると出力電圧の最大値が小さくなる

● デッドタイムを5 μs設けたら90 V出力するはずが80 Vしか出せなかった

インバータ回路のスイッチング・トランジスタを駆動するパルスには，デッドタイムを設けないと，ハイサイドとローサイドのトランジスタが同時ONになる時間が出てきます．そこで，4-10項の**図25**のインバータ実験回路を，デッドタイム5 μsの制御信号を加えてスイッチング動作させました．

図27のようにスイッチング周期は40 μs(周波数は25 kHz)で，パルス幅を最大の90%に広げて動作させました．入力電圧を100 Vとすると出力電圧はV_{out} = 100×0.9 = 90 V出力するはずですが，**図28**(**a**)[**before**]のように80 Vしか出力しません．

● 入力電圧とデューティ比と出力電圧の関係

この実験では，インバータ回路を降圧コンバータとして動作させています．降圧コンバータの入力電圧V_{in}とデューティ比D_sと出力電圧V_{out}は式(2)の関係が成り立ちます．

$$V_{out} = D_s V_{in} \quad \cdots\cdots (7)$$

実際には，トランジスタやダイオードの電圧降下やチョーク・コイルの巻き線抵抗やコアによる損失があるため式(2)よりも出力電圧は低くなります．損失によって入力電圧に対して出力電圧が5%下がるとすると，出力電圧は85 Vになります．しかし，今回の実験ではさらに出力電圧が低下しています．

図28(**a**)[**before**]を見ると，パルス幅を90%に設定したので，ON幅は40 μs × 0.9 = 36 μsでなければなりません．しかし，実際にはデッドタイム5 μsを挿入したので，36 − 5 = 31 μsのパルス幅になっています．すなわちデューティ比はD_s = 31/40 = 0.775となっています．出力電圧は100 × 0.775 = 77.5 Vとなります．実測値は回路の損失のため若干下がり，76.5 Vでしたので，理論値と近い値なりました．このように，実際

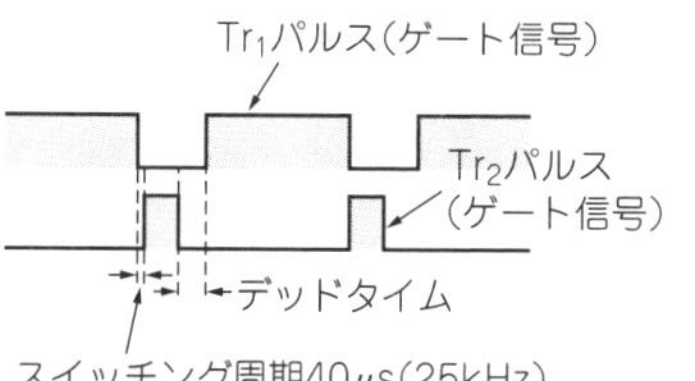

図27　トランジスタに加える制御信号
トランジスタTr1のON時にデッドタイム5 μsを挿入して動作させる．トランジスタTr2のON時のデッドタイムは250 ns

表7　IRG4BC20UDのスイッチング時間特性

項　目	仕　様
ターンオン遅延時間$t_{d(on)}$	39 ns typ.
ターンオン立ち上がり時間t_r	15 ns typ.
ターンオフ遅延時間$t_{d(off)}$	93 ns typ.
ターンオフ立ち下がり時間t_f	110 ns typ.

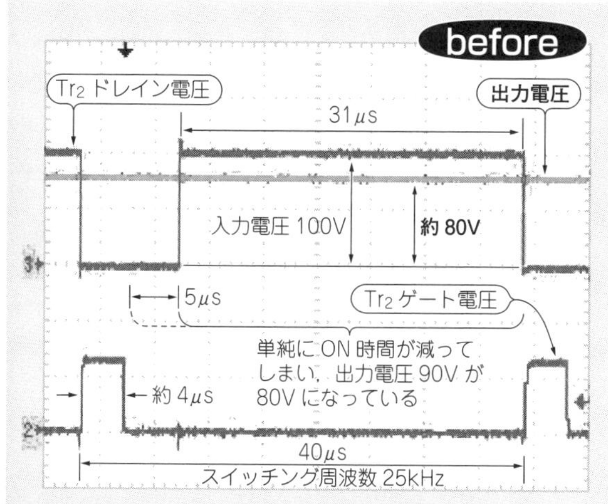

(a) **before**：デッドタイムが5 μsのときのスイッチング波形と出力電圧．デッドタイム5 μsを挿入したためONのパルス幅が36 μsから31 μsに減少し，そのため出力電圧は約80 Vに低下している

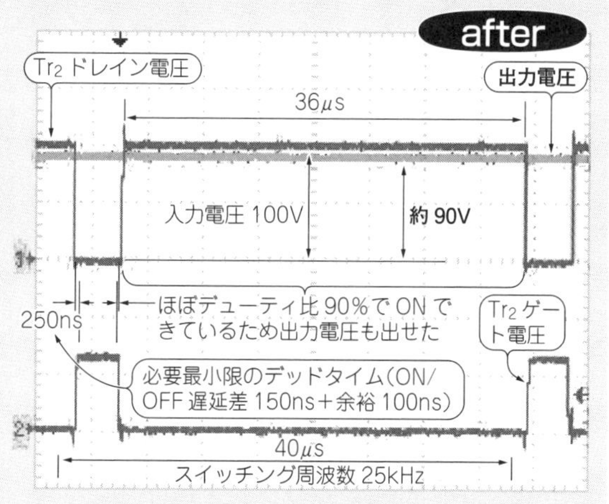

(b) **after**：ONとOFFの時間差約150 nsに余裕100 nsを加えた250 nsをデッドタイムにすると，必要なパルス幅約36 μsが確保でき，90 Vが出力できた

図28　実験結果：デッドタイムは長すぎず短かすぎず

のパルス幅は“スイッチング周期×デューティ比－デッドタイム”となります．

● デッドタイムは長過ぎず短過ぎずがよい

この実験で使用しているトランジスタIRG 4BC20UD(インターナショナル・レクティファイアー，IR)のスイッチング特性は**表7**のようになります．ONの遅れ時間t_{on} = 39 + 15 = 54 ns，OFFの遅れ時間t_{off} = 93 + 110 = 203 ns，ONとOFFの遅れ時間の差は$t_{off} - t_{on}$ = 149 nsとなります．そこで，余裕として100 nsを加えた250 nsをデッドタイムにして動作させました．その結果を**図28(b)[after]**に示します．出力電圧はおおむね90 Vになりました．実測値は88.1 Vとなり，スイッチング損失とデッドタイムを考慮するとおおむね一致します．

4-12 ゲートの直列抵抗値が小さいほどMOSFETのキレは良いがドレインに加わるサージは大きい

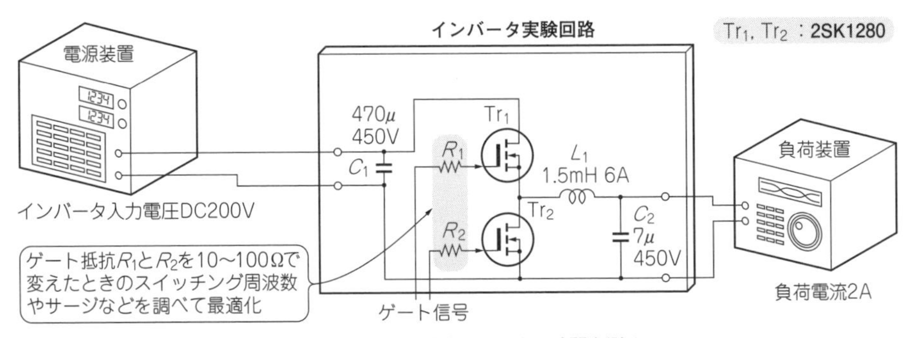

図29　実験回路：ゲート抵抗を変更してリカバリ電流の大きさや時間を測る

表8　インバータ実験回路の動作仕様

項　目	仕　様
入力電圧	DC200 V
入力電流	0.52 A
出力電圧	DC46.8 V
出力電流	2 A
スイッチング周波数	25 kHz
ONのデューティ比	0.25

● 高速スイッチングさせるためにゲート抵抗値を小さくすると，リカバリ電流によるサージ電流が増える

図29にインバータ実験回路を示します．この回路にインバータ用MOSFET 2SK1280を実装して動作させました．高速スイッチングするため，駆動回路とMOSFETのゲート間に小さめの抵抗10 Ωを入れています．インバータを**表8**の条件で動作させました．

ハイサイド・トランジスタTr_1のスイッチング波形を調べたところ，**図30(a)[before]**のように大きなピーク電流が流れていました．また，**図30(b)[before]**のように，ローサイド・トランジスタTr_2をOFFするとき，寄生ダイオードのOFF時のリカバリ電流によって大きなサージ電圧が発生しています．

ピーク電流が大きいとサージ電圧やノイズ発生の原因になります．

表9　ゲート抵抗を変えたときのリカバリ電流の大きさ，スイッチング時間，ローサイド・トランジスタTr_2のサージ電圧の測定結果

ゲート抵抗［Ω］	リカバリ電流［A］	スイッチング時間［ns］	ドレイン電圧［V］
10	18	40	270
22	15	45	230
33	13	50	225
47	11.5	55	220
68	9	60	215
82	8	65	210
100	7	70	205

負荷電流を除いて，**図30(a)**と**(b)**のサージ電流を比較するとどちらも同じ大きさになります．**図30(b)**のドレイン電流は逆向きの電流が流れており，これはTr_2の内蔵ダイオードを流れている電流です．したがって，トランジスタOFF時のサージ電流はダイオードのリカバリ電流ということになり，Tr_1がONしたときも同じ電流が流れます．

● ハイサイド・トランジスタのゲート抵抗を調整してリカバリ電流を下げる

リカバリ電流の大きさは，ハイサイド・トランジスタTr_1のON時の電流変化率di/dtによって変わります．

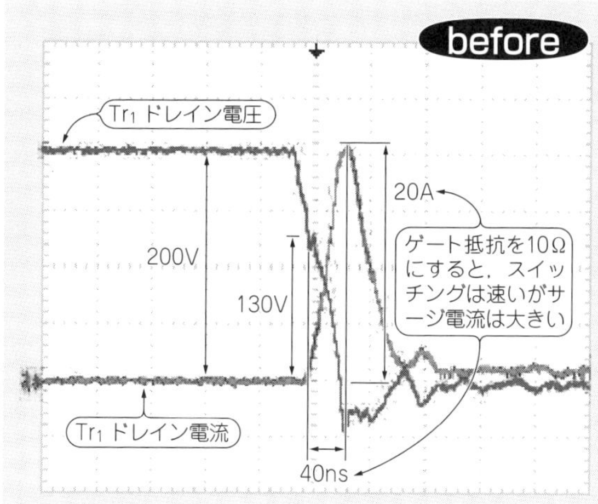

(a) before その1：ゲート抵抗を10 Ωとしたときのハイサイド・トランジスタ Tr_1 のドレイン電圧とドレイン電流．スイッチングは高速だがサージ電流は大きい

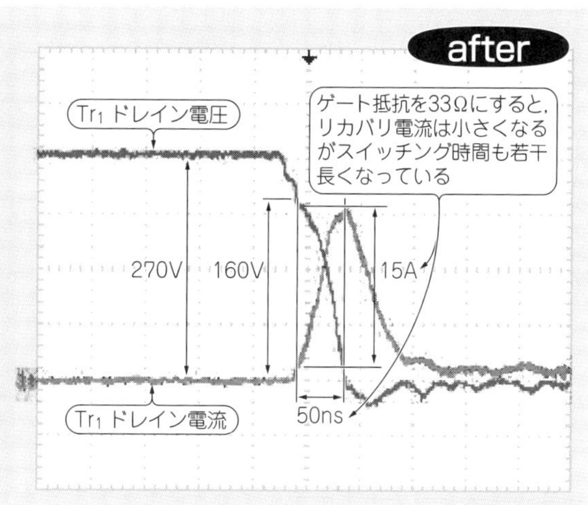

(c) after その1：ゲート抵抗を33 Ωとしたときのハイサイド・トランジスタ Tr_1 のドレイン電圧とドレイン電流．リカバリ電流は小さくなるが，スイッチング時間も若干長くなっている

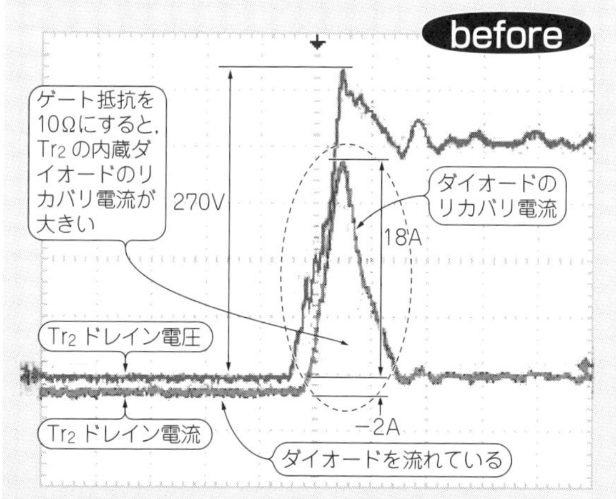

(b) before その2：ゲート抵抗を10 Ωとしたときのローサイド・トランジスタ Tr_2 のドレイン電圧とドレイン電流．Tr_2 の内蔵ダイオードのリカバリ電流が大きいため，トランジスタ Tr_1 に転流するとき大きなサージ電圧が発生している

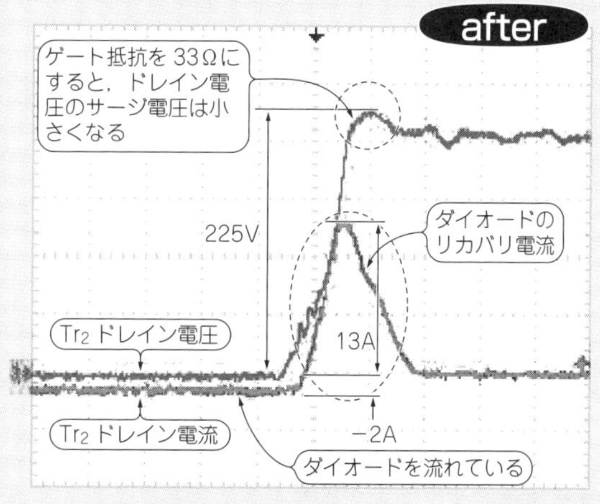

(d) after その2：ゲート抵抗を33 Ωとしたときのローサイド・トランジスタ Tr_2 のドレイン電圧とドレイン電流．ドレイン電圧のサージ電圧は小さくなる

図30　実験結果：スイッチング・トランジスタをON/OFFするゲート信号に直列に入れる抵抗は最適化が必要

電流変化率di/dtはゲート抵抗値で変わります．そこで，ゲート抵抗R_1，R_2を10 Ω/22 Ω/33 Ω/47 Ω/68 Ω/82 Ω/100 Ωと変えたときのTr_2のリカバリ電流の大きさ，流れている時間，ドレインのサージ電圧の測定値を**表9**に示します．

このようにゲート抵抗R_1，R_2が大きくなると，リカバリ電流は小さくなります．その結果，リカバリ電流が流れている時間も長くなり，それに伴ってドレイン電圧の変化も遅くなりサージ電圧が減ってきます．

スイッチング損失は，ゲート抵抗が47 Ωまではあまり増えていませんが，68 Ω以上になるとドレイン電圧の立ち下がりの遅れが大きくなり，損失が増えてきます．

そこで，スイッチング損失があまり大きくならず，リカバリ電流も小さく，サージ電圧もほとんど出ないゲート抵抗値として33 Ωに設定することにします．そのときのハイサイドとローサイドのスイッチング波形を**図30**(c)(d)[after]に示します．

ゲート抵抗によりダイオードのリカバリ電流の大きさ，スイッチング損失，サージ電圧が変化するので，必ず確認して最適値に調整する必要があります．

4-13 ゲート抵抗にダイオードを並列接続すると MOSFETのキレとサージの抑制を両立できる

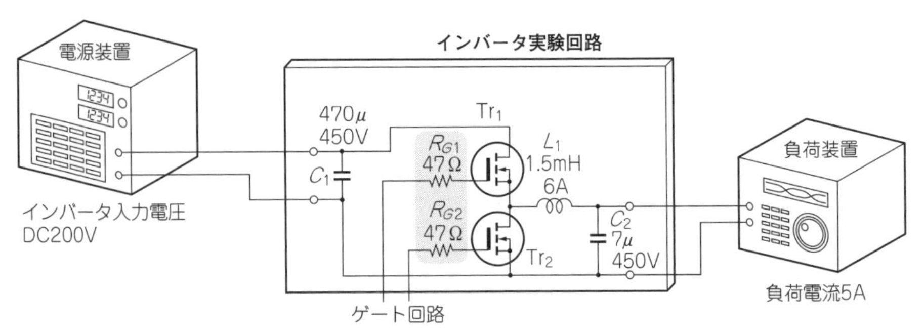

図31　実験回路：トランジスタのONとOFF時のゲート抵抗を個別に変えてスイッチング速度を調整する

表10　インバータ実験回路の動作仕様

項　目	仕様
入力電圧	DC200 V
入力電流	0.66 A
出力電圧	DC23.8 V
出力電流	5 A
スイッチング周波数	25 kHz
ONのデューティ比	0.15

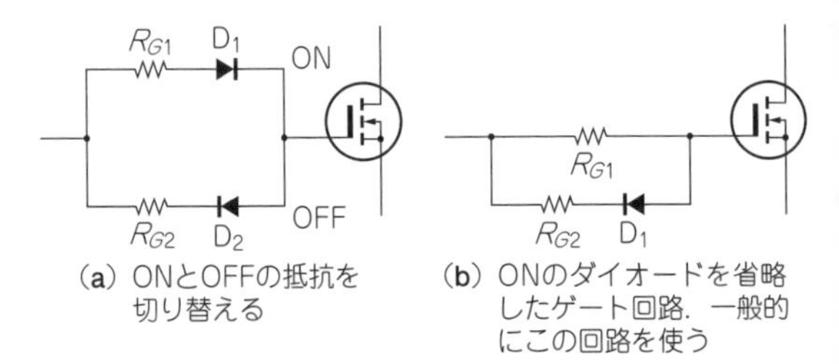

図33　トランジスタのON/OFFの速度を個別に変えるための回路

● サージ電圧やリカバリ電流を大きくせずに，なるべく速くトランジスタをスイッチングしたい

ゲート抵抗を大きくするとスイッチング・トランジスタがON時に流れる電流を抑制できるため，スイッチング・トランジスタ内蔵ダイオードに流れるリカバリ電流を小さくできます．そこで**図31**の回路のように，ゲート抵抗を47 Ωにし，**表10**の仕様でインバータ回路を動作させました．OFF時のハイサイド・トランジスタTr_1のスイッチング波形(ドレイン電圧とドレイン電流)を測定したところ，**図32(a)**［**before**］のようになりました．

サージ電圧は出ていませんが，余り切れ味が良くありません．OFF時間が長くなるとスイッチング損失が大きくなります．サージ電圧が大きくならない範囲で速くスイッチングする必要があります．ただし，ダイオードのリカバリ電流は大きくしたくはありません．MOSFETのOFF時間を短くする対策が必要です．

● ゲート抵抗でON/OFFのスイッチング速度を個別に調整できる

トランジスタのONとOFFのスイッチング速度を個別に変えられるようにするには，**図33(a)**のように，充電/放電の抵抗R_{G1}/R_{G2}と直列にダイオードD_1/D_2を接続します．こうすれば，トランジスタがONするときはR_{G1}とD_1の回路が，OFFするときはR_{G2}とD_2の回路が動作します．4-10項で紹介したように，トランジスタはONよりOFFに時間がかかるので，ON時はR_{G1}を47 Ωに，OFF時はR_{G2}を47Ωより小さい値にしてOFFが速くなるようにし，ON/OFFともにサージ電圧を出さずに高速スイッチングできるようにします．R_{G2}の値を47 Ωから22 Ω/10 Ω/4.7Ω/0Ωと変えたときのスイッチング波形を**図32(b)**～**(e)**に示します．

ゲート抵抗を10 Ωより小さくすると切れ味は良くなりますが，サージ電圧も大きくなり振動してきます．サージ電圧に振動が含まれるとノイズが大きくなります．今回のインバータ実験回路では振動もなく，スイッチング時間が短いR_{G2} = 10 Ωくらいが適当です．

このようにゲート抵抗は，必ず確認して最適値に調整することが必要です．一般にONの抵抗R_{G1}よりOFFの抵抗R_{G2}の方が小さくなるので，**図33(b)**のようにON回路のダイオードは省略します．

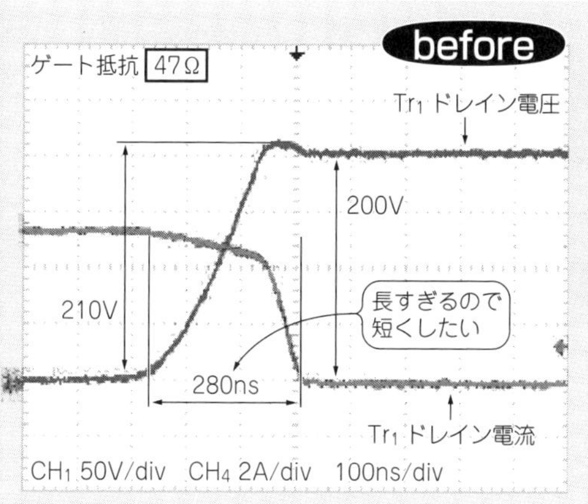

(**a**) **before**：ゲート抵抗 47 Ωのとき
サージ電圧は出ないが，OFF 時間が約 280 ns かかってしまう

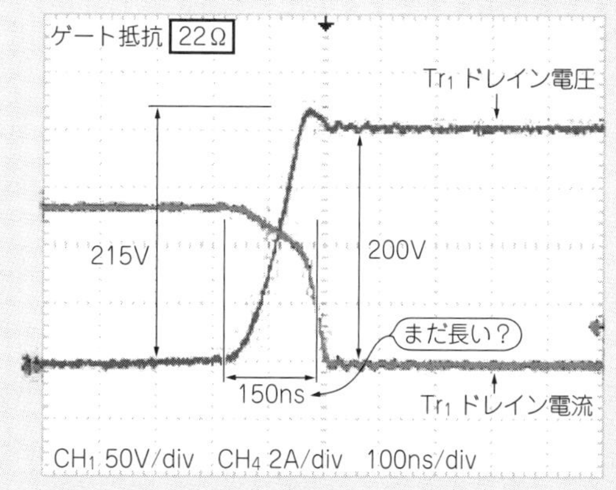

(**b**) **参考**：OFF 用ゲート抵抗 R_{G2}=22 Ωのとき
OFF時間が 150 ns とまだ大きい．サージ電圧は問題ない

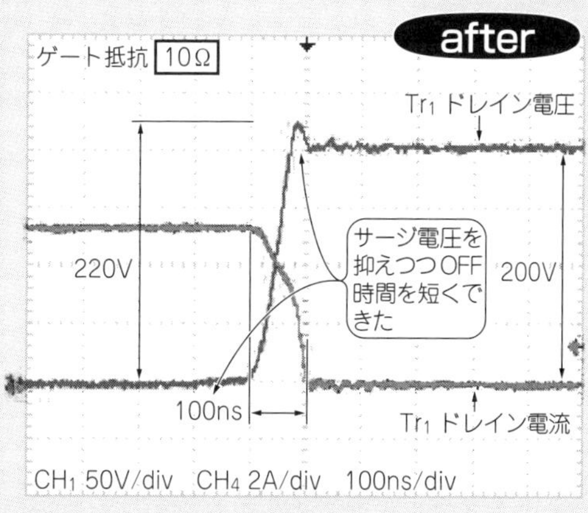

(**c**) **after**：OFF用ゲート抵抗R_{G2}=10 Ωのとき
OFF 時間が 100 ns．これよりゲート抵抗を小さくするとサージ電圧が大きくなりそう

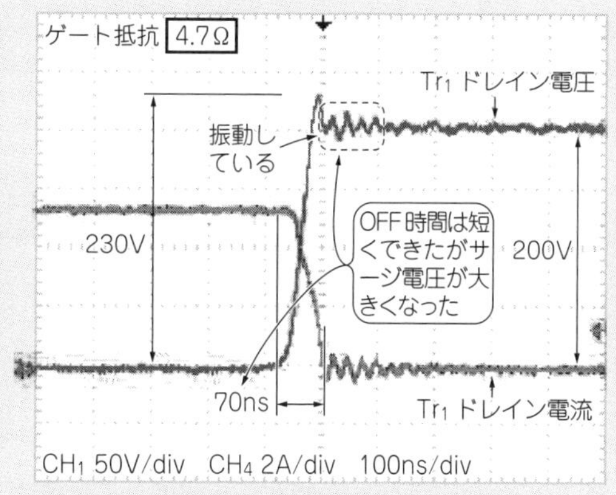

(**d**) **参考**：OFF用ゲート抵抗R_{G2}=4.7 Ωのとき
OFF 時間は 70 ns と短くなるが，サージ電圧が大きくなり，振動電圧も出てきた

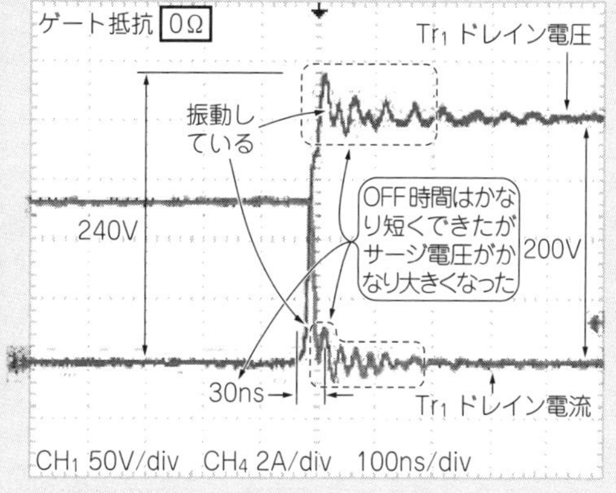

(**e**) **参考**：OFF用ゲート抵抗 R_{G2}=0 Ω(なし)のとき
OFF 時間は 30 ns とかなり速くなるが，サージ電圧が大きくなり振動している

図32 実験結果：OFF時のハイサイド・トランジスタTr₁のドレイン電圧とドレイン電流

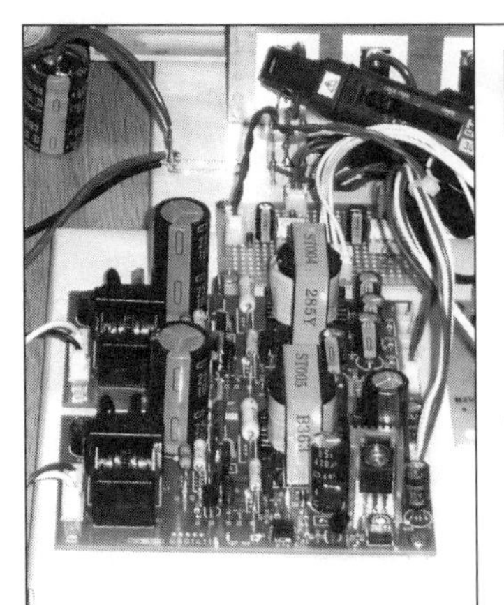

第5章 出力電流が大きくても温度が上がらないトランジスタやノイズを吸収してくれる回路

パワー回路の大電流対策とノイズ対策

田本 貞治

高い電圧が加わったまま大電流をON/OFFするパワー・トランジスタの周辺は，熱やたちの悪いノイズでいっぱいです．本章では，実用的なパワー回路に仕上げるための最低限必要な熱対策とノイズ対策を紹介します．

5-1 大きな電流を流す用途で発熱で困ったらIGBTを検討する

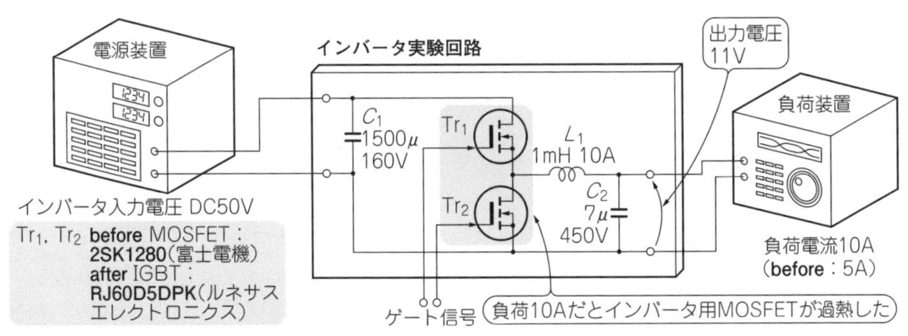

図1　実験回路：パワーMOSFETの損失が大きすぎて放熱器が発熱してしまった

● 出力電流を5Aから10Aに上げたらMOSFETの温度が急上昇

4-9項のインバータの負荷電流を，5Aから**表1**の仕様の10Aまで増やすことにしました．ところが**図1**の回路では損失が大きく，スイッチング・トランジスタが過熱して放熱板が発熱してしまいました．そのときのMOSFET Tr_1のスイッチング波形を**図2(a)(b)**[before]に示します．

それでは，電流の大きいインバータを実現するためにはどのようにすればよいでしょうか．今まで使用していたMOSFETを並列に接続する方法と，大電流が流せる別の半導体を使用する方法が考えられます．

表1　パワーMOSFETの発熱が問題になった図1のインバータ回路の仕様

項　目	仕様
入力電圧	DC50 V
入力電流	2.61 A
出力電圧	DC11 V
出力電流	10 A
スイッチング周波数	25 kHz
ONのデューティ比	0.25

● MOSFETよりIGBTの方が大電流向き

大電流のインバータでは，MOSFET以外にIGBT(Insulated Gate Bipolar Transistor)と呼ばれる飽和電圧が低い大電流スイッチング半導体がよく使用されます．

そこで，10A流せるIGBTを探すことにします．ディスクリートのIGBTを生産しているメーカはいろいろありますが，30A以上流せるIGBTとしてルネサス エレクトロニクスのRJ60D5DPKを選定しました．このIGBTの主な特性を**表2**に示します．トランジスタの飽和電圧は30A時1.6Vです．

インバータ用MOSFET 2SK1280(富士電機)の主な特性は第4章の表5に示しています．オン抵抗はデータシートから9Aで0.35Ωです．したがって，オン電圧は$0.35 \times 10 = 3.5$VとIGBTの飽和電圧の2倍以上になり損失の大きいことが分かります．

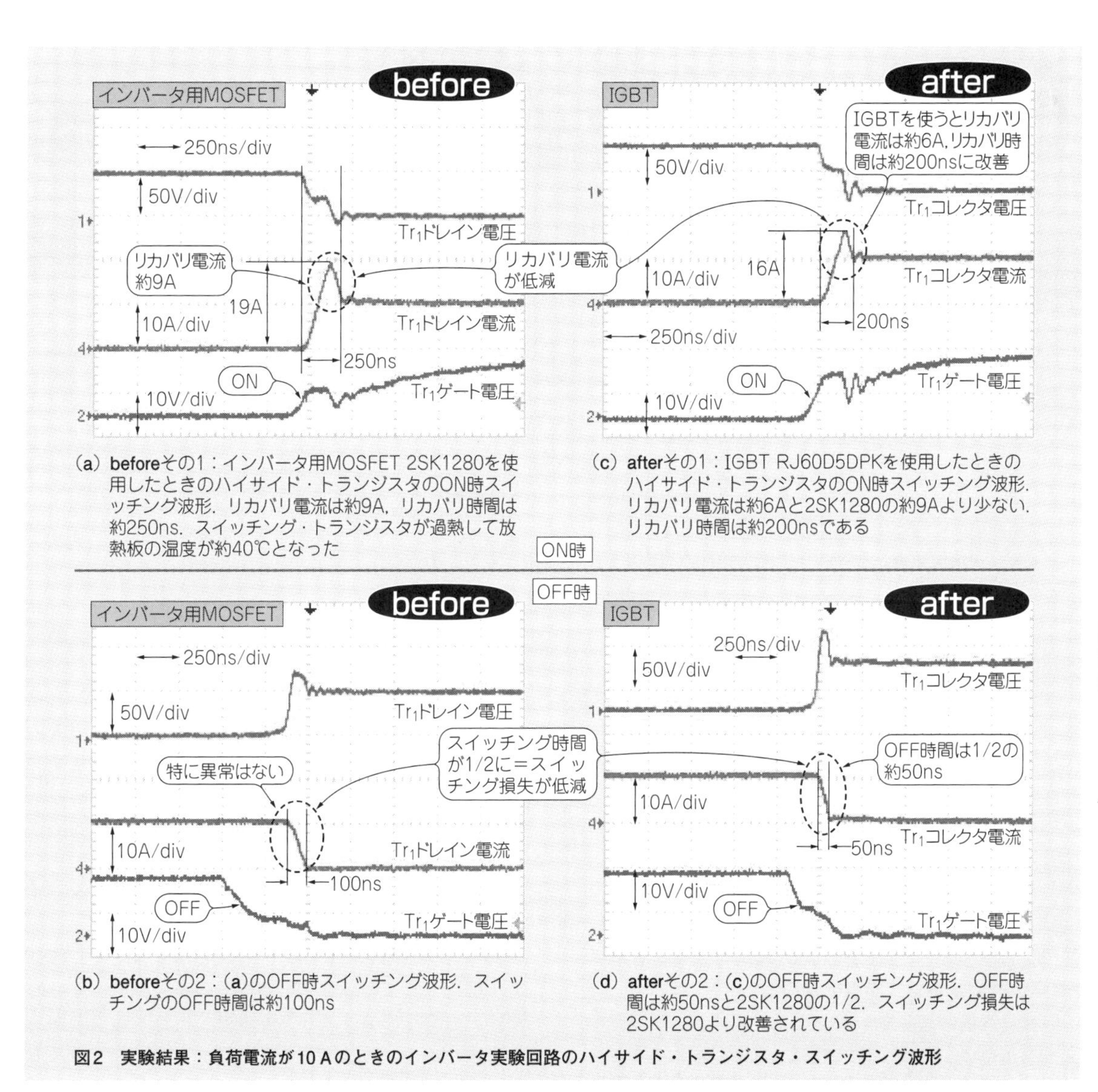

(a) **beforeその1**：インバータ用MOSFET 2SK1280を使用したときのハイサイド・トランジスタのON時スイッチング波形．リカバリ電流は約9A，リカバリ時間は約250ns．スイッチング・トランジスタが過熱して放熱板の温度が約40℃となった

(c) **afterその1**：IGBT RJ60D5DPKを使用したときのハイサイド・トランジスタのON時スイッチング波形．リカバリ電流は約6Aと2SK1280の約9Aより少ない．リカバリ時間は約200nsである

(b) **beforeその2**：(a)のOFF時スイッチング波形．スイッチングのOFF時間は約100ns

(d) **afterその2**：(c)のOFF時スイッチング波形．OFF時間は約50nsと2SK1280の1/2．スイッチング損失は2SK1280より改善されている

図2　実験結果：負荷電流が10 Aのときのインバータ実験回路のハイサイド・トランジスタ・スイッチング波形

表2
実験に使ったIGBT(RJ60D5DPK)**の主な仕様**

項　目	記号	定　格
コレクタ-エミッタ電圧	V_{CES}	600 V
ゲート-エミッタ電圧	V_{GES}	± 30 V
コレクタ電流(T_C = 100℃)	I_C	30 A
ゲート-エミッタ・カットオフ電圧	$V_{GE(\mathrm{off})}$	4 ～ 6 V
コレクタ-エミッタ飽和電圧	$V_{CE(\mathrm{sat})}$	1.6 V(I_C = 30 A, V_{GE} = 15 V)
FRD逆回復時間	t_{rr}	100 ns

その他のスイッチング特性においても最新のIGBTは改善されており，低損失インバータが実現できそうです．

● IGBTの損失はインバータ用MOSFETの1/2以下

スイッチング・トランジスタをインバータ用MOSFET 2SK1280からIGBT RJ60D5DPKに交換して**図1**のインバータ実験回路を動作させました．ハイサイド・トランジスタTr_1のスイッチング特性を**図2(c)(d)**[**after**]に波形を示します．

ON時とOFF時のスイッチング時間やリカバリ電流，飽和電圧などから明らかにIGBTの方が損失が少なくなっています．この結果から，IGBTの方がスイッチング損失は1/2以下おおむね1/3程度に改善していることが分かります．

5-2 超定番のノイズ対策回路その1…スパイク・ノイズを飲み込むRCスナバ回路

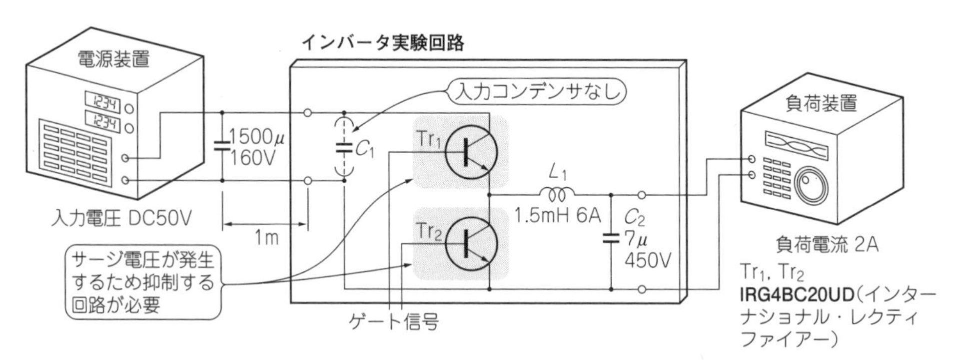

図3 実験回路：RCスナバ回路の効き目を試すためにあえてサージ電圧や高周波振動を発生させる

● 入力にサージ電圧や高周波振動を抑えられる「スナバ回路」

図3にIGBTを使用したインバータ実験回路を示します．この回路を動かしたところ，**図4(a)**［before］のようにハイサイド・トランジスタTr_1にサージ電圧と振動現象が発生しています．そこで，サージ電圧と高周波振動を両方抑えることができるスナバ回路と呼ばれるスパイク・ノイズ抑制回路を実装することにしました．

● 抵抗/コンデンサをトランジスタへ並列に入れるRCスナバの定数は，実験で決める

一般に高周波で振動現象が発生するときは，**図5**のような抵抗とコンデンサで構成するRCスナバを追加します．抵抗とコンデンサの定数は，実験で値を段階的に変えて，最適なコンデンサの値を決めます．

図4(b)～(e)に示すように，抵抗の値を固定してコンデンサの容量を大きくすると，サージ電圧と振動波形は小さくなっていきます．しかし，コンデンサの容量を大きくするとスナバ回路に流れる電流が増加して損失も増えます．サージ電圧と振動電圧が満足できる範囲でコンデンサの値を大きくしないようにします．

抵抗とコンデンサをいろいろ変えて実験を行った結果，**図3**の回路では抵抗が47 Ω，コンデンサは470 pFがよさそうです．

RCスナバでは，大きなサージ電圧を抑えようとすると損失が増えてしまいます．振動現象は抵抗とコンデンサの値の調整により抑えることができます．振動電圧は，ノイズとなって不要放射の発生原因になったり，出力電圧にノイズとして重畳したりすることがあります．このような問題を抑えるのにRCスナバは有効です．

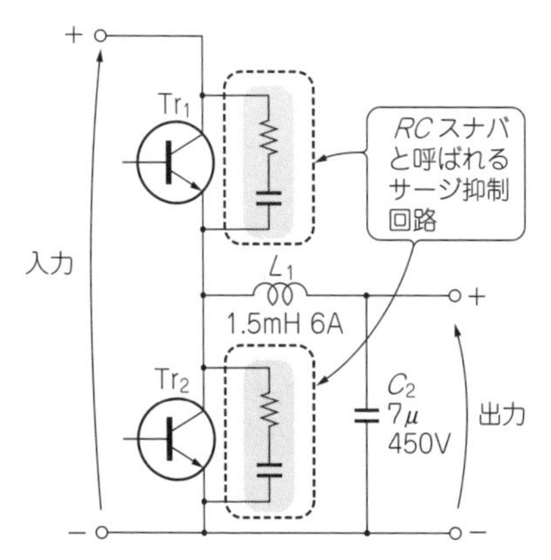

図5 サージ電圧や高周波振動を抑えられるRCスナバ回路

スナバ回路とは　Column 5-1

スナバ回路は抵抗とコンデンサをシリーズにしたものです．コンデンサはDCをカットするので，抵抗で消費されるのはAC成分だけになります．スイッチング電源の出力フィルタのLと寄生容量Cの共振により発生する高周波のAC成分を抵抗で早期に吸収しEMIを抑制するのが目的です．スナバ用部品の選定には，振動時の周波数やコイルに流れている振動電流の把握が必要で，低耐圧の抵抗や電流制限のあるコンデンサでは部品の焼損事故が心配されます．このような共振による振動がどのように発生するのかを考えれば，スナバを使わない対策も考えられます．〈大貫 徹〉

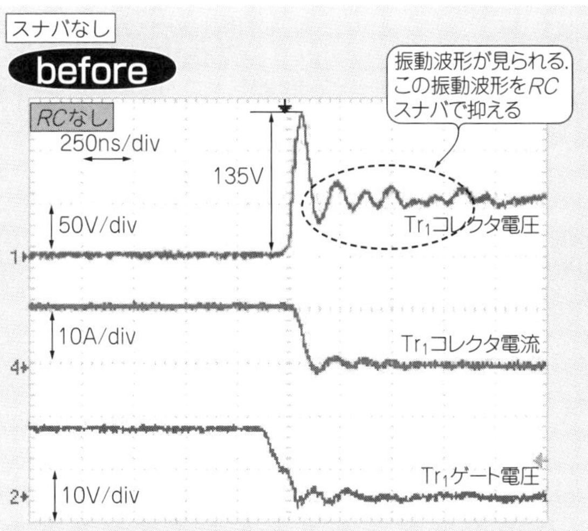

(a) **before**：スナバ回路なし．ハイサイド・トランジスタがOFFしたとき，入力コンデンサとトランジスタ間の配線のインダクタンスが原因で約135Vのサージ電圧が発生している．その後振動現象が見られる

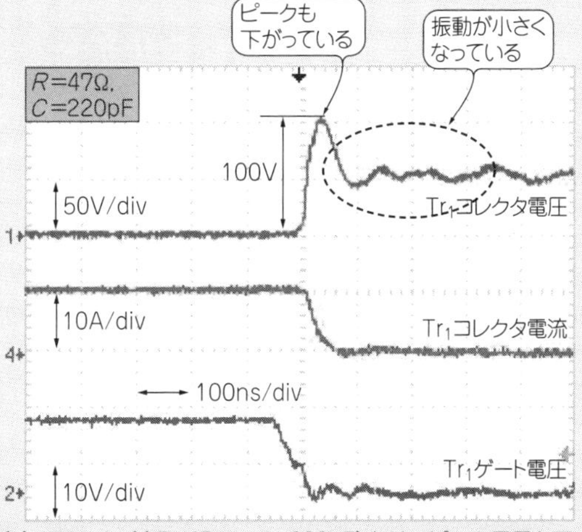

(b) *RC*スナバ(*R*=47Ω，*C*=100pF)あり．サージ電圧はわずかに下がり，振動波形の周波数も少し下がっている

(c) *RC*スナバ(*R*=47Ω，*C*=220pF)あり．ピーク電圧も下がり，振動電圧も小さい

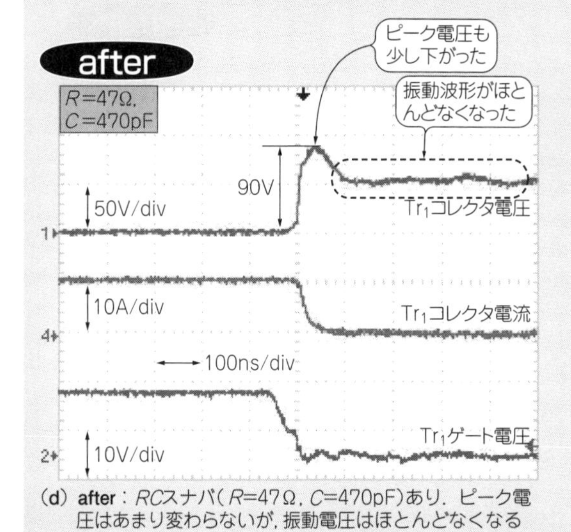

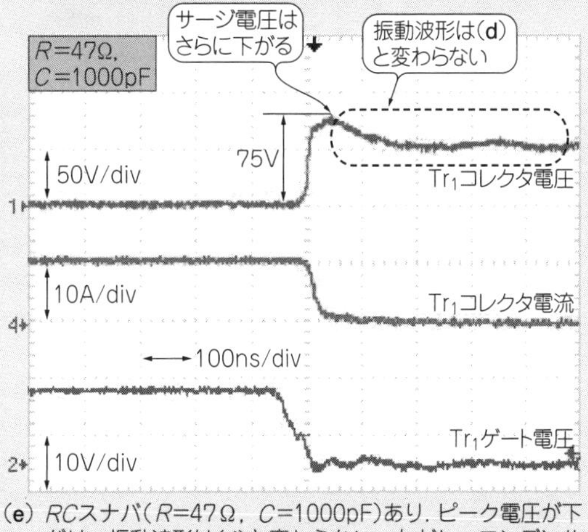

(d) **after**：*RC*スナバ(*R*=47Ω，*C*=470pF)あり．ピーク電圧はあまり変わらないが，振動電圧はほとんどなくなる

(e) *RC*スナバ(*R*=47Ω，*C*=1000pF)あり．ピーク電圧が下がり，振動波形は(**d**)と変わらない．ただし，コンデンサの容量が1000pFと大きくなったので，スナバを流れる電流が増加して抵抗の損失も大きくなり，発熱してきた

図4　実験結果：ハイサイド・トランジスタTr_1のスイッチング波形

5-3 超定番のノイズ対策回路その2…損失が小さいDCRスナバ回路

● RCスナバは振動は抑えられるが効率が悪い

図3の回路のようにスナバ回路がないと大きなサージ電圧が出ます．**図3**の回路で入力配線を平行ビニル線からツイスト・ペア線に置き換えたときのハイサイド・トランジスタTr_1のスイッチング波形を**図6**(a)［**before**］に示します．約125 Vのサージ電圧が出ています．

5-2項のように*RC*スナバを実装すると高周波振動は収まります．しかし*RC*スナバは，抵抗が若干発熱して損失が増えました．電源全体の発熱を防ぎ，効率が悪くならないようにするためには損失の少ないスナバを追加する必要があります．

● 損失の少ないDCRスナバ：コンデンサに蓄えられたサージ・エネルギを電源に回生する

サージ電圧を抑える方法として，コンデンサにサージ電流を流し込む方法があります．この場合，低インピーダンスで充分な電流定格のコンデンサが必要です．また，コンデンサに蓄えたエネルギはなんらかの形で放電しなければなりません．

そこで，**図7**のように，コンデンサと直列にダイオードを入れ，トランジスタがONしたときコンデンサが放電しないようにします．このままではコンデンサに蓄積した電荷は放電しないので，抵抗を介して電源に回生します．これをDCRスナバといいます．

DCRスナバは，抵抗を介して蓄積したエネルギを電源に回生するので損失が少なくなります．実際にDCRスナバを追加して動作させた結果，**図6**(**b**)(**c**)［**after**］のようにサージ電圧を抑えることができました．

この回路では，トランジスタ，ダイオード，コンデンサで構成するスナバ回路の配線が長くなると，配線のインダクタンスにより電流の立ち上がりが遅れ，サ

スナバなし

before

(a) **before**：スナバ回路がないと125Vの大きなサージ電圧が発生する

スナバあり

after

(b) **after**その1：*RC*スナバ(47Ω＋470pF)と同じようにサージ電圧が抑えられる．抵抗は*RC*スナバより加熱していないのでスナバの損失は少なくなっている

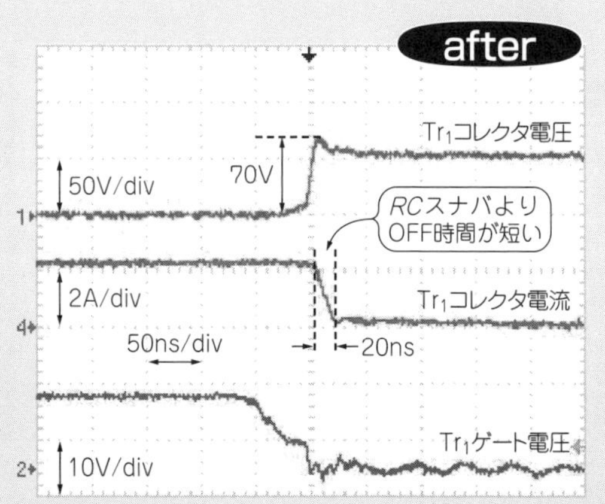

(c) **after**その2：(**b**)のトランジスタOFF時のスイッチング波形．高速動作によりスイッチング損失が少ない．トランジスタの電流は25ns以下で立ち下がっていながら，サージ電圧はDCRスナバにより70Vにクランプされている

図6　実験結果：サージ・エネルギを電源に回生するDCRスナバ回路の効果を確認する

ージ電圧を十分抑えることができなくなります．ダイオードとコンデンサは極力トランジスタの近くに実装します．

● **応用のヒント：さらなるスナバの無損失化**

図7の回路では，抵抗によりサージ・エネルギを電源に回生しています．しかし抵抗を使用しているため，コンデンサの電圧と電源ラインの差の電圧により損失が発生しています．ここでは実験は行いませんが，抵抗の代わりにコンバータを追加して，サージ・エネルギを回生すると高効率化できます．しかし，コンバータを実装するとコストがかかります．ある程度大容量のインバータでないとメリットがありません．

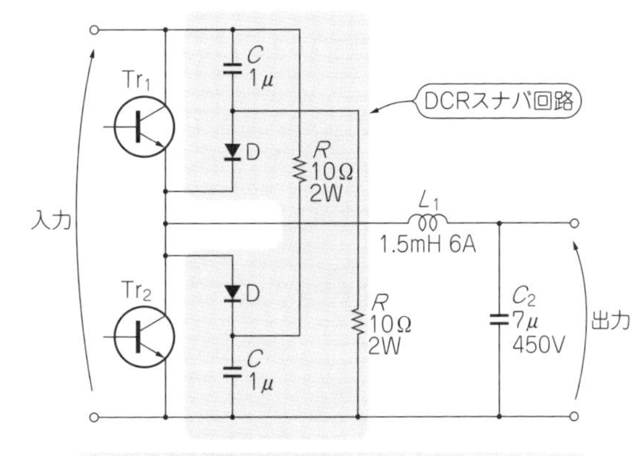

図7　DCRスナバ回路

5-4 ノイズ吸収用のコンデンサは抵抗成分の小さいフィルム・タイプが良い

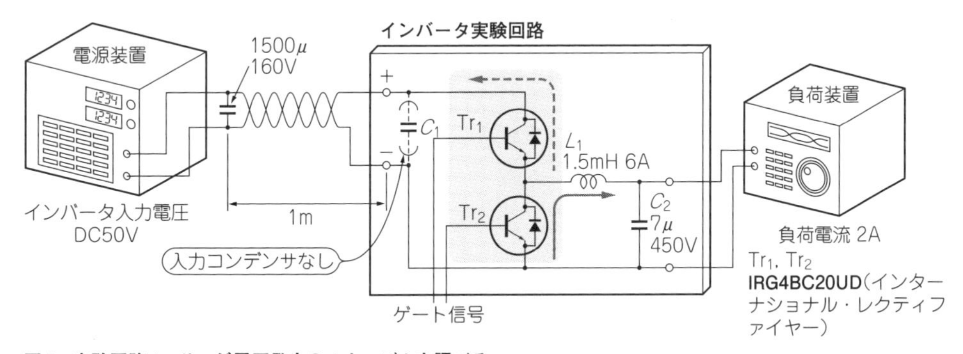

図8　実験回路1：サージ電圧発生のメカニズムを調べる

● **サージ電圧の発生メカニズム**

図3のようなインバータ実験回路において，トランジスタがON/OFFを繰り返したとき，どのようにサージ電圧が発生するのでしょうか．サージ電圧を抑えるには，発生原因を理解しておく必要がありそうです．**図8**の回路を例に解説します．

トランジスタTr_1がOFFすると，電流はTr_1からTr_2の内蔵ダイオードに転流します．そのとき，配線にインダクタンスがあると転流が完了するまでの電流変化でサージ電圧が発生します．ラインのインダクタンスにより発生したサージ電圧はTr_1の内蔵ダイオードを通して＋ラインに現れます．

● **対策：電源ラインにフィルム・コンデンサを入れると効率良くサージ電圧が抑えられる**

5-3項と同じ原理で発生したサージ電圧をコンデンサに蓄えてしまえばサージ電圧は抑えられそうです．具体的には，**図9**に示すようにコンデンサを電源ラインに接続します．

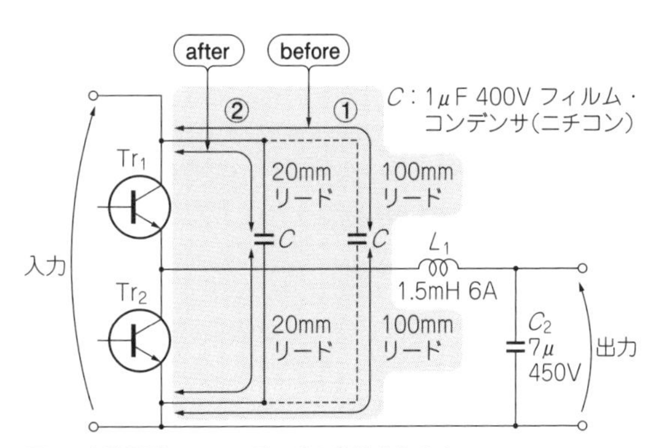

図9　実験回路2：コンデンサの接続を加えた

▶**before**：入力配線用リード線100 mm

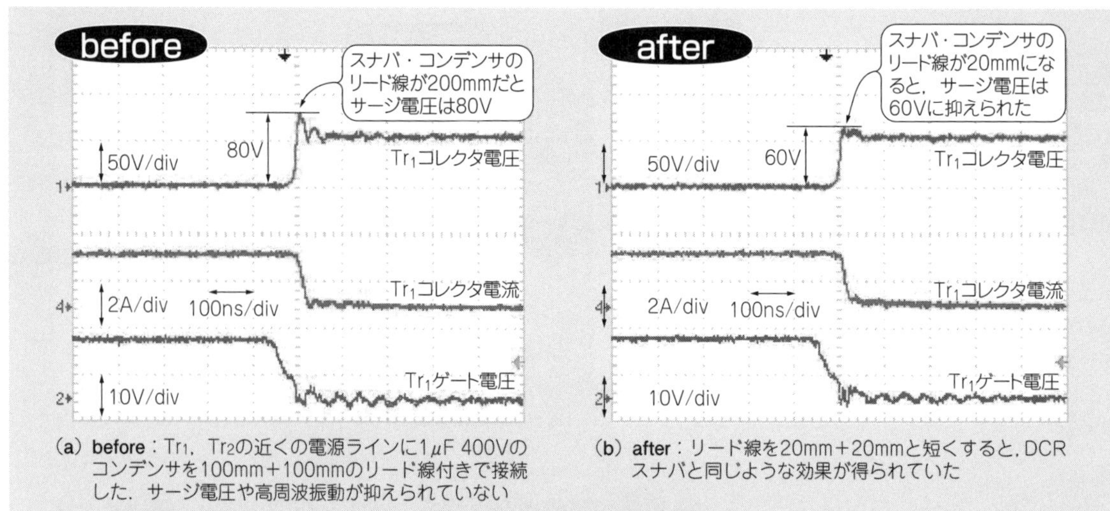

(a) before：Tr_1，Tr_2の近くの電源ラインに1 μF 400Vのコンデンサを100mm＋100mmのリード線付きで接続した．サージ電圧や高周波振動が抑えられていない

(b) after：リード線を20mm＋20mmと短くすると，DCRスナバと同じような効果が得られていた

図10　実験結果：ノイズ吸収用フィルム・コンデンサの配線長さの影響を確認する

図9①のように，トランジスタTr_1とTr_2からそれぞれ100 mmのリード線を付けて1 μF 400 Vのフィルム・コンデンサを接続し，動作させました．その結果，**図10**(a)［**before**］のようにサージ電圧は20 Vほど大きくなってしまいました．

▶**after**：入力は配線用リード線20 mm

そこで，**図9**②のように，トランジスタTr_1とTr_2の直近20 mmに1 μF 400 Vのフィルム・コンデンサを接続して動作させたところ，**図10**(b)［**after**］のようにサージ電圧を抑えることができました．

配線のインダクタンスによりサージ電圧は変化します．できる限り，ハイサイド・トランジスタのコレクタとローサイド・トランジスタのエミッタの近くにフィルム・コンデンサを接続します．

(初出：「トランジスタ技術」2011年5月号 特集 第4章)

低電圧電源系ではミリ単位の系統別配置配線がノイズ・レベルを決める

Column 5-2

出力電圧5 V以下，数Aから数十Aクラスの電流で高速半導体を負荷とする電源の話です．

低電圧系では高速半導体が利用できるのでスイッチング周波数もMHz台となり，その高調波も数百MHzに及びます．降圧コンバータでは入力側の電流が断続するので，電源ICのV_{in}端子の高周波インピーダンスは特に低く作り込む必要があります．基板設計を考慮して，多くのメーカは降圧コンバータのV_{in}とGND端子を隣り合うか，近くに配置するように設計しており，V_{in}側のデカップリング・コンデンサC_{in}にESRの低いセラミック・コンデンサを使い，隣接配置するよう指示しています．

仮に，細い数ミリの配線パターンがnHオーダのインダクタンスを持っており，10 Aの負荷電流が流れたとすると，V_{in}側にも10 Aの断続電流が発生します．10 nsで10 Aの変化があった場合，1 nHのパターン両端には1 Vの電圧振幅ノイズが発生します．電源ICにとっては誤動作しても不思議ではない電圧です．ここに容量成分が加わると共振による振動が発生し，その電流から強い電磁気的輻射が発生し，EMI対策が必要となってきます．

電源ICとデカップリング容量はビアを経由せず部品面で配線することと，数ミリ長のパターンでもパターン幅を極力広く確保し，デカップリング容量までの電流経路を接近させ磁界放射を抑えます．パターンはインダクタンスと抵抗だと考えコンデンサと共にフィルタを形成し，ノイズの拡散を抑えます．

〈**大貫 徹**〉

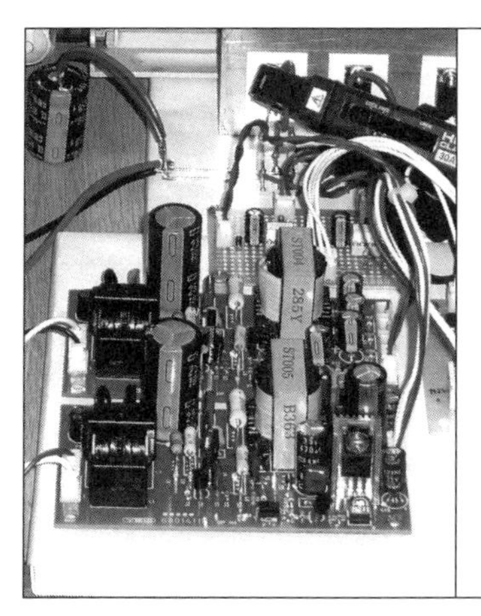

Appendix 4 モータ駆動やソーラ・コンディショナ，DC出力電源など

インバータ回路の活用事例

田本 貞治

AC出力電源(インバータ)やDC出力電源は身の回りの至るところで使われています．これらの回路の概要を紹介し，一つの必殺の基本回路の組み合わせで実現できることを説明します．第4章～第5章では，この必殺の回路の動作を，実験で徹底解説しています．

● 身の回りで使われるAC出力電源「インバータ」

インバータとはDC-AC変換器のことです．最近のエアコン，冷蔵庫，洗濯機といったエコ家電製品などでも使われており，省エネ効果を高めています．インバータは，モータを回す回路や，太陽光から電力を取り出すソーラ・コンディショナなどでも使われています．インバータ回路にはどのようなものがあるかを紹介します．

● DC出力電源もインバータも同じ回路構成！ 本書では違いの分かりやすいインバータで解説！

本書では主にAC出力電源(インバータ)のことを紹介しています．しかし，短時間で考えればAC出力もDC出力も同じです．DC出力電源も同様の回路で実現できます．インバータの知識はDC出力電源にも役に立ちます．

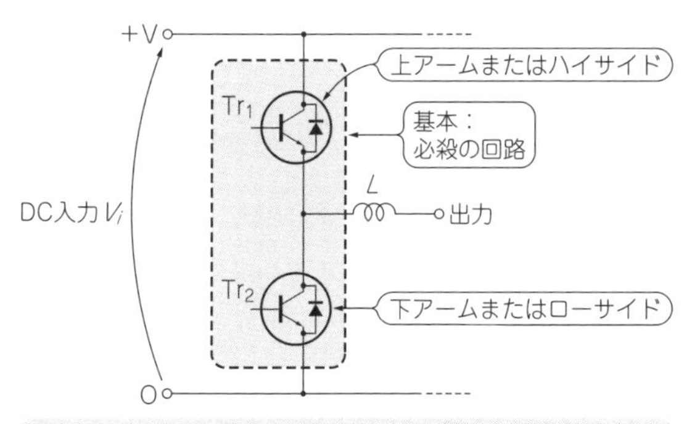

電源ライン間にトランジスタTr_1とTr_2を直列に接続し，トランジスタの接続点から出力するようにした回路をインバータのレグまたはアームという．各種インバータはこの回路を1～3組組み合わせることによりできている．
1組の場合…ハーフブリッジ・インバータ
2組の場合…フルブリッジ・インバータ
3組の場合…三相インバータ

図1 最近のパワー回路の高効率性能はこの「必殺の基本回路」のおかげ

知らないとモグリ扱いされる！ トランジスタ2個の直列回路

● 電源やインバータのまさに手足

インバータ回路やDCコンバータ回路は，図1のように，トランジスタを2個直列接続し，その中間から出力する回路の組み合わせでできています．この回路のことをレグ(足)またはアーム(腕)といいます．実際にはこれにコンデンサやコイルが付きます．

この回路さえ理解できれば，AC出力電源(インバータ)やDC出力電源の基本が分かったといっても過言ではありません．

そこで本書ではこの「必殺の回路」で実験を行い，徹底的に解説しています．第4章～第5章では，実験回路(インバータ実験回路と呼ぶ)の間違った使い方や問題点を示し，その改善方法について実測データを交えて説明しています．以下に三相インバータ，単相ソーラ・コンディショナ，三相ソーラ・コンディショナなどの代表的な使われ方を紹介します．

活用例その1：DCブラシレス・モータなどで使われる「三相電流インバータ」

モータにはいろいろな種類があります．家電製品では，誘導電動機やDCブラシレス・モータなどが使用されています．いずれにしても，モータの回転むらを抑えるために三相交流電流を流せる三相インバータが使用されます．

三相インバータは図2のようにトランジスタを6個使用して実現します．各トランジスタは120°ずれた三相交流電圧が発生できるようにON-OFF制御します．三相交流の一番簡単な制御方法は，図3のようにスイッチング周波数の交流電圧を出力することです．

モータ用インバータは，紹介した「インバータ実験回路」のような出力平滑段のコイルは必要ありません．モータのコイルが電源回路のインダクタンスの役割を

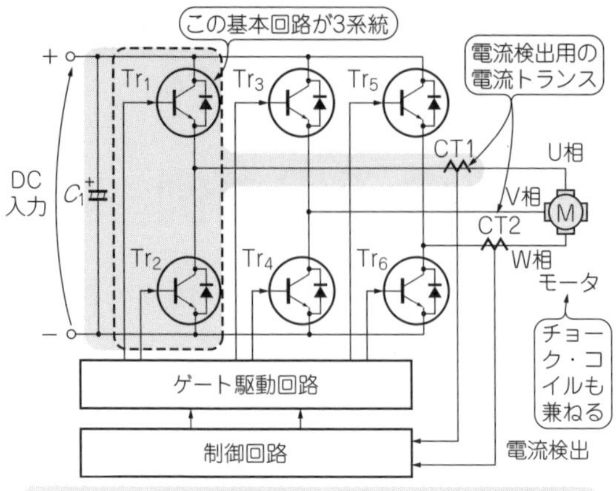

三相モータ・インバータは，出力電圧と周波数を調整して，モータの回転数を制御する．電流を調整してモータの回転トルクを制御する

図2　三相インバータ回路

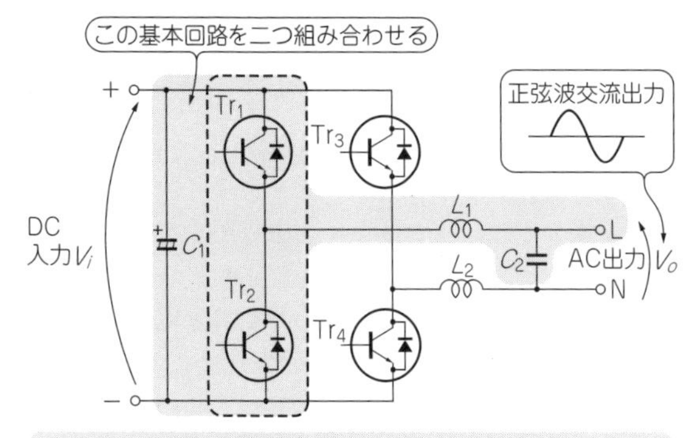

Tr_1～Tr_4の4個のトランジスタを使用したブリッジ・インバータとLCフィルタで正弦波交流を出力する．入力電圧をV_iとすると$V_o = V_i/\sqrt{2}$の最大出力電圧が得られる

図4　家庭用ソーラ・コンディショナのインバータ回路

果たして電流を正弦波にするため，外部にチョーク・コイルを実装する必要はありません．電流で回転トルクを発生させる電流インバータになっています．

活用例その2：ソーラ・コンディショナに使う「電圧インバータ」

図4は家庭用のソーラ・コンディショナに使われるインバータ部分を取り出した回路です．この回路は4個のトランジスタを使用して商用電源と同じ単相交流を出力します．インバータの出力にはLCフィルタが実装されており，**図5**に示すようなスイッチング・パルスを奇麗な正弦波電圧に変換して出力します．奇麗な電圧を出力できるのは電圧インバータのおかげです．電圧インバータにはLCフィルタが必要です．

活用例その3：産業用のソーラ・コンディショナに使われる「ハーフブリッジ・インバータ」

図6は家庭用より容量が大きい産業用の三相ソーラ・コンディショナの回路を示しています．この回路

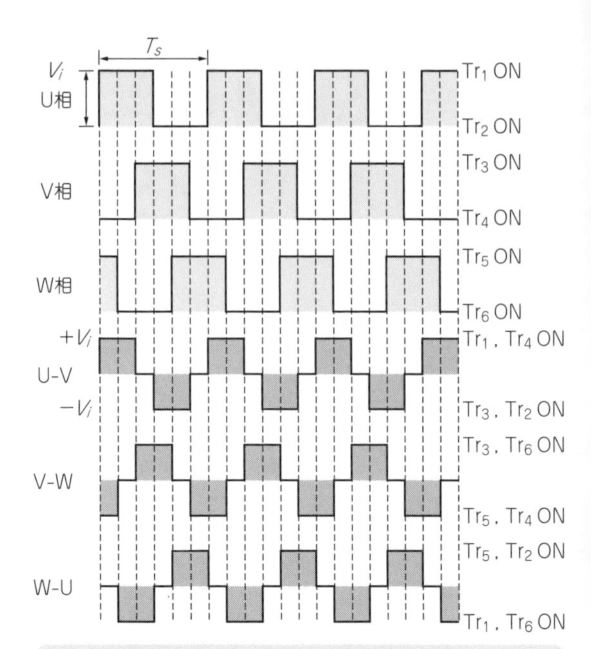

Tr_1，Tr_2，Tr_3，Tr_4，Tr_5，Tr_6をそれぞれで50%のデューティ比で，120°ずらしてON/OFFする．出力の線間ではU-V，V-W，W-Uのような階段状の交流電圧が出力される．この波形でモータを回転することができる．入力電圧をV_iとすると線間電圧は$+V_i$から$-V_i$に変化する交流電圧になる．T_sはスイッチング周期で，この時間を変えると周波数が変わる

図3　最も単純な三相交流の発生方法

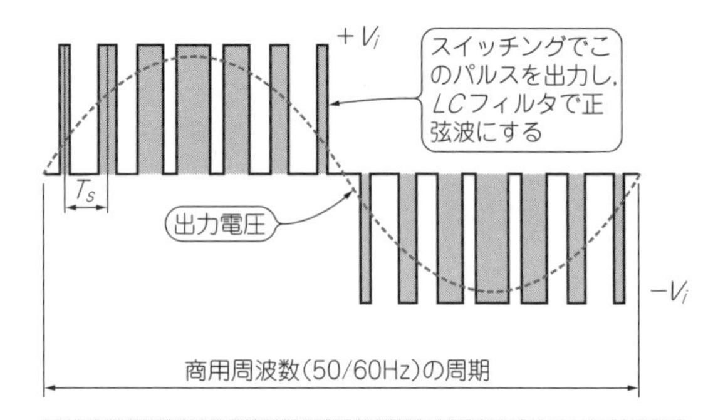

平均化すると正弦波になるようにパルス幅を変化させる．正弦波変調されたパルス電圧をLCフィルタを通して正弦波にする．スイッチング周期T_sは60μ～100μs(10k～15kHz)で動作させる．最大出力電圧(RMS)は$V_o=V_i\sqrt{2}$

図5　正弦波インバータのパルス幅制御信号

は，家庭用のソーラ・コンディショナと同じように2本の線を出力するだけでなく，電源回路へ直列に実装した2個のコンデンサの中間からもう1本出力して三相を実現しています．

この回路では，**図7**のように，コンデンサ2個とトランジスタ2個で構成されるハーフブリッジ・インバータが基本単位となっています．

このハーフブリッジ・インバータを，コンデンサを共通にして2回路実装し，それぞれのインバータの電圧位相を60°ずらすことにより三相交流を作っています．ハーフブリッジ・インバータは，**図8**のように2

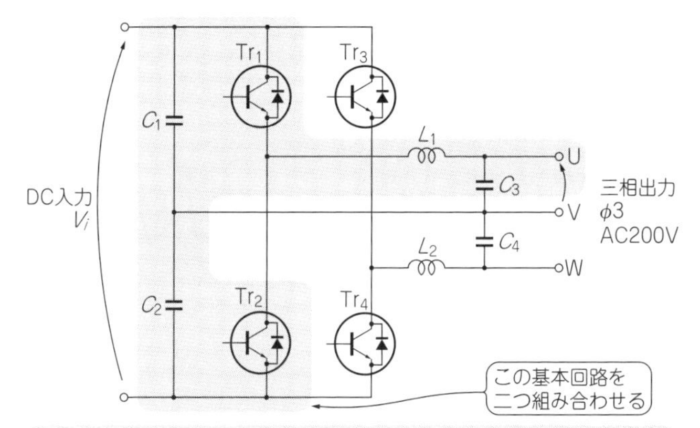

産業用の三相ソーラ・インバータは直列に接続したコンデンサC_1, C_2の2個とトランジスタTr_1～Tr_4の4個と2組のLCフィルタで三相交流を発生させる．この回路はV相の電位が一定でノイズの放射が少ない．基本はC_1, C_2を共通としたハーフブリッジ・インバータ2組で構成される

図6　産業用ソーラ・コンディショナのインバータ回路

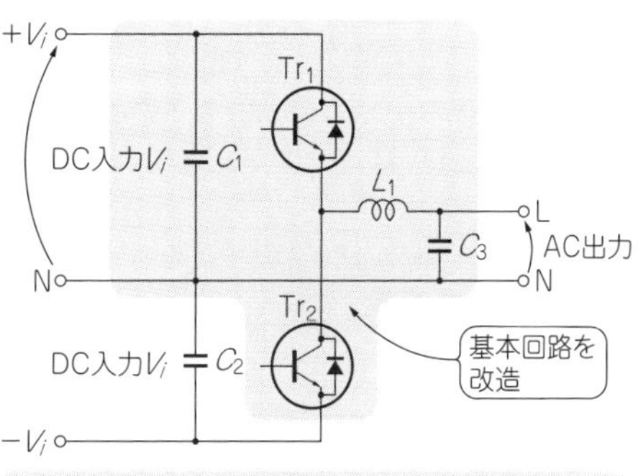

ハーフブリッジ・インバータは$\pm V_i$の2回路を入力し，Tr_1とTr_2を交互にON/OFFさせてPWMパルスに変換し，LCフィルタで正弦波にする．$+V_i$と$-V_i$が等しいとき，出力電圧(RMS)の最大値は$V_o = V_i/\sqrt{2}$である．入力電圧は出力電圧の$2\sqrt{2}$倍必要である

図7　ハーフブリッジ・インバータ回路

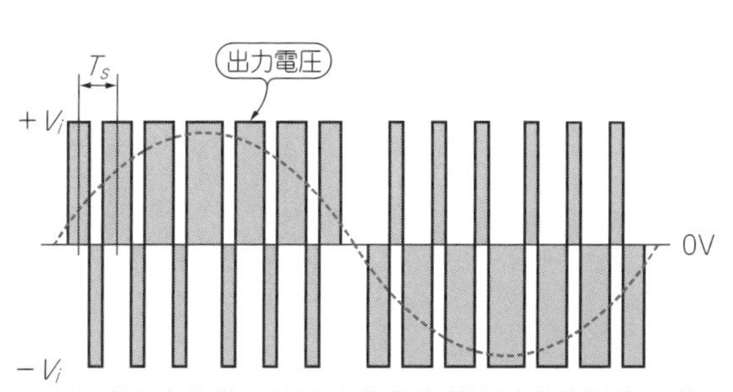

トランジスタTr_1, Tr_2を交互にON/OFFして出力電圧が正弦波になるようにパルス幅を制御する．$+V_i = -V_i$のときパルス幅が50%で出力電圧は0Vである．T_sはスイッチング周期

図8　ハーフブリッジ・インバータの動作波形

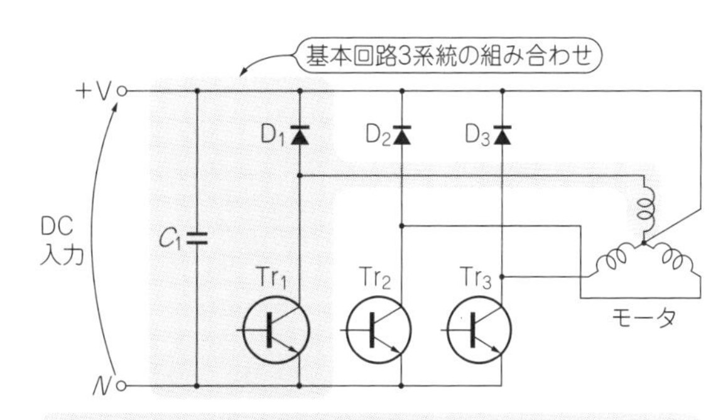

モータの中性点に+Vの電圧を加える．各コイルにTr_1～Tr_3のトランジスタを接続し，120°ずらしてON/OFFする．トランジスタがOFFすると流れていた電流はダイオードに流れる(転流)

図10　コイル配線に中性点のあるモータを使用した三相インバータ回路

入力 ⇨ V_1　C_1　Tr_1　L_1　D_1　C_2　V_2 ⇨ 出力

ハイサイドはトランジスタ，ローサイドはダイオード．V_1から入力すると降圧コンバータになる

(a) 降圧コンバータ

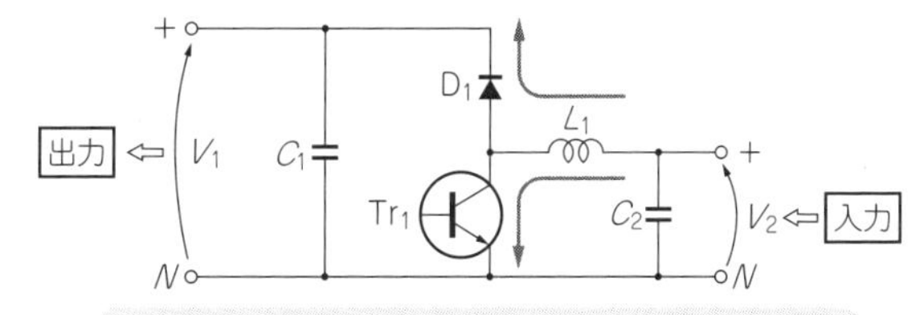

ハイサイドはダイオード，ローサイドはトランジスタ．V_2から入力すると昇圧コンバータになる

(b) 昇圧コンバータ

トランジスタは逆導通ダイオードは不要(トランジスタがOFFすると流れていた電流はダイオードに転流する)

図9　2個のトランジスタのうち1個をダイオードに代えるとDC-DCコンバータになる

個のトランジスタをON-OFF制御することにより正弦波交流を出力できます．

活用例その4：DCモータやDC出力電源に使われる「降圧/昇圧コンバータ」

図9のように2個のトランジスタのうちの1個をダイオードにするとDC-DCコンバータになります．これは，DCブラシレス・モータで**図10**のように巻き線がセンタータップになっているときに使用されます．

この回路はDC出力電源で使用される降圧コンバータや昇圧コンバータと同じ回路です．

(初出:「トランジスタ技術」2011年5月号　特集 Appendix 3)

第6章 共振ポイント数十MHzのターゲットをガツンと震わせる

超音波振動子をバッチーン！MOSFETで作る数ns高速パルサ

稲葉 保

本章ではカスコード回路をスイッチング回路に接続して，ドレイン-ソース間電圧の立ち上がり時間t_rが10 ns以下の高速パルサ回路の作り方を解説します．出力はだいたい数十～数百μJ(ジュール)くらいです．周波数が高い，時間の短いパルスを出力しようとすると，高速なパルスを出力することになり，広帯域なパワー回路が必要です．

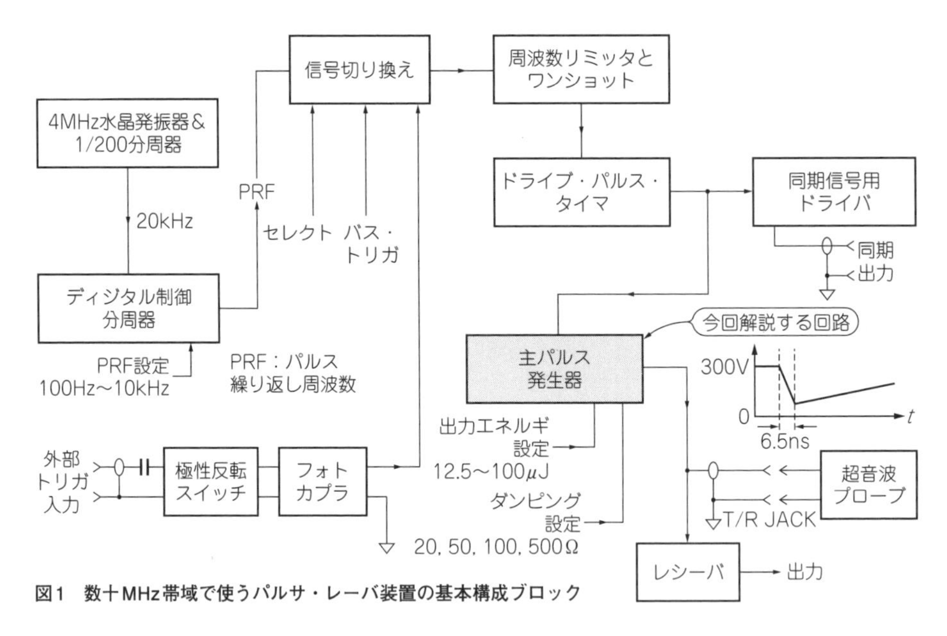

図1　数十MHz帯域で使うパルサ・レーバ装置の基本構成ブロック

超音波振動子のドライブ回路(パルサ)を作る

● 超音波の波長と測定分解能

毎年，健康診断をすると必ずお世話になる超音波診断装置のプローブには，数百個の超音波振動子がアレイ状に内蔵されており，立ち上がり時間が数n～数十nsのパルス信号で駆動されています．

最近は，画像分解能を高めるために，超音波の周波数が上がってきています．従来は，立ち上がり時間数十nsのパルス信号で駆動していましたが，最近は数nsにまで高周波化が進んでいます．

例えば，金属内部のキズを探す非破壊検査や，超音波顕微鏡，厚み測定装置などの分野では，さらなる高周波化が進んでいます．周波数を高くすると，距離分解能が改善されるので，より高い周波数成分を持つパルサ回路が必要になります．

超音波で何かを調べる場合，1～1/4波長が目安になるといわれています．超音波の伝わる速度は人体や水の場合1500 m/s程度です．例えば40 kHzの超音波なら1波長が34 mm，1/4波長が8.5 mmです．ここで1.7 MHzの超音波を使えば，1波長が0.88 mm，1/4波長が0.2 mm程度となり，分解能の向上が見込めます．例として数十MHz帯域で使われているパルサ・レーバ装置の基本構成ブロックを**図1**に示します．

共振周波数数十MHzの超音波振動子にパワーを伝えるには

写真1に示すのは，パルス・ジェネレータで発生させたパルス信号の高調波スペクトラムです．パルス幅を変えながら，スペクトラムを観測してみます．パルス幅が短いと高調波エネルギが小さくなって，超音波

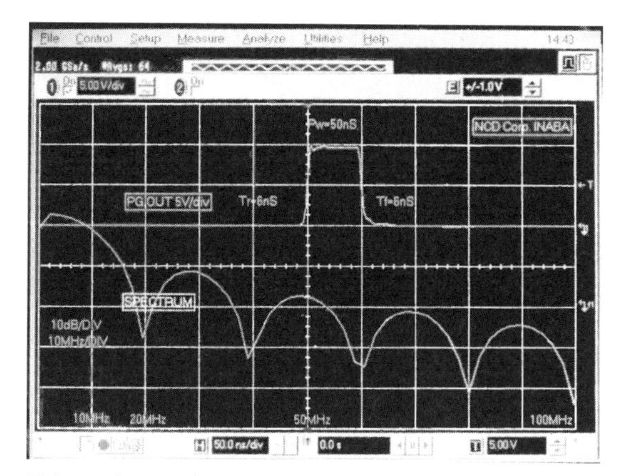

写真1　パルス・ジェネレータでパルス幅を変えたときの高調波スペクトル①

t_{PW} = 50 ns，t_r = 6 ns，20 MHzごとに減衰極がある

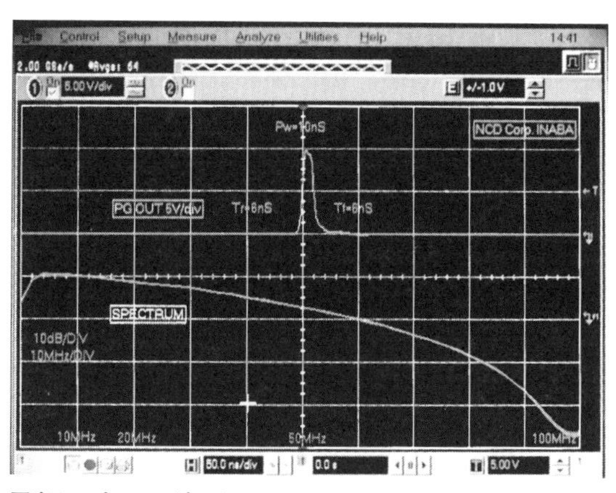

写真2　パルス・ジェネレータでパルス幅を変えたときの高調波スペクトル②

t_{PW} = 10 ns：減衰極は100 MHz

振動子に十分なパワーが伝わりません．

パルス幅t_{PW} = 50 ns，立ち上がり時間と立ち下がり時間は6 nsで，20 MHzごとにエネルギが減衰する周波数(減衰極)が存在します．

$$f_P = (1/t_{PW})n \quad \cdots\cdots (1)$$

ただし，f_P：減衰極の周波数［Hz］

パルス幅を極端に短くすると，**写真2**のt_{PW} = 10 nsで減衰極は100 MHzになります．

このように立ち上がりを速く，パルス幅を短くするほど共振周波数の高い超音波素子を駆動することができます．

実験その① 高速スイッチングが得意なMOSFETを選ぶ

● 選択のポイント1…データシートだけに頼らない

データシートだけを見てスイッチング特性の優れたパワーMOSFETを抜粋したのが**表1**です．選定のポイントを次にまとめました．

(1) t_r，t_fが短いこと
(2) 各電極間容量が低いこと
(3) オン抵抗$R_{DS(on)}$が低いこと
　(高い素子は並列接続で対応)

一般的には伝搬遅延も重要な特性ですが，超音波パ

帯域500 MHz以上のオシロでないと数nsの立ち上がり時間を測れない　Column 6-1

高速信号を測定する場合は，数GHzの広帯域なオシロスコープを使いたいところですが，高価です．

十分広帯域なオシロスコープがない場合でも，測定した立ち上がり時間に，オシロスコープの立ち上がり時間を考慮に入れると，真の値を算出できます．

筆者は500 MHz帯域で測定しました．オシロスコープが観測できる最短立ち上がり時間t_r［s］は式(A)で求まります．

$$t_r = 0.35/f_{BW} \quad \cdots\cdots (A)$$

ただし，f_{BW}：帯域幅［Hz］

0.35/500 MHz = 0.7 nsなので，数nsの信号測定では誤差が大きくなり，真のt_rが分かりません．

真の立ち上がり時間t_{rT}は次式で求まります．

$$t_{rT} = \sqrt{t_{rm}^2 - t_{ro}^2} \quad \cdots\cdots (B)$$

ただし，t_{rm}：測定波形のt_r［s］，
t_{ro}：オシロスコープのt_r［s］

測定波形のt_rが3 nsのときは，500 MHzオシロスコープのt_rは0.7 nsなので，次式のようになります．

$$t_{rT} = \sqrt{3^2 - 0.7^2} \fallingdotseq 2.92 \text{ ns} \quad \cdots\cdots (C)$$

100 MHzオシロスコープを使って計算しようとすると次式のように答えが出せなくなり，値が求まらないことが分かります．オシロスコープの帯域が足りず，正しく測定できない状態です．

$$t_{rT} = \sqrt{3^2 - 3.5^2} \quad \cdots\cdots (D)$$

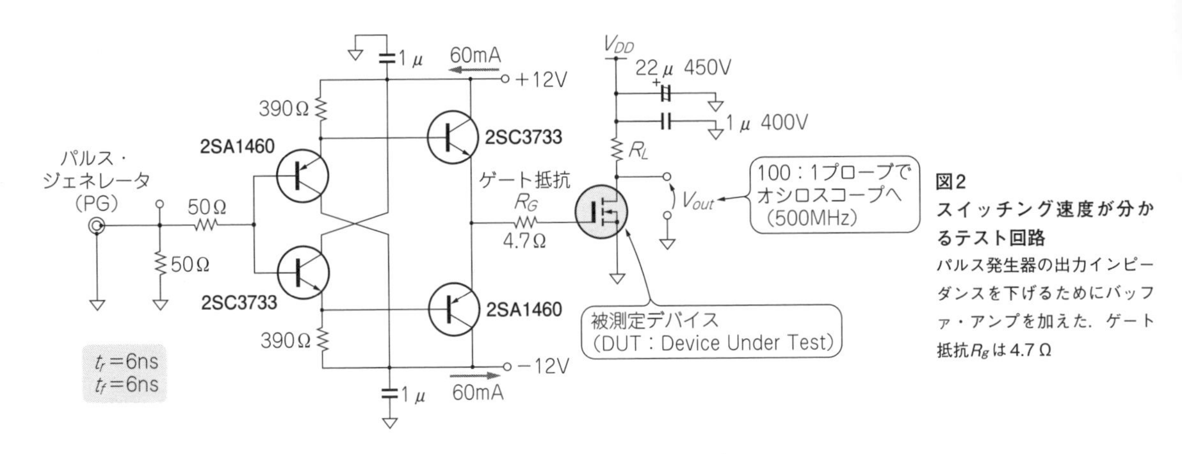

図2 スイッチング速度が分かるテスト回路
パルス発生器の出力インピーダンスを下げるためにバッファ・アンプを加えた．ゲート抵抗R_gは4.7Ω

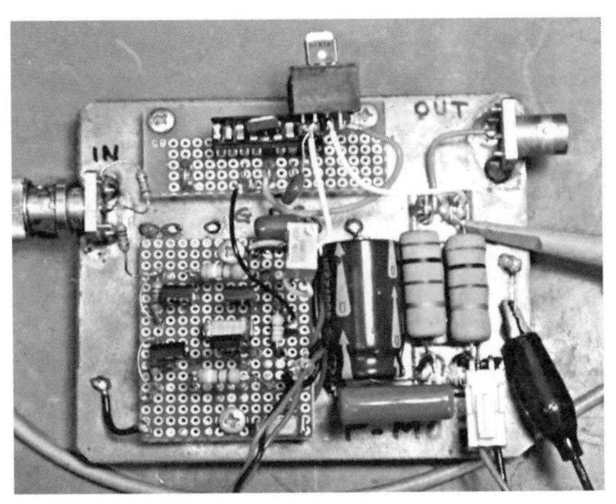

写真3 MOSFETパルサ回路のスイッチング速度測定治具
電源ラインの線長を無視できるように22μFのアルミ電解コンデンサを実装している

ルサの場合，同期信号を遅延して対処できるので考慮に入れていません．

負荷抵抗R_Lによってt_fが左右されます．データシートの値は負荷抵抗がMOSFETによって異なるので，参考値にしかなりません．

● 選択のポイント2…デバイスの性能は使う前に実測で確認

メーカ提供のデータシートは，ユーザの使い方を想定していない数値です．自分の用途に合ったデバイスを選ぶために，データシートに表記されている値と実測値とのスイッチング特性の違いを確認しました．

▶テスト回路

図2はこれからテストするパワーMOSFETの測定回路です．パルス発生器の出力インピーダンスを下げるために，バッファ・アンプを加えます．ゲート抵抗R_Gは4.7Ωとしました．

スイッチング特性はV_{DD}や負荷抵抗に依存するの

表1 スイッチング特性の優れたパワーMOSFETを選ぶための目安にした各社のデータシート

メーカ名	型 名	V_{DS} [V]	I_{DS} [A]	P_D [W]	$R_{DS(on)}$ [mΩ]	C_{iss} [pF]	C_{oss} [pF]	C_{rss} [pF]	t_r [ns]	t_f [ns]	$t_{D(on)}$ [ns]	$t_{D(off)}$ [ns]	備 考
インターナショナル・レクティファイアー	IRF820	500	2.5	50	3000	360	92	37	8.6	16	8	33	$R_{DS(on)}$が高い
	IRF1620G(写真7)	200	4.1	30	800	260	100	30	22	13	7.2	19	−
	IRFR110	100	4.3	25	540	180	80	15	16	9.4	6.9	15	−
	IRFB17N20D	200	16	140	170	1100	190	44	19	6.6	11	18	電極間容量大
東芝	2SK3669(写真4)	100	10	20	95	480	220	9	2	2	12	12	C_{oss}が大きい
	TPCP8003	100	2.2	1.68	140	360	75	22	7	3	14	17	4V駆動，高速
ローム	2SK2887(写真5)	200	3	20	700	230	100	35	12	10	34	26	−
	2SK2504	100	5	20	180	520	175	60	20	20	5	50	4V駆動
フェアチャイルド	FCP9N60N	−600	−9	83.3	330	930	35	2	8.7	12.7	10.2	36.9	Pチャネルで高速
STマイクロエレクトロニクス	STF9N60M2(写真6)	650	5.5	20	780	320	18	0.68	7.5	13.5	8.8	22	−
	STF6N60M2	650	4.5	20	1200	232	14	0.7	7.4	22.5	9.5	24	−
IXYS	IXKP10N60C	600	10	−	385	790	38	−	5	5	10	40	−

注：SiCは参考のため掲載した．選定したデバイスには，生産中止品がある．この他にも優れたデバイスがたくさんあるので各社のデータブック参照してほしい．

で，実際に近い条件で測定します．

ゲート駆動電圧は，通常，オン抵抗を小さくするために高くしますが，オーバ・ドライブすると$t_{D(off)}$が遅くなる場合があります．

写真3は測定治具で，電源ラインの線長を無視できるよう，22 μFのアルミ電解コンデンサを実装します．

パワーMOSFETのソケットが2個付いているのは，カスコード(カスケード)接続に対応するためです．ソケットは，TO-3P，TO-247，TO-220，そしてパワー・モールド・パッケージに対応できるようになっています(リード線を付け足し)．負荷抵抗R_Lは50または100 Ωを選択できます．

▶実験

実験結果を**写真4**～**写真7**に示します．波形だけ見ればデバイスの性能が閲覧できるように，実験条件はt_{PW} = 50 nsとして，時間軸はすべて20 ns/divに統一しました．

実験その② 高速動作が得意なカスコード接続にする

● 選択のポイント3…パワーMOSFETの電極間容量は小さい方がよい

MOSFETの電極間容量は，スイッチング速度に大きく関係します．

図3のように，データシートに記載されている入力容量C_{iss}はゲートとソース間容量C_{GS}とゲート-ドレイン間容量の合成です．帰還容量はC_{GD}，出力容量C_{oss}はC_{DS}とC_{GS}の合成値です．注目すべきは，入力容量C_{iss}はミラー効果によって増大されることです．

$$C_{iss} = C_{GS} + (1 - A_V)C_{GD} \cdots\cdots (2)$$

ただし，A_V：増幅度

式(2)で，増幅度A_Vを1倍になるようにすれば，かっこ内の$1 - A_V$が0になります．その結果，入力容

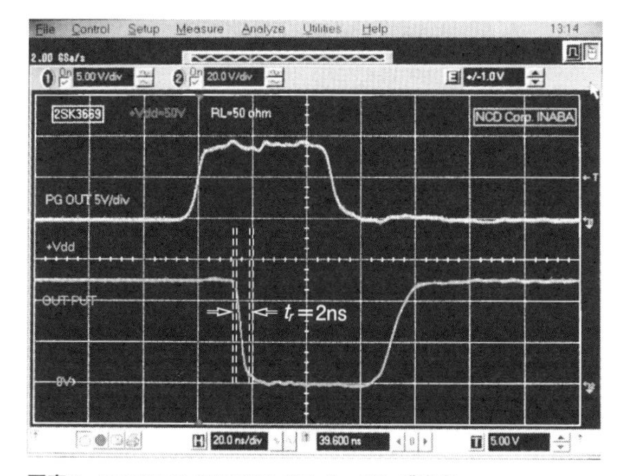

写真4　MOSFET 2SK3669のスイッチング速度
今回測定したデバイスの中で最もきれいな波形．カスコード回路のTr_1に使用した

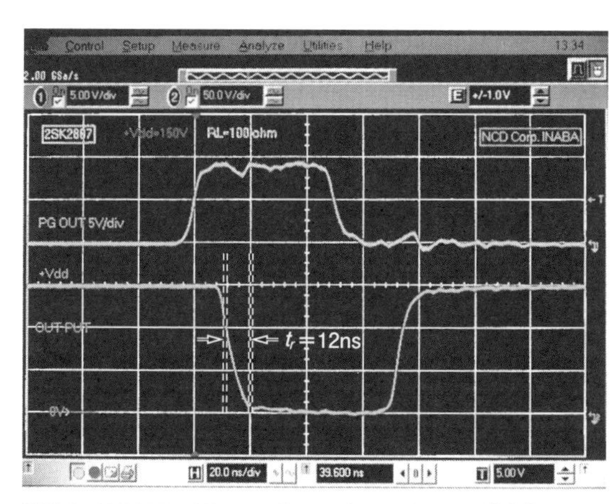

写真5　MOSFET 2SK2887(ローム)のスイッチング速度
データシートでは$t_{D(on)}$は34 ns，$t_{D(off)}$は26 nsだが，かなりt_fが速くなっている

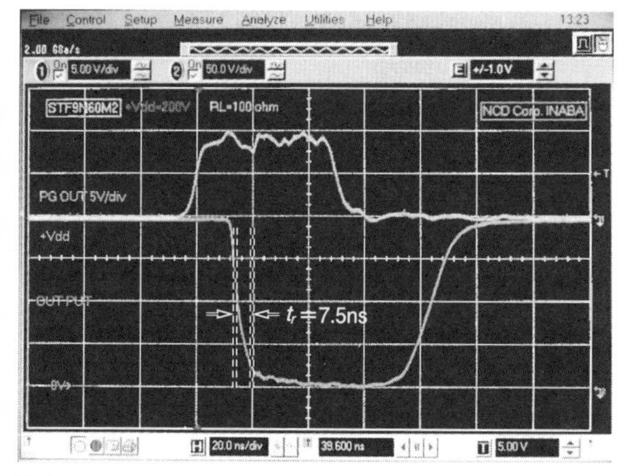

写真6　MOSFET STF9N60N(STマイクロエレクトロニクス)を実際に評価
データシートでは高速

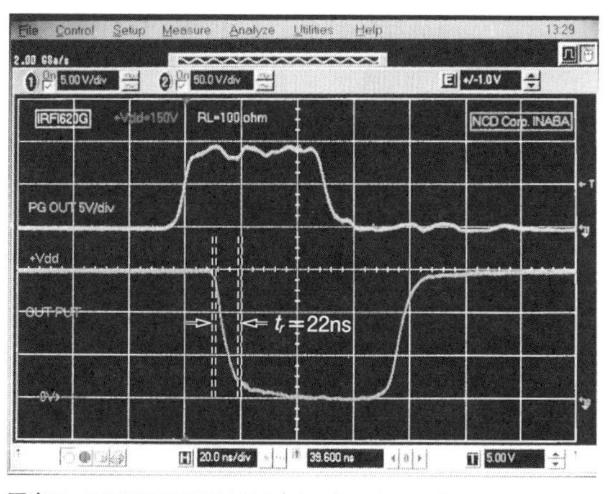

写真7　MOSFET IRF1620G(インターナショナル・レクティファイアー，IR)を実際に評価
データシートではt_rは22 nsと表記されているが実測値では10 ns．t_fも速い

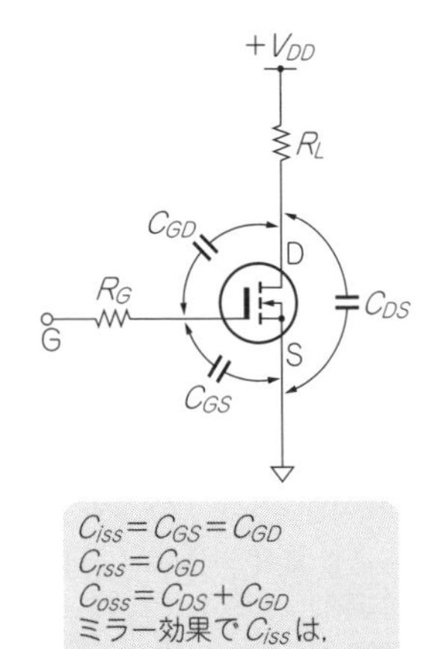

図3　すべてのパワーMOSFETに寄生している三つ電極間容量

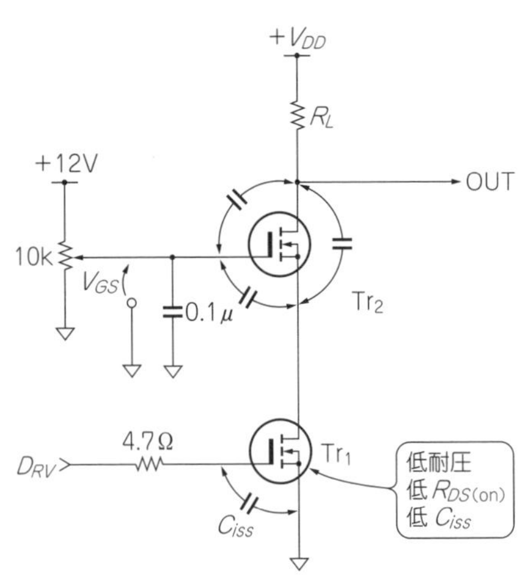

図4　カスコード接続するとMOSFETのスイッチング・スピードがグンと速くなる

$t_{D(on)}$を高速化する

図5　カスコード回路にしてスイッチング速度を測定

量C_{iss}が減って，スイッチングが速くなります．A_Vを1倍にする回路が，次に紹介するカスコード接続です．

● MOSFETを1個追加して遅延の素「寄生容量」の影響を最小限に

図4はカスコード回路で，スイッチON時の特性を高速化できます．MOSFETが2段直列に接続されています．Tr_1のドレイン負荷はTr_2がゲート接地動作なので極めて低い値なので，Tr_1の電圧増幅度は1倍，C_{GD}は増大されません．

Tr_2はゲート接地動作なので，高周波では交流的に接地されています．ゲート接地回路は電流ゲインが1倍ですが，負荷抵抗R_Lで電圧に変換し，トータルで電圧ゲインを得ています．Tr_1は耐圧が低くてもよいですが，I_DはTr_2と同じ電流が流れます．

欠点はTr_1とTr_2のオン抵抗が加算されるのと，オン時の伝搬遅延時間が若干長くなります．しかし超音波パルサ回路では，同期信号に遅延回路(ロジックICなど)を挿入してタイミングを合わせられます．

● 数nsで立ち上がるようになった

図5は負荷R_Lを50Ωから100Ωでスイッチングするテスト回路で，Tr_2のゲート・バイアスV_BはTr_2が完全にONできる電圧を設定します．

写真8と**写真9**の波形では，電源電圧+V_{DD}，負荷抵抗R_Lはデバイスごとに異なるので，各画面の左上を参照してください．入力信号条件はすべて同じです．

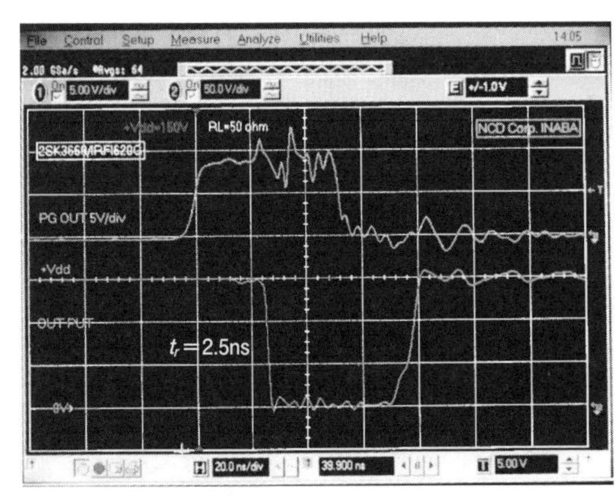

写真8　図5のテスト回路でTr_1は2SK3669，Tr_2はIRFI620Gを使ったときの出力波形

t_rが22 nsから2.5 nsに改善されている

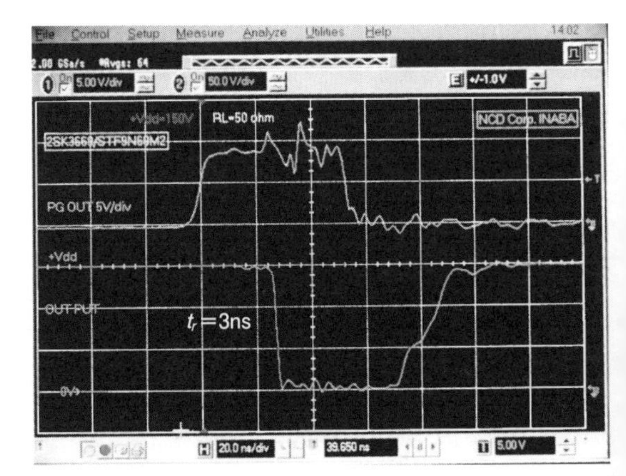

写真9　図5のテスト回路でTr_1は2SK3669，Tr_2はSTF9N60Nを使ったときの出力波形

t_rは3 nsに高速化された

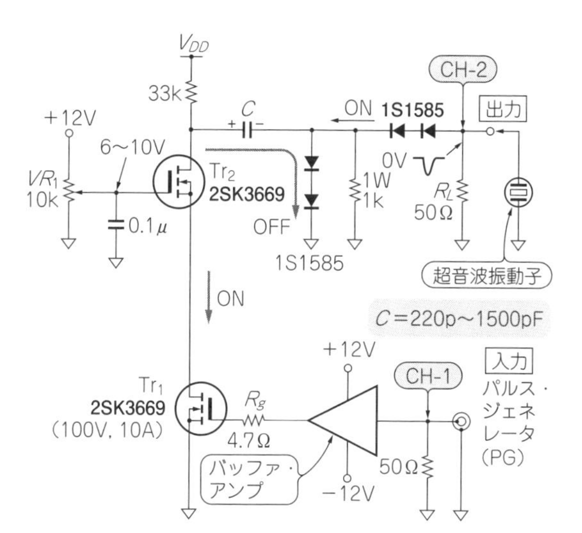

図6　カスコード接続のns高速パルサ

● 実験その③…カスコード接続＋CR微分回路でさらに高速化

図6はカスコード接続パルサ回路へCRの微分回路を追加したものです．

ドレインにつながっているのはコンデンサCを充電する抵抗Rで，Tr_2がOFFしたときに充電を開始します．充電時間t_{chg}[s]は式(3)で求まります．

$$t_{chg} = 2.2 \times C_D R_D \quad \cdots\cdots (3)$$

ただし，C_D：コンデンサC［F］，
R_D：MOSFETのドレインの抵抗［Ω］

$R = 33\,\mathrm{k\Omega}$，$C = 1500\,\mathrm{pF}$の場合は約109 μsです．オフ時のダイオードはプラス電位をクランプします．オン時に導通するダイオード出力は負電位だけ出力します．

負荷抵抗R_Lはダンピング抵抗と呼ばれ超音波振動子の波形改善を行います．出力波形はスパイク・パルス波と呼ばれ，負出力電圧はほぼ$+V_{DD}$です．

▶動作波形

パルス発生器の出力パルス幅は400 ns，繰り返し周期は1 msです．

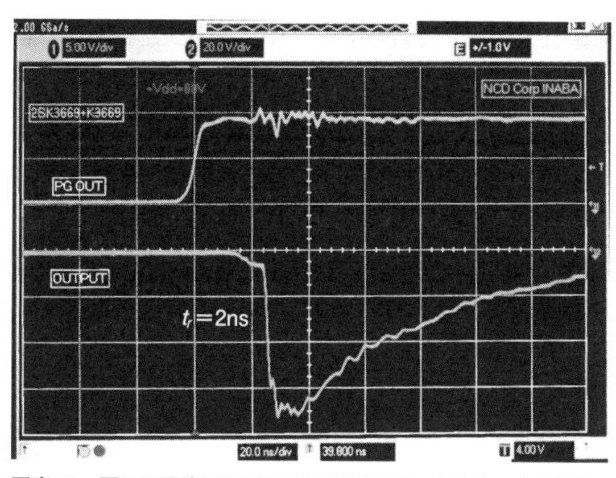

写真10　図6の回路で2SK3669/3669を使ったときの出力波形

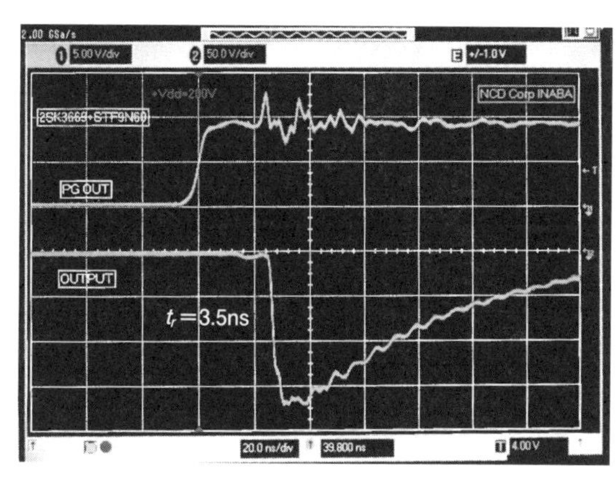

写真11　図6の回路で2SK3669/STF9N60N使ったときの出力波形

写真10はTr_1，Tr_2が2SK3669のカスコード，耐圧が100 Vなので，$+V_{DD} = 80\,\mathrm{V}$に設定しています．

t_rは約2 nsで，ソース接地動作に比べてかなりスピードが改善されています．

写真11に示すのは．Tr_2をSTF9N60N，$+V_{DD}$を200 Vに設定したときの出力波形です，t_rは約3.5 nsでかなり改善されています．

(初出：「トランジスタ技術」2014年8月号 特集 第7章)

本章のMOSFETスイッチング時間の定義　Column 6-2

▶$t_{D(on)}$：turn-on delay time…オン遅延時間

ゲート-ソース間電圧V_{GS}の立ち上がり10%から，ドレイン電流T_Dが10%に達するまでの時間です．V_{GS}(th)電圧に達するとドレイン電流が流れ始めます．

▶t_r：rise time…立ち上がり時間

ドレイン電流が立ち上がって10%から90%に達するまでの時間です．オン時間t_{on}は$t_{on} = t_{D(on)} + t_r$で表せます．

▶$t_{D(off)}$：turn-off delay time…オフ遅延時間

ゲート電圧V_{GS}の立ち上がり90%からドレイン電流が90%(10%降下)に降下するまでの時間です．

▶t_f：fall time…立ち下がり時間

ドレイン電流の立ち下がり90%から10%まで降下する時間で，オフ時間t_{off}は$t_{off} = t_{D(off)} + t_f$で表せます．

第7章　120 Ahのバッテリで10時間連続点灯！
輝度調整3000：1で色変化もわずか

軽量コンパクト！アウトドア照明用100 Wポータブル電源

登地 功

LED照明は，家庭用照明器具を中心に市場が拡大しています．本章では，停電時の非常用照明や工事現場の作業灯など，12～24Vのバッテリ電源で動作する大型のLED照明器具を念頭に，100Wクラスの高出力LEDドライバを製作する方法を解説します．

図1
100 Wクラスの高出力LEDドライバ作りにチャレンジ！

アウトドア照明用LEDドライバを製作する

製作したLEDドライバは，100%点灯だと，12 Vのときは10 Aくらい流れるので，20 Ahのバッテリで1時間連続点灯，120 Ahのバッテリで10時間連続点灯できます．光量を絞れば，長く点灯できます．10%くらいでも明るいので，20 Ahでも一晩使えます．非常時でも，食事中は明るくして，就寝中は薄く点灯しても，長く使えて安心でしょう．

100 W級LEDは定電流出力の昇圧電源で駆動する

● 12 Vや24 Vのバッテリでは直接点灯できない！昇圧型DC-DCコンバータを使う

現在市販されているLED照明器具は，商用の交流100/200 Vで動作するものがほとんどです．自動車の室内灯など，小型の市販品はありますが，高出力のものはあまり見かけません．

3 Wくらいまでの LEDであれば，順方向電圧(V_F)が4 V前後であるため，12 V電源から電流制御抵抗を通してLEDを簡単に駆動できます［**図2(a)**］．

100 W級になると，電流制限抵抗の電力損失が大きくなります．LEDの順電圧降下が30 V以上のものがほとんどなので，12 Vや24 Vのバッテリでは直接点灯できません［**図2(b)**］．この場合は，バッテリからより高い電圧を生成できる昇圧型のDC-DCコンバータを使ったLEDドライバが必要になります．

● LEDの順方向電圧が変化しても電流を一定に制御するのが基本

LEDの順方向の電圧-電流特性は，**図3**のように，ある電圧から急激に電流が立ち上がります．定電圧で駆動すると，わずかの電圧変化でも電流が急激に変化するので調整が難しくなります．

V_Fは温度変化が大きく，ばらつきもあるので，定電圧で駆動すると電流が変わったり，1個のLEDごとに電流を調整する必要があります．

LEDは，基本的にV_Fが変化しても電流を一定に保てるよう，定電流で駆動します．

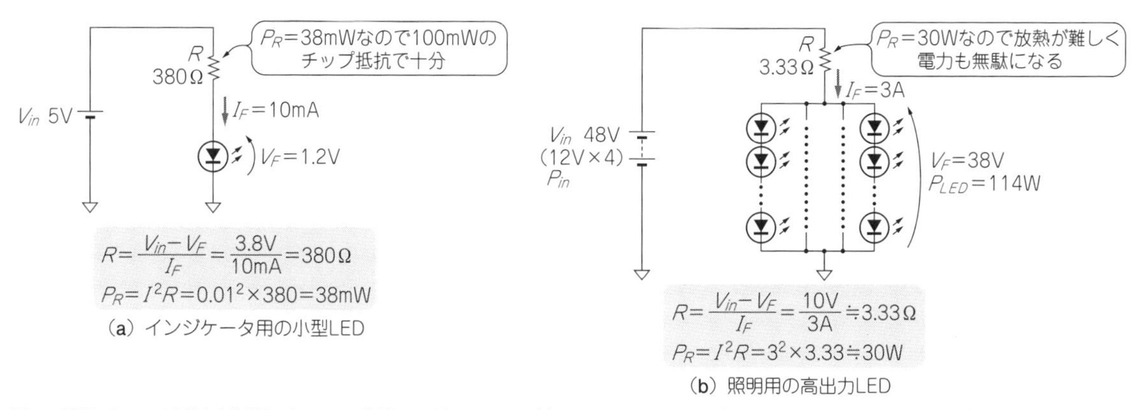

図2 抵抗でLEDの電流を制限できるのは定格3 W以下のタイプ(それ以上では図4の定電流回路を利用するのが良い)
(b)では，V_Fが30 V以上なので12 Vや24 Vのバッテリで駆動できない．48 V程度のバッテリを使えば駆動できるが電流制限抵抗方式では損失が大きく調光も難しい

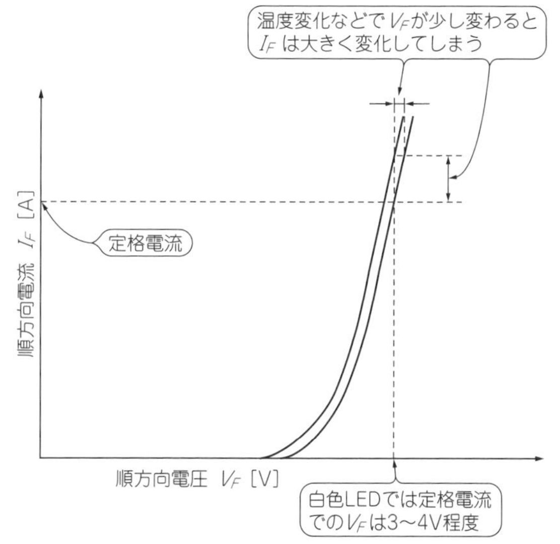

図3 LEDは少しの順電圧の変化で，明るさに比例する順電流が大きく比例する
V_Fは温度変動やばらつきの影響を受け，定電圧で駆動するとI_Fが変わる

● スイッチング方式で効率を上げてバッテリの使用時間を延ばす

一般の直流電源でも，最近は効率の良いスイッチング方式が主流で，シリーズ(ドロッパ)方式の電源は，特に低雑音が要求されるようなところで使われるだけです．この理由は，効率向上(省エネ)，発熱量の低下(ファンレス)，省スペース，コスト・ダウン(放熱器やケースの小型化)といった点でスイッチング方式が優れているからです．

図2(b)の例で考えてみます．このとき，バッテリが供給する電力P_{in}は，LEDが消費するP_{LED} = 114 Wと，抵抗が消費するP_R = 30 Wの計143 Wです．このときの効率$η$は，次の通りです．

$$η=\frac{P_{LED}}{P_{in}}×100=\frac{114\ \mathrm{W}}{143\ \mathrm{W}}×100=79.7\%$$

スイッチング方式のドライバを使うと，効率は90%を超えます．効率95%が達成できれば，損失を6 Wに抑えることができ，ファンレスでも動作可能になります．

シリーズ方式では，入力電圧より高い電圧を発生できないので，電源入力はLEDの順方向電圧V_Fより高くする必要があります．

高効率な高出力LEDドライバの動作

● 定電流出力の昇圧型DC-DCコンバータと考えて良い

電源回路の参考書などに書かれている昇圧型DC-DCコンバータの動作解説は，そのまま昇圧型LEDドライバに当てはめることができます．

基本的に，昇圧型LEDドライバ＝昇圧型DC-DCコンバータと考えて良いでしょう．

違いは「LEDドライバが出力電流を一定に制御するのに対して，DC-DCコンバータでは出力電圧を一定に制御する」という点だけです(**図4**)．

フィードバック系の安定性については，電流と電圧で多少違いはあります．

■ スイッチング用MOSFETのON/OFF時の動作

ここでは，回路の各素子は理想的なものとして，MOSFETのオン抵抗，ダイオードの順電圧降下，コイルやコンデンサの損失を無視して説明します．

● MOSFETがONのとき

MOSFETがONのときは，**図5(a)**のように，ダイ

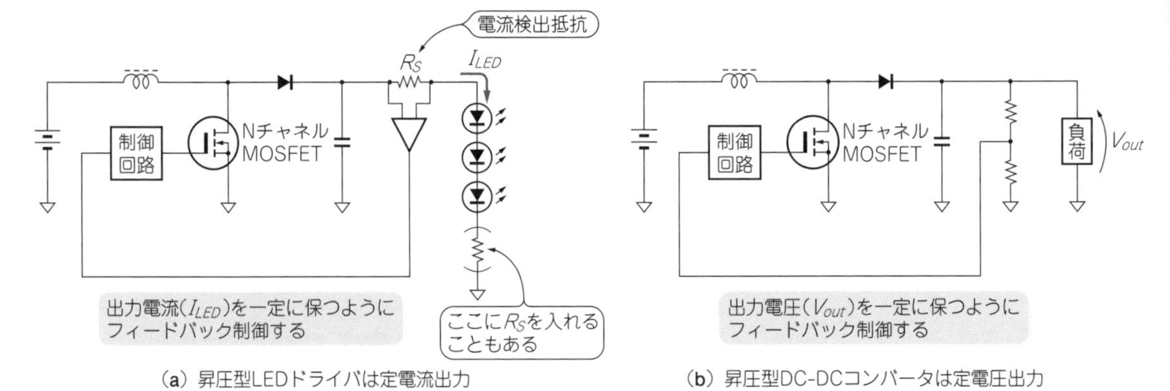

(a) 昇圧型LEDドライバは定電流出力　(b) 昇圧型DC-DCコンバータは定電圧出力

図4　昇圧型LEDドライバと昇圧型DC-DCコンバータの違い

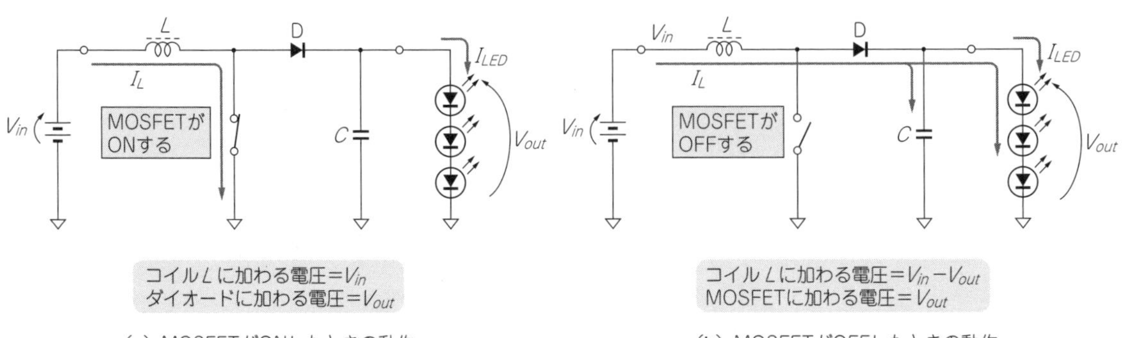

(a) MOSFETがONしたときの動作　(b) MOSFETがOFFしたときの動作

図5　LEDドライバのMOSFETがON/OFFしたときの動作
MOSFETがONのとき，ダイオードは逆バイアスで電流が流れない．MOSFETがOFFのとき，ダイオードに順バイアスで電流が流れる

オードは逆バイアスになりOFFするので，電源からコイルを通して電流I_Lが流れます．I_Lは時間とともに直線的に増加します．

MOSFETがONになった瞬間の電流の初期値は，ゼロとは限りません．後述する電流連続モードのときは，ある値からスタートして直線的に増加します．電流不連続モードのときの初期値はゼロです．

この間，ダイオードは逆バイアスで電流が流れず，加わる電圧はV_{out}です．また，負荷電流I_{LED}は出力平滑コンデンサCが供給します．

● MOSFETがOFFのとき

MOSFETがOFFのときは，**図5(b)**のように，ダイオードを通して電流I_Lが流れます．I_Lの一部は平滑コンデンサCを充電し，残りは負荷電流I_{LED}になります．

ダイオードがない場合は，MOSFETがOFFになった瞬間にコイル電流の行き場がなくなってしまい，MOSFETに大きな電圧が加わってブレークダウンします．

電流I_Lの初期値はMOSFETがONの期間の最終値で，時間とともに直線的に減少します．

MOSFETに加わる電圧はV_{out}ですが，実際にはダイオードの順方向電圧が加わります．

■ 負荷電流の大きさによってコイル電流の流れ方が違う

● スイッチング電源の二つの動作モード

高出力LEDのようなスイッチング電源は，一般的に電流連続モードと電流不連続モードの二つの動作モードに分けられます．各動作モードは出力電流の変化によって滑らかに遷移します．

● 負荷電流が大きいときは電流連続モード

図6は，電流連続モードの動作で，コイル電流は全区間で連続しています．

MOSFETがONの期間(t_{on})はコイルにV_{in}が加わっています．コイルの性質から，電流I_Lは次の通りです．

$$I_L = \frac{1}{L}\int_0^{t_{on}} V_{in}(t)dt + I_{min}$$

V_{in}は一定電圧なので，I_LはI_{min}を初期値としてt_{on}

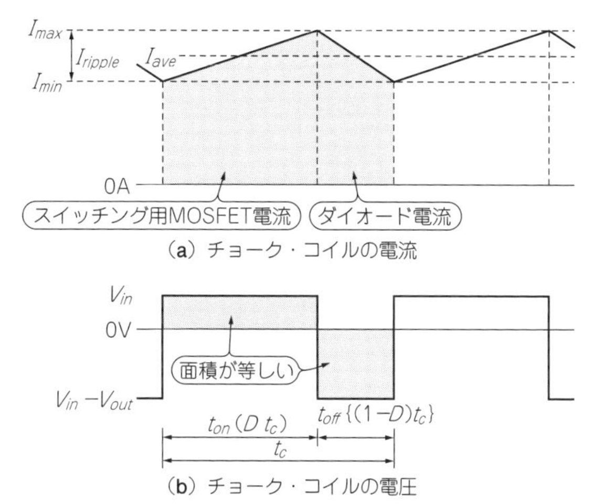

(a) チョーク・コイルの電流

(b) チョーク・コイルの電圧

図6　負荷電流が大きいときのコイル電圧と電流(この動作状態のことを電流連続モードという)
コイル電流は全区間で連続動作するので平均電流I_{ave}はI_{max}とI_{min}はその中央値となる

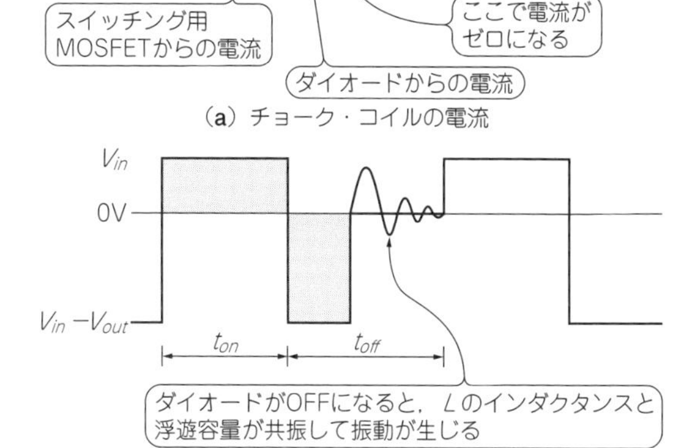

(a) チョーク・コイルの電流

(b) チョーク・コイルの電圧

図7　負荷電流が小さいときのコイルの電圧と電流(この動作状態のことを電流不連続モードという)
スイッチング用MOSFETとダイオードの電流がゼロになる期間があり，平均電流を減らすためにはMOSFETのオン時間を小さくする

まで直線的に増えます．

$$I_L=\frac{V_{in}\,t_{on}}{L}+I_{min}$$

MOSFETがOFFの期間は，コイルに加わる電圧は$V_{in}-V_{out}$です．昇圧型では$V_{in}<V_{out}$なので，コイルの端子間電圧の極性は，I_Lが減少する方向になります．

$$I_L=-\frac{(V_{in}-V_{out})\,t_{off}}{L}+I_{max}$$

コイル電流はI_{min}とI_{max}の間を行ったり来たりする三角波になり，平均電流I_{ave}はその中心値になります．

オシロスコープでMOSFETのドレイン-ソース間電圧を観測すると，少しオーバーシュートなどはありますが，大体奇麗な矩形波になります．

電流連続モードでは，MOSFETのオン・デューティDは入出力の電圧比で決まり，負荷電流には関係しません．昇圧DC-DCコンバータでは，$V_{out}/V_{in}=1/(1-D)$なので，オン・デューティは次の通りです．

$$D=1-\frac{V_{in}}{V_{out}}$$

出力電圧が高くなるほどON期間が長くなります．

● 負荷電流が小さいときは電流不連続モード

電流不連続モードでは負荷電流が小さくなるとコイルの電流も減少します．

電流の傾きは入出力電圧とインダクタンスで決まっているので，平均電流を小さくするためには，MOSFETのオン時間t_{on}を小さくする必要があります．

図7(a)のように，平均電流がある値より小さくなったところで，スイッチングの1サイクルが完了する前に，t_{off}期間のどこかでコイル電流がゼロになります．

コイル電流がゼロということは，MOSFETにもダイオードにも電流が流れておらず，両方ともOFF状態ということになります．つまり，コイルの片側は，宙ぶらりんになります．

このときコイルの端子(MOSFETのドレイン電圧)をオシロスコープで観測すると，**図7(b)**のように振動している波形が見られます．

これは，コイルのインダクタンスと，コイルやMOSFET，ダイオードの静電容量による自由振動が起きているためです．

「発振しているみたい」と誤解する人もいますが，正常な動作です．この振動は周波数も比較的低く，外部への放射などの害もあまりありません．

電源回路の仕様とキー・パーツ

試作する前に，仕様を決める必要があります．非常用照明やキャンプなどでシール鉛バッテリを使って動作させたり，車や船の電源で使用したりできるように考えてみました．

● 部品選定①100 Wの白色LED

LEDは秋月電子通商で販売しているOSW4XAHDE1E(OptoSupply)を使ってみました．

公称100 Wの白色LEDで，国産のLEDに比べるとやや落ちますが，電流を3 A流したときに標準値

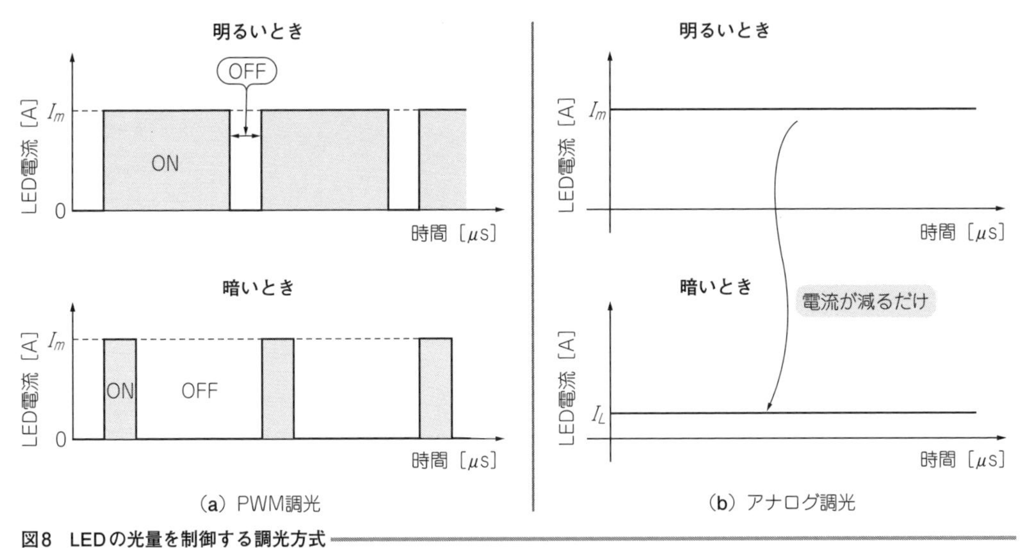

図8　LEDの光量を制御する調光方式
PWM調光では，電流を絞っても色の変化が少ない．アナログ調光では，電流を絞ると色が暗くなる

7200 lmと大光量です．ドライバの出力電流は最大で3.2 A程度にします．データシートは次のURLからダウンロードできます．

http://akizukidenshi.com/download/ds/optosupply/osw4xahde1e.pdf

● ドライバの電源電圧仕様

シール鉛や普通車のバッテリは12 Vがほとんどです．大型車や小型船舶では24 Vが多く使われているので，電源としては少し余裕を見て11～28 Vとしました．

電源電圧は45 V程度まで入力しても大丈夫ですが，電源より低い電圧は出力できないので，出力を絞ってもLEDが薄く点灯することがあります．

LEDの順電圧降下は35～45 Vとなっているので，駆動回路の最大電圧は47 Vにします．

ドライバICの耐圧は110 Vなので，MOSFET，ダイオード，出力平滑コンデンサの耐圧を上げれば110 Vまで出力できます．

● 回路方式…LED光量を制御する調光は範囲3000：1にできるPWM方式を使う

LEDの光量を制御する調光は，PWM方式とアナログ(電流制御)方式があります(**図8**)．

一般照明用の調光はPWMが主流です．PWM調光は，LEDに流れる電流を一定にしておき(LEDの連続最大許容電流)，PWM信号で電流を断続して光量を調節します．電流のデューティ比が大きい，つまりONの期間がOFFの期間に比べて長いほど明るくなります．PWM信号の周波数が低すぎると，人の目にちらつきが感じられます．周波数が高すぎると制御の直線性が悪化したり，回路の損失が増えたりするので，通常はPWM周波数を100 Hz～1 kHzの間で選びます．

PWM調光のメリットは，調光できる範囲が広いことです．今回の試作回路でも調光範囲を3000：1くらいにできます．また，光量を絞ったときでも色の変化が少なくなります．

アナログ調光では，電流を絞ってLEDを暗くすると色が変わることがあります．アナログ調光は実用的な範囲としては100：1程度です．電流が連続なので，工業用の高速カメラなどのビデオ撮影用の照明として使う場合は，チラツキが生じません．また，スチル撮影でも高速シャッタを切ったときに，明るさのムラなどが生じることもありません．

● 部品選定②100 W級のLEDドライバIC

LED 用のドライバICは多数発売されていますが，100 W級になると選択肢が限られてきます．

スイッチング用のMOSFETは，電流が10 A以上と大きくなるので外付けになります．個別部品を組み合わせて回路を作る際は，いろいろと組み方もあるのですが，保護回路なども含めてワンチップ化されたものが便利です．

耐電圧もLEDの順電圧降下が40 V近くなので，ホット側(GNDでない側)の電流センス・アンプなどが内蔵されているICでは，40 V以上の電圧を扱えるものがベターです．

今回は限られた品種の中からLT3795(リニアテクノロジー)を選んでみました．LEDドライバ回路のほかに，短絡保護，断線保護，入力電流制限，スイッチ電流制限，低電圧ロックアウト，過電圧ロックアウト，

PWM調光，アナログ調光，ソフト・スタートと盛りだくさんな機能がワンチップに収められています．

EMI(Electro Magnetic Interference，電磁干渉)による不要輻射ノイズを低減するため，発振周波数を揺らして，特定の周波数にEMIスペクトルが集中しないようにする機能もあります．入出力の耐電圧は110 Vなので，順電圧降下110 VまでのLEDを駆動できます．スイッチング用のMOSFETおよびダイオードは外付けなので，コイルとMOSFET，ダイオードに定格が大きなものを使えば電流はいくらでも大きくできそうです．

MOSFETのゲート入力容量(ゲート総電荷Q_g)が大きくなって駆動が困難な場合は，外部に駆動能力が大きなゲート・ドライバを付ければよいので，やろうと思えば1 kW以上の負荷を駆動することもできそうです．

ドライバの回路方式としては昇圧，降圧，昇降圧のいずれも実現できます．これらの回路については，LT3795のデータシートを参照してください．今回の試作では，基本的な昇圧回路を採用します．

● 部品選定③昇圧コンバータ用のMOSFET

実際に加わる電圧は，最大出力47 Vまでですが，オーバシュートがあるので，余裕を見て耐圧100 VのTK34E10N1(東芝)を使いました．オン抵抗は標準で7.9 mΩ，ドレイン電流はケース温度25℃で75 Aですが，こちらは放熱条件によって制限されます．

出力が100 Wを越えるので，基板の銅はくだけで放熱するのはやや困難で，適当な放熱器を付けることになります．このMOSFETは標準のTO-220パッケージなので，放熱器を絶縁するためのシートが必要です．

このクラスのMOSFETは品種が豊富なので，類似品であれば使えます．

● 部品選定④ダイオード

ダイオードに加わる電圧は，スイッチング用MOSFETと同じです．順方向電圧は低い方が損失が少ないです．逆回復時間が長いと，スイッチング損失とノイズが増えるので，ショットキー・バリア・ダイオードを使います．

基板の銅はくへ放熱するので，温度上昇も考慮して，平均整流電流は余裕があるものを選びます．ここでは，100 V/10 AのV12P10(ビシェイ)を使いました．

● 部品選定⑤チョーク・コイル

電源の平均電流にリプル電流が重畳するので，ピークで11 A程度の電流が流れます．コアは磁気飽和しないものを選ぶ必要があります．

温度上昇は巻き線の抵抗損失による銅損と，コアの渦電流損やヒステリシス損による鉄損で決まります．銅損はコイルに流れる実効電流によって決まります．鉄損は磁束の変化分によって決まるので，電流の直流分は影響しません．

今回使った評価基板のスイッチング周波数は250 kHzと高めになっているので，コイルのインダクタンスは小さくて良いのですが，コアの鉄損に注意する必要があります．市販のコイルの中には，コアの温度上昇が大きくて100 kHz以上は使えないようなものもあります．

22 μHのコイルは，面実装タイプのXAL1510-223ME(Coilcraft注1)を使用しました．飽和電流は18.7 A，40℃上昇時の実効電流は14 Aです．このコイルは約16 mm角と小型で，高周波鉄損も小さいです．最初，他社製のトロイダル・コイルを試したところ，コアが熱くなってしまって使えませんでした．

実測のリプル電流は18％程度とかなり小さいので，もう少しインダクタンスを下げられます．15 μH程度にしても問題ないでしょう．

● 部品選定⑥PWM調光用のMOSFET

PWMのスイッチング速度は数百Hzなので，スイッチング特性はあまり問題になりません．電流も昇圧した負荷側なので比較的小さく，3.2 Aが最大です．

ただし，出力が短絡したときには平滑コンデンサに充電されている電圧が全部MOSFETに加わり，ドレイン電流もPNPトランジスタによる制限電流(約10 A)まで流れますから，安全動作領域がこの電圧・電流を包含していないと壊れてしまいます．

PチャネルMOSFETは品種が少なく，Nチャネルに比べてオン抵抗も大きくなります．

今回はFQB22P10(ビシェイ)のPチャネルMOSFETを使いました．絶対定格は，ドレイン-ソース間電圧100 V，連続出力で22 A，パルス出力で88 A流せます(T_C = 25℃のとき)．

● 部品選定⑦出力側の平滑コンデンサ

コンデンサの選択で注意しなければならないのは，出力側の平滑用です．

コンバータの動作波形から分かりますが，出力電流が大きいとき，入力側の電流は連続しています．直流分にリプル電流が重畳した形になっており，実効値は比較的小さくなっています．これに対して，出力側はスイッチング用のMOSFETがOFFのときだけ電流が流れるので，完全にON/OFFする波形になっていて，リプル電流の実効値はかなり大きくなります．

このリプル電流は，負荷と平滑コンデンサに分流し

注1：代理店：エム・アールエフ株式会社

ますが，スイッチング周波数では平滑コンデンサのインピーダンスは相当に小さくなります．ほとんどのリプル電流は平滑コンデンサに流れると考えて良いでしょう．そうでなければ，平滑コンデンサの効果が十分でないことになります．ここには，セラミック，アルミ電解，有機系アルミ(OSコンなど)を使うことができますが，いずれも1個では許容リプル電流が十分でないので，必要な数を並列にします．並列にするときは，配線のインピーダンスによってコンデンサに流れる電流が不均等にならないようにします．

シミュレーションでも分かりますが，出力平滑コンデンサの容量が十分でないと，負帰還ループの安定性が損なわれて発振気味になります．

セラミック・コンデンサを使う場合は，温度特性が

LEDドライバの三つの回路方式　Column 7-1

スイッチング方式のLEDドライバの回路方式(基本回路)は，一般的なスイッチング電源と全く同じです．

主なものを**図A**に示しますが，スイッチング電源と同じようにSEPICとかCukといった方式も使えるので，ドライバ回路の使用目的に応じて適当な回路方式を選択します．ここでは，3種類の回路について特徴を見てみましょう．

(1) 昇圧型

入力電圧V_{in}より出力電圧V_{out}が高くなります．スイッチング用，MOSFETが完全にOFFでも，コイルとダイオードを通して電流が流れるので，LEDの順電圧降下V_Fが入力電圧より低いと常時電流が流れて制御不能になります．

出力電圧は，昇圧した電圧に入力電圧の分だけDC成分のゲタを履いているという見方もできます．後述する(3)の昇降圧型に比べて昇圧比が低く，効率やMOSFETのピーク電流の点で有利です．

今回はLEDの順電圧降下が電源電圧より高いので，この方式を採用しました．

(2) 降圧型

入力電圧より出力電圧の方が低くなります．少し回路の見方を変えると，「入力電圧をPWM変調する部分(MOSFET＋ダイオード)にLCローパス・フィルタがつながった回路」と考えられます．出力電圧の直流成分は，入力PWM信号の直流成分より大きくなることはありません．

(3) 昇降圧型

出力電圧は入力電圧より高くも低くもできます．ただし，出力電圧の極性は入力と反対になります．

電源入力の＋側をスイッチングする場合，PチャネルMOSFETを使うと駆動は簡単ですが，オン抵抗が比較的大きく，値段も高めです．できればNチャネルMOSFETを使いたいところですが，ゲート電圧を電源電圧より高くする必要があるので，ドライバは一工夫必要です．

動作の本質は(1)の昇圧型とほとんど同じです．

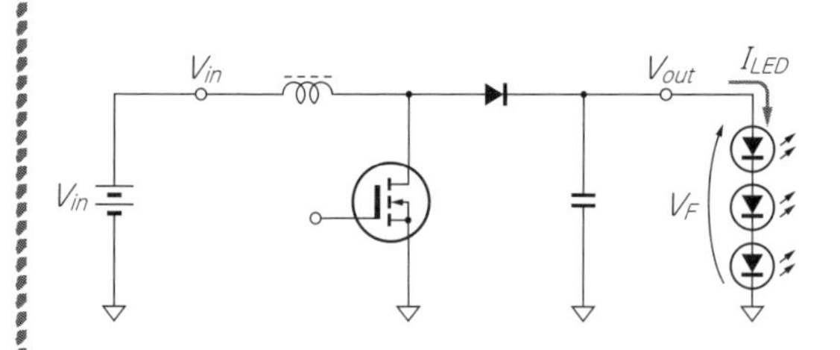

$V_{out}>V_{in}$

入力電圧より低い電圧は出力できない
LEDのV_Fは電源電圧より高くなければならない

(a) 昇圧型(今回採用)

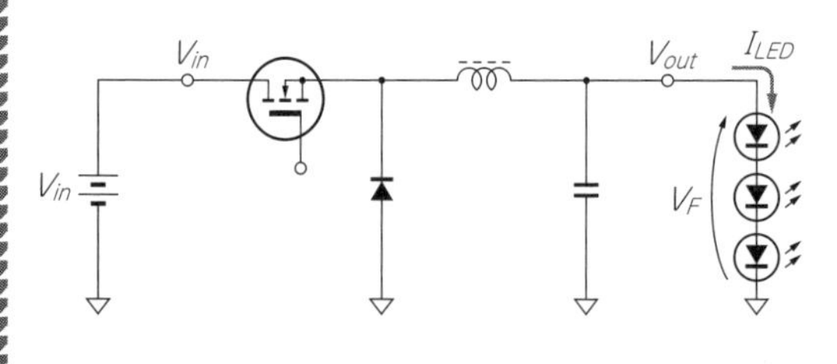

$V_{out}<V_{in}$

入力電圧より高い電圧は出力できない
LEDのV_Fは電源電圧より低くなければならない

(b) 降圧型

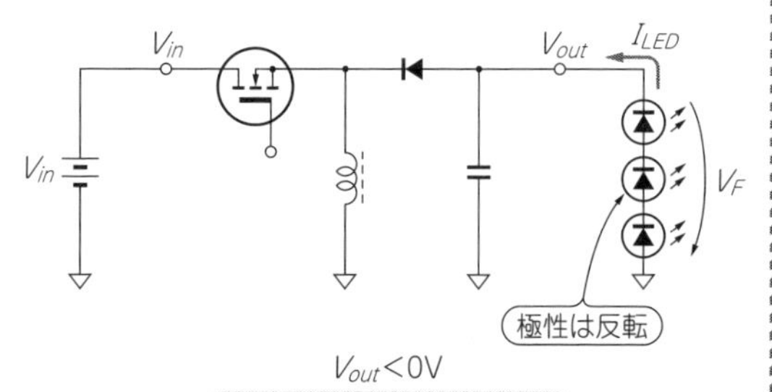

$V_{out}<0V$

出力電圧は任意に設定できる
出力の極性は入力と逆になる

(c) 昇降圧(反転)型

図A　LEDドライバの回路方式は入力電圧と出力電圧の関係から適したものを選ぶ

X7RやBなどの安定性が良いものでも，電圧を加えたときの容量の減少(直流バイアス特性の影響)は相当大きくなります．例えば，定格電圧50 Vの積層セラミックに50 Vを加えた場合の静電容量は，0 V時のわずか20％近くまで減少するので，この点も考慮して動作の安定性を確認する必要があります．

● 部品選定⑧電流検出用の抵抗

電流検出抵抗は3個あります．かなり大きな電流が流れるので，温度上昇による信頼性低下も見越して，許容電力に余裕があるものを選びます．電力は$P = I^2R$で計算できますが，パルス電流の実効値を求める必要があるので，シミュレーションを活用してください．

● 部品選定⑨LED電流検出用の抵抗

LED電流検出用抵抗はI_{SP}-I_{SN}ピン間に入ります．出力電流を決める抵抗です．電流が最大のとき，この抵抗の端子間電圧は250 mVです．

今回は75 mΩ(150 mΩ/2 Wを2本並列)にしたので，最大出力電流は3.33 A(≒250/75)になります．

アナログ調光で直線的に調整できるのは，この抵抗の端子間電圧が225 mVまでなので，0～3 Aまで直線的に調整できます．

● 部品選定⑩MOSFETの電流検出用抵抗

MOSFETの電流検出用抵抗はSENSEピン-GND間に入ります．この抵抗の端子間電圧が113 mVに達すると，MOSFETがOFFになります．コイルに流れる電流のピーク値で，この電圧を超えないように抵抗値を選びます．今回は5 mΩ/3 Wにしたので，ピーク電流26 A(＝113/5)でMOSFETの電流が制限されます．

● 部品選定⑪電源電流検出用の抵抗

電源電流検出用抵抗はIVINP-IVINNピン間に入ります．この抵抗の端子間電圧が60 mVに達すると，出力電流が制限されます．

UVLO(低電圧ロックアウト)とともに，低電圧時の過大電流制限に使用できます．

この入力には，必要に応じて*CR*のLPFを入れて，IVINCOMPピンの電流モニタ出力のリプルを抑えたり，電流制限時の負帰還ループの安定性を調整できます．今回は5 mΩ/3 Wにしたので，12 A(＝60/5)で電流制限がかかります．

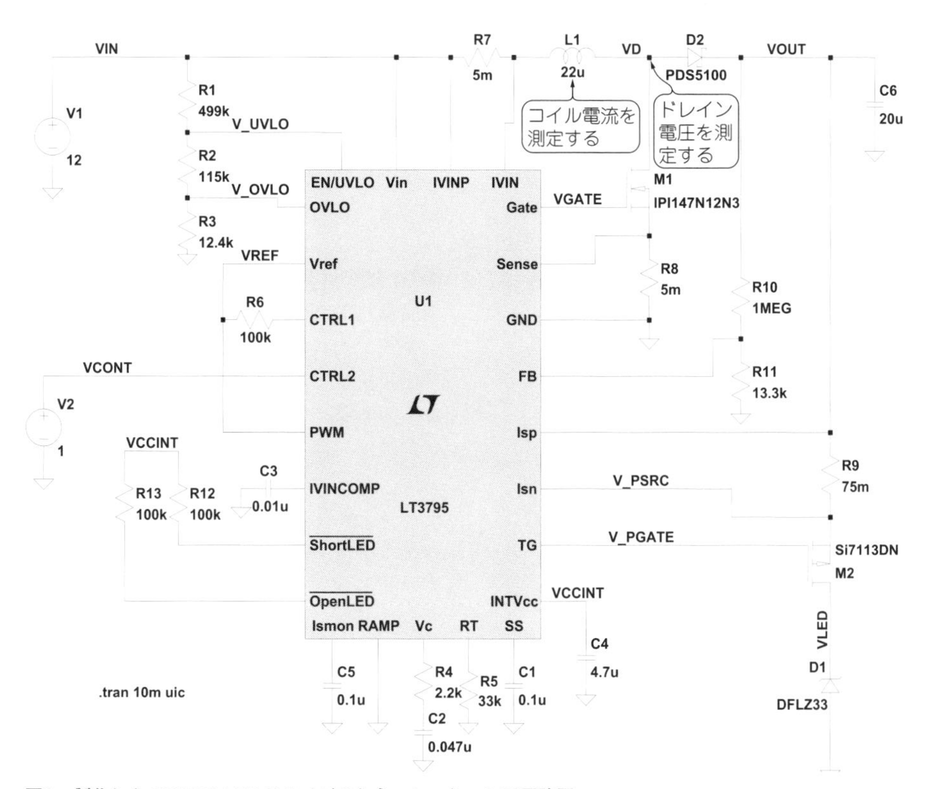

図9　製作した100 WのLEDドライバのシミュレーション用回路図
既存のLT3795サンプル回路を流用して作成する

製作前にパソコンで動作を確認する

● LTspiceでサンプル回路を呼び出す

無償の電子回路シミュレータLTspice(リニアテクノロジー)を使ってLEDドライバを動作検証します.

LT3795は,シミュレーション・モデルとLTspice用のサンプル回路がLTspiceのディレクトリ内にあります.サンプル回路はLTspiceがインストールされているディレクトリの[LTspiceIV]-[examples]-[jigs]に3795.ascという回路図ファイルがあります.このICは比較的新しい製品なので,ファイルが見つからないときは,LTspiceのライブラリをアップデートしてください.

● サンプル回路を修正して回路図を入力する

サンプル回路を修正して作成するのが簡単です.**図9**のような回路でシミュレーションしました.

実際の回路も**図9**に近いのですが,MOSFET,ダイオード,LEDなどの部品はLTspiceライブラリにあったモデルを使っています.LEDなどは,シミュレーション・モデルの定格が実際に使ったものよりかなり小さいのですが,それなりの動作をしているので問題ないでしょう.実機と違って部品が壊れたり燃えたりはしませんから安心です.

実際に使うデバイスのシミュレーション・モデルが入手できれば,そちらを使ってください.

● 回路シミュレーションの収束問題を解決する

トランジェント解析を実行したところ,デフォルトの設定ではなかなかシミュレーションが進行しませんでした.しばらく放っておくと進行したりするのですが,時間がかかって実用的ではありません.これはSPICEシミュレータでは,よくある問題です.

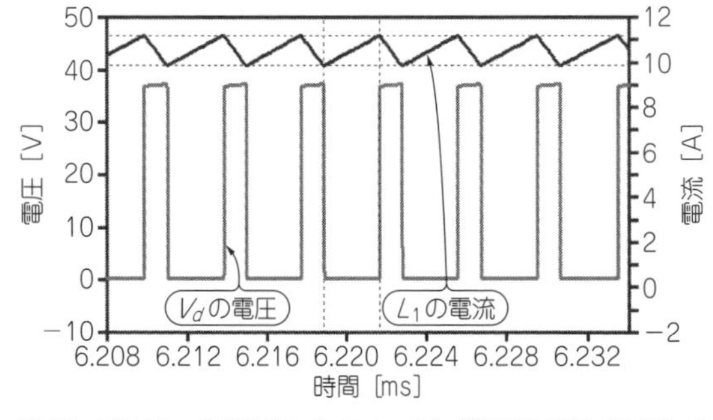

図10　図8のコイル電流L_1とスイッチング用MOSFETのドレイン電圧V_d

コイルの電流リプルは1.406 A_{P-P}

回路図を右クリックして現れるEdit Simulation Commandパネルで,Transientタブの「Skip Initial operating point solution」ボックスにチェックを入れると,シミュレーションが進行するようになりました.

● 各部の電圧,電流波形を確認する

シミュレーション実行後,元の回路の位相補償定数では発振気味になってしまいました.負荷電流が大きくなって,出力側平滑回路の時定数が変わったためと考えられます.V_Cピンに接続するCRの定数を修正することで,シミュレーション上では安定しました.実回路でも調整が必要かもしれません.

シミュレーションによって,各部の電圧,電流を確認しておきます.特に平滑コンデンサのリプル電流などは実測が難しいので,シミュレーション結果が参考になります.コイルの電流と,スイッチングMOSFETのドレイン電圧波形を表示したのが**図10**です.

発振周波数253 kHz,コイル電流の最大値は10.3 A,最小値8.89 A,リプル1.406 A_{P-P}でした.

平滑コンデンサのリプル電流を表示するには,LTspiceの回路図上で平滑コンデンサの上にカーソルを乗せます.カーソルの形がクランプ電流計になるので,そこをクリックすると,波形ウィンドウにリプル電流が表示されます.波形の実効値を知るには,[Ctrlキー]を押しながら波形ウィンドウ上部に表示されている信号名をクリックします.実効値と平均値を確認できます.

今回の回路では,リプル電流の平均値は約4.5 Aになっているので,コンデンサにもよりますが3個くらいは並列に接続することになります.

● 複雑な計算や抵抗値の妥当性はシミュレーションで確認しておくと便利

前述したコイルに流れる電流が計算できれば,電流検出抵抗などの値を算出できます.この抵抗値が妥当なものかシミュレーションで確認しておきます.

比較的複雑な回路を解析する場合,モデルの精度やシミュレーション条件の設定などによって,シミュレーション結果が実際の回路と異なる場合が往々にしてあります.シミュレーション結果だけをうのみにしてカット＆トライで定数を決めるのは好ましくありません.基本的な動作については,手計算で概算値を求めておいて,シミュレーション結果と照合するようにしましょう.平滑コンデンサのリプル電流のように,厳密には積分計算しないと求められないようなものは,「手計算だと半日かけて計算したのに間違っていた」ということもあるので,計算時間や精度の点でシミュレーションが有利です.

照明用白色LEDの正体　Column 7-2

● 青色LED＋蛍光物質＝白色

このところ地盤沈下気味の日本の半導体産業ですが，赤崎 勇氏，天野 浩氏，中村 修二氏の青色LED発明に対するノーベル賞受賞で「まだまだ行けるのではないか」と，期待感が増しました．

昨今，白熱電球や蛍光灯の市場を押しのけて拡大し続けているLED照明に使われている白色LEDも，青色LEDが基になっています．

まだ白色光そのものを発光できるLEDは存在しません．LEDで白色光を作る方法は二つあり，どちらの方法も実用化されています．

(1) 光の3原色である赤，緑，青(RGB)を発光するLEDを組み合わせて，カクテル光で白色を作る
(2) 青色LEDで発生した青色光を蛍光物質に照射して，白色光を作る

(1)の3原色を混ぜる方法は，混ぜる割合によって白色以外にも広い範囲の色を作り出せるので，色を変えられるような特殊照明や，大型の画像ディスプレイ装置に使われています．欠点は，RGBそれぞれのLEDの発光スペクトルが狭い範囲に集中しているので，見かけが白色でも一部のスペクトル成分が欠けていて，演色性に乏しいことです．つまり，太陽光で見た場合と，モノの色が違って見えるわけです．

(2)の青色LED＋蛍光物質は，蛍光物質を選べば，かなり太陽光に近い演色性を得ることができます．また，少し赤味がかった電球色や，白色と電球色の間といった色にすることもできます．実際にはLEDの青色も漏れてくるので，これも含めて色味を作ることになります．現在，照明用として使われているのはほとんどこのタイプです．

発光色が蛍光物質で決まるので，色を変えることはできません．家庭用照明器具で発光色を変えられるものは，複数の発光色(白色＋電球色など)のLEDを組み合わせて，それぞれの電流比率を変えることで，発光色を変えています．

● 照明用LEDモジュールの構造と駆動電圧

LEDは半導体のP-N接合に順電流(I_F)を流すことで発光します．このときのP-N間の電圧降下を順電圧降下(V_F)といい，PN接合の材料や構造によって異なる電圧になります．

赤や緑の一般的なLEDでは，V_Fは1.2 V前後ですが，青色(白色も中のチップは青色)LEDの場合はV_Fが比較的高く，3～4 Vあるのが普通です．

現在のところ単一のチップで作れるのは1～3 Wくらいまでです．それ以上の高出力LEDは複数のチップを直列，または直並列に接続しているので，V_Fは直列数倍になります．

例えば，今回使った100 WのLEDは，LED単体のV_Fが3.8 Vで，10個直列になったものが5回路並列になるので，V_Fは10個直列で38 V(＝3.8×10)になります．LEDを並列にする場合は，並列にするLEDの順電圧降下が等しくないと，流れる電流が大きくばらつきます．

1個のLEDに複数のLEDチップが組み込まれているものは，LEDのメーカが順電圧降下がそろったチップを選別して組み込んでいるので問題ありません．個別のLEDを並列にする場合は，直列に抵抗を入れるなどの方法で流れる電流のばらつきを抑える必要があります．

LEDの直列数が多くなると順電圧降下が大きくなるので，かなり高い駆動電圧が必要になります．LED数が多い照明器具では，駆動電圧が300 Vを超えることもありますが，この場合は沿面距離など安全面に十分な注意が必要です．直列になったLEDのうち1個，あるいは配線の1個所が断線しただけで，直列になっているLEDすべてが消灯します．

評価基板を使ってサクッと作る

● 評価基板を改造してパワー・アップする

LT3795の評価基板(型名DC1827A)があるので，試作の時間と工数を節約するために，この基板を改造することにしました．基板自体電流や放熱に十分考慮されていますので，なんとかなりそうです．

今回は出力電流0.4 Aの基板を3.2 Aにするので，出力電流8倍ということになり，暴走族的改造という感もありますが，結果的には問題なく動作しています．改造後の回路を図11に示します．

● 評価基板の部品を交換する

MOSFET，ダイオード，コイル，コンデンサ，抵抗などを交換する必要があります．

MOSFETとダイオードは面実装品で，背面が金属になっていて，べったりとはんだ付けされているタイプなので，取り外すのは少し難しいです．私はホット・エアー装置で加熱して外しました．

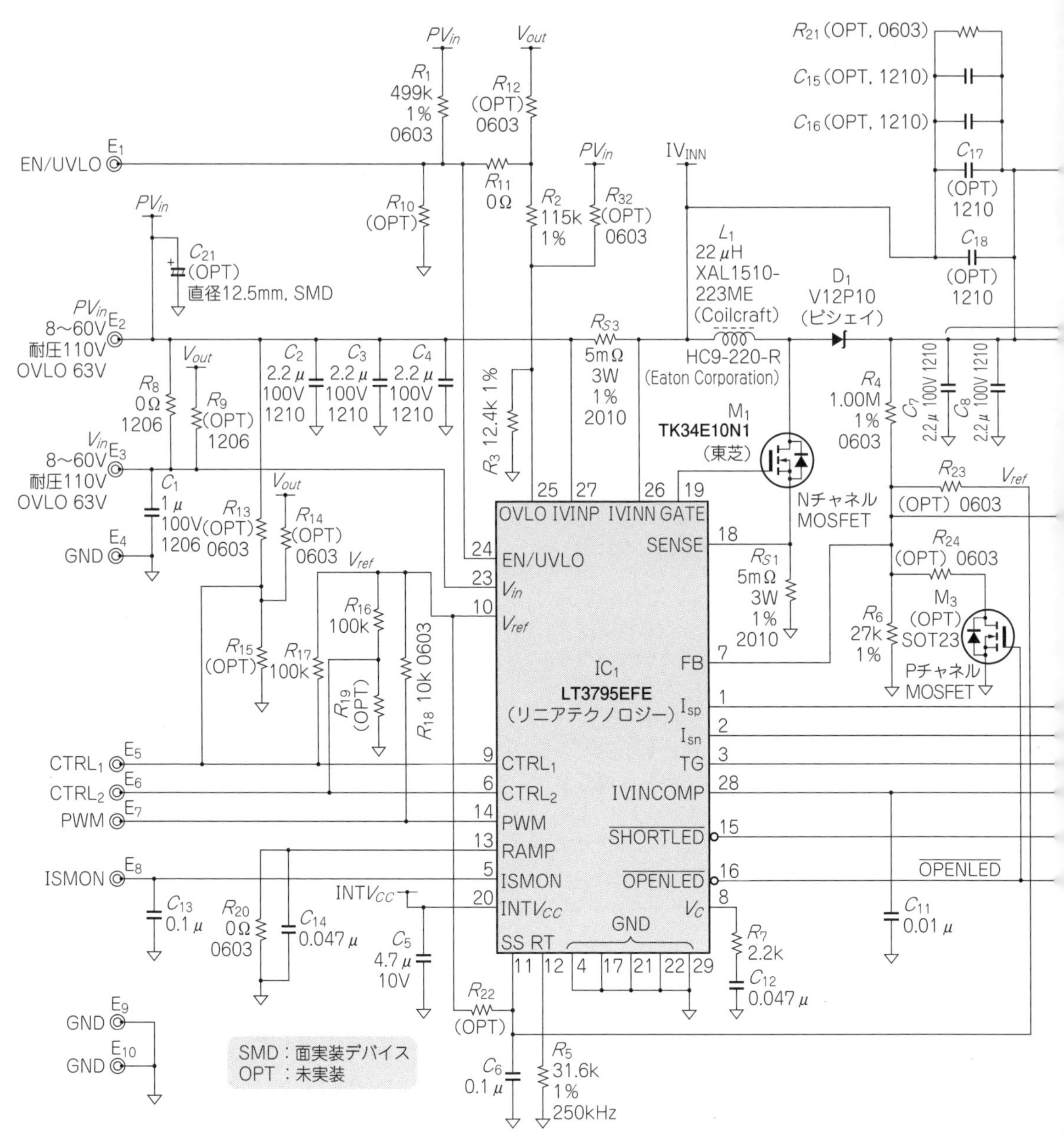

図11　製作した100 WのLEDドライバ

コイルやコンデンサは，はんだごて2本を使って端子を過熱すれば外すことができます．コンデンサは容量を増やすだけなので，元から付いているコンデンサの上に，追加のコンデンサを載せて，はんだ付けします．

● PWM入力に調光パルスを入力する

PWM調光の場合は，アナログ調光入力($CTRL_1$, $CTRL_2$)をV_{ref}(2 V)に接続し，PWM入力に調光パルスを入力します．

PWM入力の最大定格は12 V，しきい値は約1 Vなので，2～5 Vのパルスを入れます．マイコンやFPGA，バイブレータなどでPWM信号を作るか，ファンクション・ジェネレータなどを使ってください．PWM入力は“H”のときに出力ONです．

アナログ調光の場合は，PWM入力をプルアップしておきます．評価基板のPWM端子に付いているプルアップ抵抗は実装されていないので，10 k～100 kΩ程度の抵抗を取り付けます．

$CTRL_1$か$CTRL_2$に0～1.3 V程度の電圧を入力します．使わない方の入力はV_{ref}にプルアップしておきます．簡単に実験するなら，乾電池にボリュームを付けたものをつなげばよいでしょう．

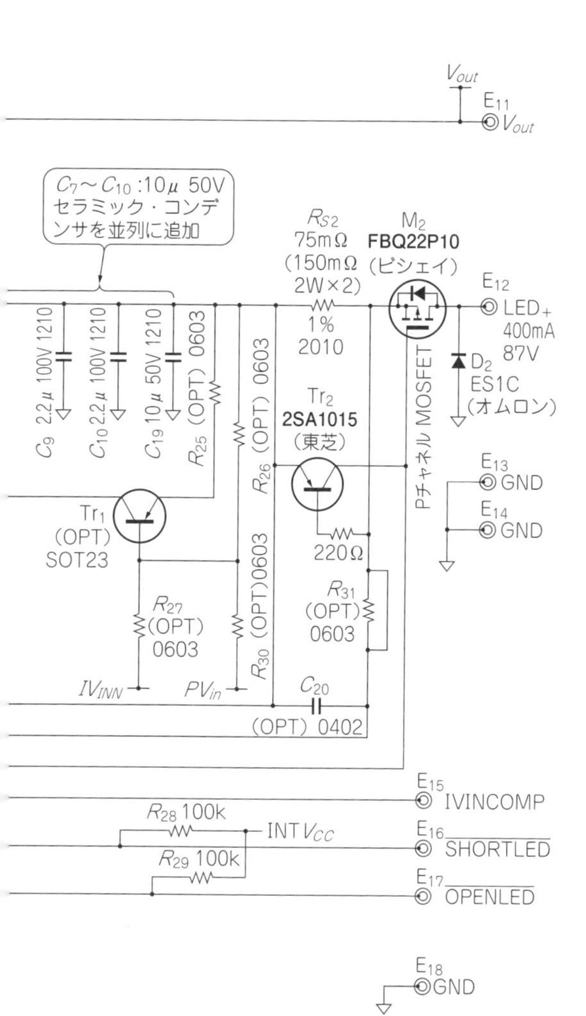

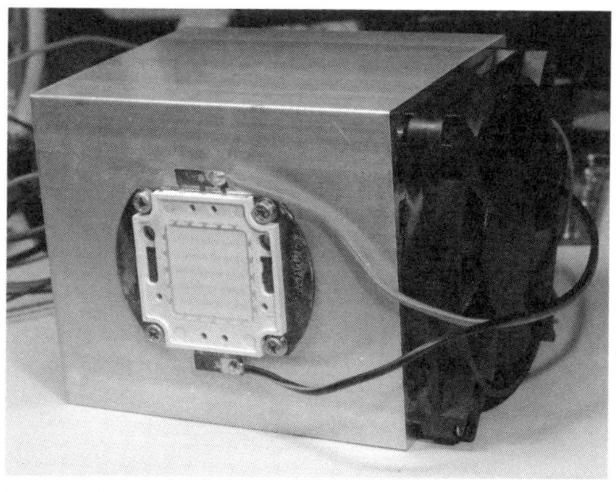

写真1　製作に使ったLEDとヒートシンク
強制空冷用のヒートシンクに12 Vのファンを取り付けたものを使用

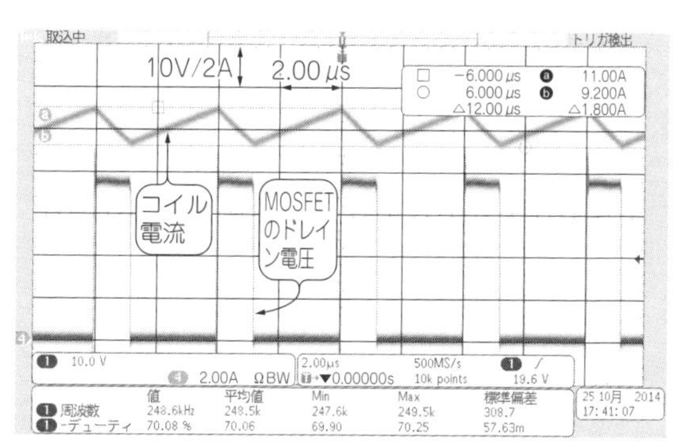

図12　製作した100 W LEDドライバ(電流連続モード時)のコイル電流とMOSFETのドレイン電圧波形
コイルのリプルは1.8 A_{P-P}で，図9のシミュレーションの結果より低い

● **評価基板の電源**

12 Vの電源の場合は12 A，24 Vの電源では6 Aくらいの電流容量が必要です．実験用の直流電源でも，バッテリでもかまいません．バッテリを使う場合は，安全のために必ずヒューズを入れておきましょう．

● **放熱器の取り付け**

LEDは100 W以上の電力を消費するので，かなり大型の放熱器が必要です．

強制空冷用のヒートシンク(84V84L100，LSIクーラー)に12 Vのファンを取り付けたものを使用しました(**写真1**)．自然空冷だと0.3℃ /W程度の熱抵抗が必要なので，相当大きなものになります．

性能を評価する

● **実機波形の考察**

実際に動作させて波形を見てみました．**図12**が出力3 Aのときで，電流連続モードで動作しています．下側の矩形波がスイッチング用MOSFETのドレイン電圧，上側の三角波がコイル電流です．

コイル電流の最大値は11 A，最小値は9.2 A，リプルは1.8 A_{P-P}でした．シミュレーション結果より電流が少し多いのは，電源電圧がやや低いためです．

リプル電流が大きくなっているのは，コイル電流が大きくてコイルの定格電流に近いため，インダクタンスが少し減少しているのが原因と思われますが，この程度なら問題ないでしょう．もし，コイルのコアが磁気飽和していれば，**図13**のようにコイル電流の三角波の傾きが大きくなり，波形がひずんできます．このような状態になると効率が下がり，発熱も増えるので

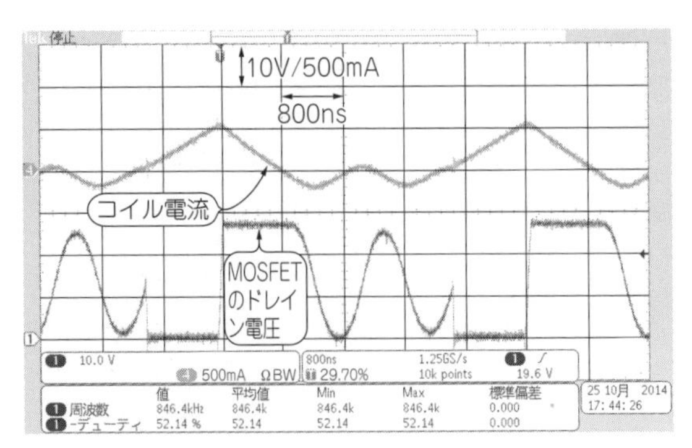

図14　製作した100 W LEDドライバ(電流不連続モード時)のコイル電流とMOSFETのドレイン電圧波形
寄生素子の影響でコイル電流に振動が見られる

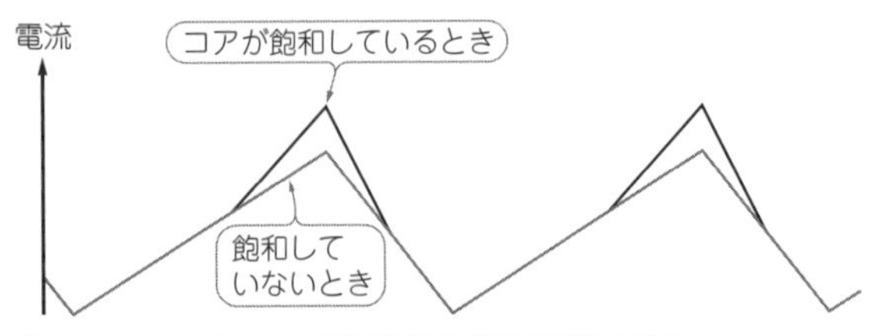

図13　コイルのコアの磁気飽和は効率を悪化させる
このような状態になると，効率が下がり発熱も増える

避けなければなりません．

図14は出力100 mAのときで，電流不連続モードになっています．電流がゼロになったところで，スイッチング用MOSFETのドレイン電圧(下側の波形)が振動し始めています．スイッチング用MOSFETやダイオードの寄生容量とコイルの間で電流の行き来があるので，電流波形にも振動が見られます．

● 残念！電力効率は90％にわずかに届かず

電源の効率［％］は，出力電力/入力電力×100なので，電源の電圧/電流，負荷の電圧/電流を計測して求めます．

実測で，電源電圧12 Vのとき89.98％，24 Vのとき95.83％でした．電源電圧が低いときは電流が大きくなるので，コイル，MOSFET，ダイオードとも損失が増えて効率が下がります．実際に動作させてみても，12 Vのときに比べて24 Vでは，コイル，MOSFET，ダイオードともかなり温度が低くなりました．残念なことに，12 Vでの効率が90％にわずかに達しませんでしたが，MOSFETにもっとオン抵抗が小さいものを使い，ダイオードも60 Vクラスの順電圧降下が小さいものを使えば，もう少し効率は改善できるでしょう．

● 基板の温度上昇を確認する

電源12 V，出力36.56 V(LEDのV_F)3 Aで，30分ほど連続運転したあとのサーモグラフィ画像が**写真2**です．最も温度が高くなっているのがコイル(左手前)で71.3℃，PチャネルMOSFET(左側)が70.9℃，スイッチング用MOSFET(中央)は62.2℃でした．

コイルとPチャネルMOSFETは仮付けで基板から浮いた状態なので，適度な広さの銅はく面にしっかりはんだ付けすれば，かなり温度が低くなるはずです．

写真2　電源12 V，出力36.56 V/3 Aで，30分ほど連続運転したあとのサーモグラフィ画像
コイル71.3℃，PチャネルMOSFET 70.9℃，スイッチング用MOSFET 62.2℃

スイッチングMOSFETのヒートシンクは，50×40×20 mmの黒色アルマイト処理されたものです．

以前は高価だったサーモグラフィ装置も，最近では小型で安価なものが販売されています．設計では見落としていた部品が，異常に高温になっているの発見することもあって，パワー関係の開発には欠かせないものになっています．

測定精度や時間系列での温度データ取得では熱電対が優れていますから，うまく使い分けると効果的な評価ができます．

◆参考・引用＊文献◆

(1) Robert W. Elickson；Fundamentals of Power Electronics Second Edition, Kluwer Academic Publishers, 2001.
(2)＊ LT3795データシート，リニアテクノロジー．
(3)＊ DC1827A　Manual Linear Technlology
(4) 渋谷 道雄；LTspiceで学ぶ電子回路，オーム社，2011年．
(5) 神崎 康宏；LTspice入門編，CQ出版社，2009年．

(初出：「トランジスタ技術」2015年1月号　特設)

専用ICは使わない！トランジスタやOPアンプで作るLEDドライバ　Column 7-3

専用ICを使わず，トランジスタやOPアンプなどの日ごろ使っている部品で作れる小電力のLEDドライバを紹介しましょう．

● トランジスタ2個で作る超シンプルLEDドライバ

図Bは，トランジスタ2個で構成した定電流LEDドライバです．

Tr_1がLEDの電流を流し，Tr_2でTr_1の電流が一定になるよう制御しています．電源電圧が加わると，Tr_1はR_Bを通してベース電流が供給されるので，LEDに電流I_{LED}が流れます．Tr_1のベース電流はわずかなので，電流検出抵抗R_Sに流れる電流はI_{LED}とほぼ同じです．

R_Sの電圧降下V_{BE2}が約0.65 Vに達すると，Tr_2がONします．R_Bに流れる電流がTr_2に分流することでTr_1のベース電流I_{B1}が減少し，I_{LED}を一定に保ちます．R_Sの電圧降下を検出して負帰還をかけることでI_{LED}を一定に保つように制御しています．

R_Sは式(A)になります．

$$R_S = \frac{0.65\ \text{V}}{I_{LED}}\ [\Omega] \cdots\cdots (A)$$

例えば，I_{LED}を100 mAにするときは$R_S = 6.5\ \Omega$（入手可能な抵抗値なら6.8 Ω）にします．R_BはTr_1がONするベース電流を供給するので，R_Bに流れる電流はI_{LED}の1/20～1/30程度にします．

Tr_1動作時のベース電圧は約1.3 Vです．例えば，R_Bは$I_{LED} = 100$ m A，$V_{in} = 5$ Vで，R_Bに流れる電流をI_{LED}の1/20の5 mAにすると，式(B)になります．

$$R_B = \frac{5\ \text{V} - 1.3\ \text{V}}{5\ \text{mA}} = 740\ \Omega \cdots\cdots (B)$$

入手可能な抵抗値は750 Ωです．

Tr_1に加わる電圧は，$V_{in} - (V_F + 0.65\ \text{V})$になります．これに$I_{LED}$をかけた電力が$Tr_1$の損失になるので，適当な放熱が必要です．

V_{in}は，V_FにTr_1の飽和電圧（約0.3 V）と0.65 Vを加えた電圧が最低限必要です．Tr_2のベース-エミッタ間電圧V_{BE2}は温度によって変動します．温度が高くなるとV_{BE2}は小さくなるので，I_{LED}も減少します．温度係数は約－0.3%/℃です．

Tr_1にダーリントン・トランジスタまたは高h_{FE}トランジスタを使うと，必要なベース電流が小さくなるので，R_Bを大きくできます．

● 温度安定性が良好！ OPアンプで作るLEDドライバ

図Cは，**図B**のTr_2をOPアンプに置き換えた定電流LEDドライバです．

OPアンプを使うことで，直線性や温度安定度が良くなります．制御電圧の入力抵抗が高いので，可

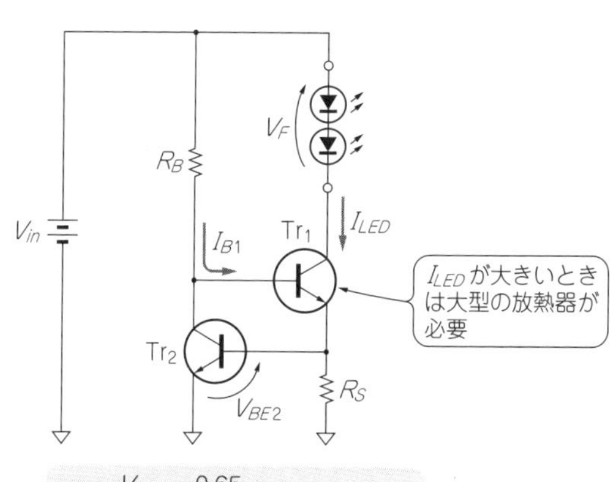

図B　トランジスタ2個で構成した定電流LEDドライバ
電圧や温度が変わるとI_{LED}は少し変動する

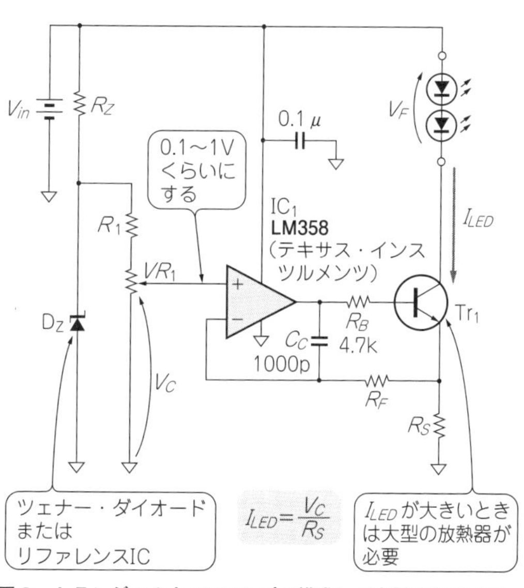

図C　トランジスタとOPアンプで構成した定電流LEDドライバ
R_Sの端子間電圧が低いと効率は良好であるが精度は悪い

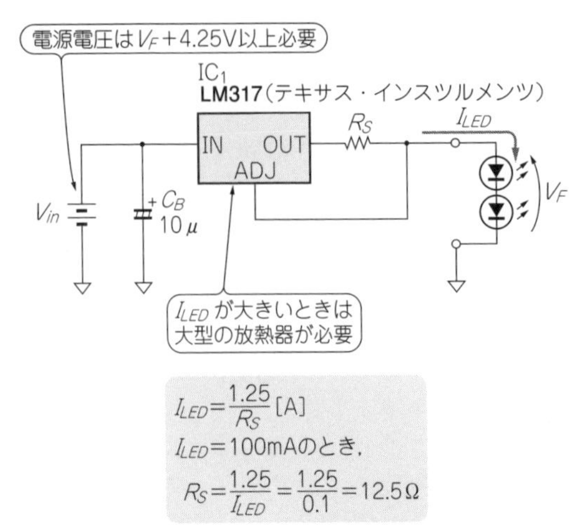

図D　可変3端子レギュレータLM317を使った定電流LEDドライバ

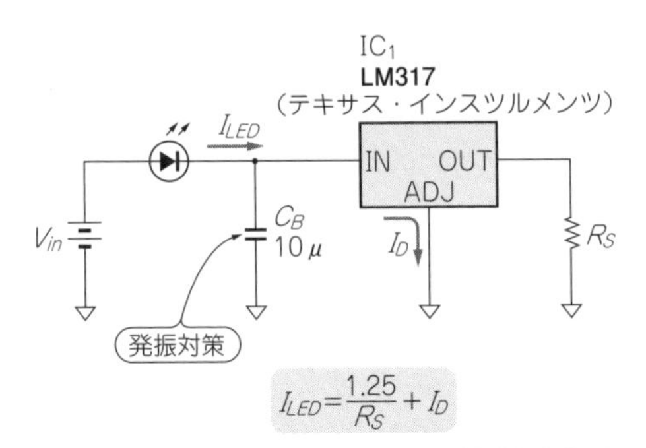

図E　図Dの可変3端子レギュレータの接続を変えても使える

変抵抗やマイコンのD-Aコンバータで電流を調整できます．

動作は，I_{LED}の検出抵抗R_Sの電圧降下が制御電圧V_Cと等しくなるように，Tr_1をOPアンプで制御しています．

R_Sの電圧降下は，LM358(テキサス・インスツルメンツ)などのOPアンプを使うときは約100 mV必要ですが，高精度OPアンプを使えば約1 mVでも良好な特性が得られます．この場合は，配線抵抗による影響に十分注意してください．R_Sの抵抗値が10 mΩくらいになると，はんだ付けの抵抗も無視できません．マイナス電源がないときは，単電源用かレール・ツー・レール出力のOPアンプを使ってください．

LEDの配線が断線したときはOPアンプの出力がプラス方向に振り切れるので，保護のためにR_Bを入れています．R_Bは，OPアンプが振り切れたときに3 m～5 mAになるように選びます．V_{in}が5 Vのときは1 kΩくらいにします．

R_Bを入れた影響で，Tr_1の電極間容量による位相遅れが生じて発振する可能性があるので，R_FとC_Cによる補償回路を入れています．

V_{in}は，R_Sの電圧降下にTr_1の飽和電圧を加えた電圧が必要です．**図B**と比較すると，R_Sの電圧降下を小さくできる分，電源電圧を低くできます．

電流が大きい場合はTr_1に放熱が必要です．LED電流が100 mA以上の場合は，Tr_1にダーリントン・トランジスタか高h_{FE}トランジスタを使うと良いでしょう．

図Cの回路構成で，Tr_1にNチャネルMOSFETを使うこともできます．

● たった1個のICで作るLEDドライバ

図Dは，可変3端子レギュレータLM317(テキサス・インスツルメンツ)を使った定電流LEDドライバです．

LM317は，**図D**のように，OUT-ADJピン間に電流検出抵抗R_Sを入れて負荷(LED)を接続すると，OUT-ADJピン(R_Sの端子)間電圧が1.25 Vになるように出力電流を制御します．R_Sは式(C)になります．

$$R_S=\frac{1.25\ \mathrm{V}}{I_{LED}}\ [\Omega]\cdots\cdots\cdots\cdots(C)$$

▶接続を変えても使える

図Eのような接続にしても，定電流でLEDを駆動できます．LM317は入力(IN)ピンの近くにパスコンを入れないと発振することがあります．また，ADJピンから約50 μAの電流が流れるので，この電流がI_{LED}に加算されます．I_{LED}は約10 mA流す必要があります．この電流より小さいと正常動作しないことがあります．

V_{in}の最小値は，R_Sの端子間電圧が1.25 V，LM317の最小入出力電圧差が3 Vなので，LEDのV_Fにこれらの電圧の合計4.25 Vを加えた電圧になります．

I_{LED}が大きいときは，**図B**と**図C**の回路構成と同じように放熱が必要です．

〈登地　功〉

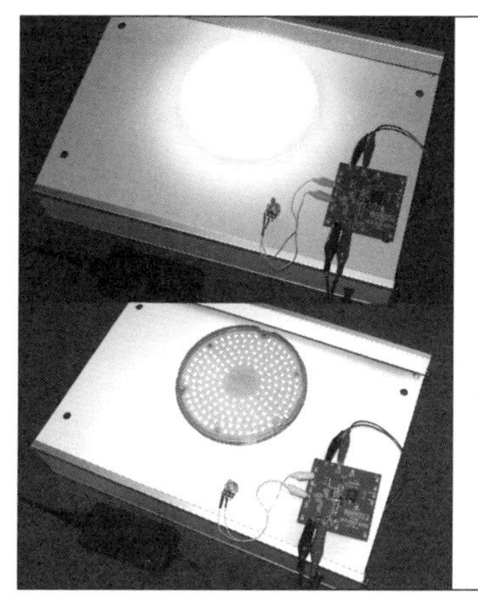

第8章 昇圧・降圧・昇降圧対応！調光比3000！放射ノイズ低減機能付き

87Vまで最大24個！ヘッドライト用高輝度LEDドライバLT3795

梅前 尚

車のヘッドライト用LEDには，順方向電流で300m～1A以上の高輝度タイプが必要です．広い温度範囲でかつ指定された電流定格で駆動して，輝度とカラー・スペクトラムの変動を許容範囲に収める必要があります．本章では，8～60V入力電圧で動作して調光機能を持つLT3795を搭載した評価基板を使用してLEDランプを点灯させます．

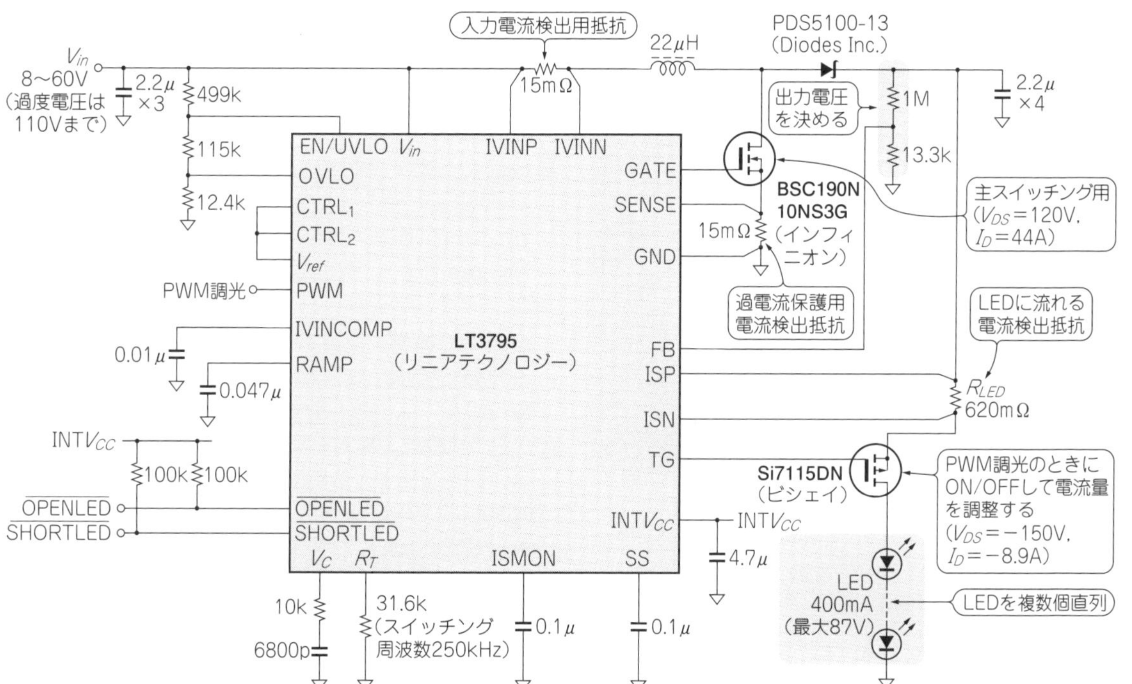

図1[(1)] **LT3795で構成した昇降圧型LEDドライブ回路**

入力電圧は4.5～110V．LEDには400mAの定電流を流せる．87VまでLEDを直列につなげられる．大出力LEDなら20個強を直列できる

実用的なヘッドライト作りに必要な機能が満載

● 入力4.5～110V，出力最大87V

LT3795は，LED点灯に適した機能を持つ定電圧定電流出力のDC-DCコントローラです．入力電圧が4.5～110Vとたいへん広く，多くのバッテリ・システムに対応できます．

発振周波数は100k～1MHzの間で設定できます．後述のように発振周波数を変化させるスペクトラム拡散周波数変調(SSFM)回路も内蔵しているので，電磁ノイズを低減しEMC性能を向上できます．

このような特性は，周辺回路への電磁ノイズの影響を極力減らさなければならない電気自動車のヘッドライト点灯回路に最適です．

昇圧，降圧，昇降圧の三つの動作を選択でき，**図1**，Column8-1の**図A**，**図B**の回路例のように，入力電圧と出力電圧の関係を広い範囲で設定できます．

多数のLEDを直列にして構成されるLEDランプ・モジュールも駆動できるように，最大出力電圧は87Vです．

● 3000:1のPWM調光と可変抵抗による調光が可能

LEDの駆動は，アナログ調光とPWM調光の2通り

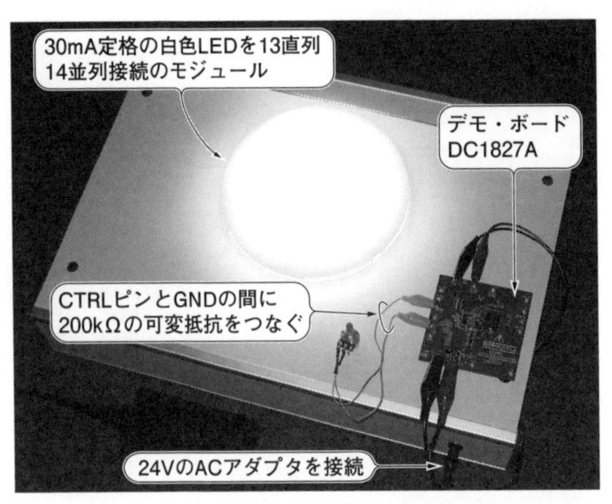

(a) デモ・ボードの最大出力電流400 mAで動作中
（全点灯．保護カバーを付けている）

(b) CTRLピンに加わる電圧を下げたときの状態
（保護カバーを外してある）

写真1　デモ・ボードDC1827A上のLT3795のCTRLピンとGNDの間に可変抵抗を入れてアナログ調光機能を試した

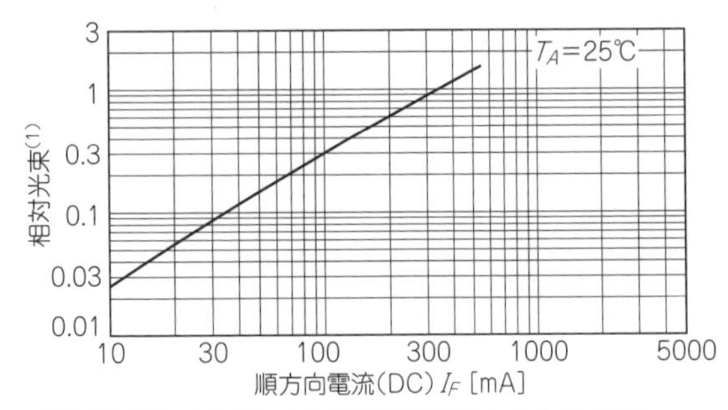

定格電流350mAを流したときの光束を1としたときの割合

図2[3]　電流に明るさは比例する
順方向電流とLEDの明るさの関係

が選べます．PWM調光においては最大3000：1の幅広い調光比を実現します．アナログ調光は出力電流を変化させます．アナログ調光の調整ピンは2組あります．温度検出などによる出力電流の制限と調光の機能の両方をもたせることができます．

LEDランプの明るさを変える調光機能は，アナログ調光とPWM調光で動作が大きく異なります．

アナログ調光は出力電流帰還ループを構成するエラー・アンプA_6に直接信号入力し，フィードバック・ゲインを変えることで出力電流そのものの大きさを変えています．この調光信号を入力するピン(CTRLピン)は2系統あります．1系統を普通の調光に，もう1系統をLEDの温度による破壊や劣化を防ぐ保護機能に使うことができます．サーミスタなどでLEDランプの温度変化を捕らえて，温度が異常なときは出力電流を抑えます．

PWM調光は，一連の帰還ループによって生成されたスイッチング・パルスの出力段に設けられたNANDゲートに直接PWM調光信号を入力し，主スイッチングMOSFETのゲート・パルスを出力/遮断するという方法で実現しています．すなわち，出力電流の大きさ(最大値)は電流帰還ループで制御される値で決まり，その点灯・消灯の頻度をPWM調光パルスでコントロールすることで平均的なLEDランプの明るさを調節します．

● 定電圧定電流制御でLEDモジュールを点灯

図1は，LT3795を用いた昇圧型LEDドライバの回路例です．入力電圧は8～60 Vで，63 V以上になると過電圧保護が働きます．過渡的な過電圧入力は110 Vまで許容します．この回路の点灯電流は400 mAに設定されています．

▶定電流で駆動して明るさを一定に保つ

図2のように，順方向電流とLEDの明るさはほぼ比例関係にあります．つまり順方向電流でLEDの明るさを決めます．LEDを安定した明るさで光らせるためには，定電流駆動が基本です．熱対策をしっかり行い，規格上限に近い電流を流す方向で設計します．

▶定電圧制御を併用して信頼性UP

LEDはダイオードなので，電流を流せば順方向電圧(V_F)を生じます．この順方向電圧は電流の大きさやLEDの温度，さらに経時変化や素子のばらつきなどの要因で± 10 %またはそれ以上変動します．直列につなぐので，その誤差は大きくなります．

そのため，LEDドライバには十分高い出力電圧が求められます．ただし，出力電圧を制限しないと，LEDの故障や断線でLEDドライバの出力がオープンとなったとき，過大な電圧がLEDドライバ内部に発生して，構成部品やドライバ回路が焼損することがあります．

入力の過電圧と不足電圧で保護のときは動作を停止します．

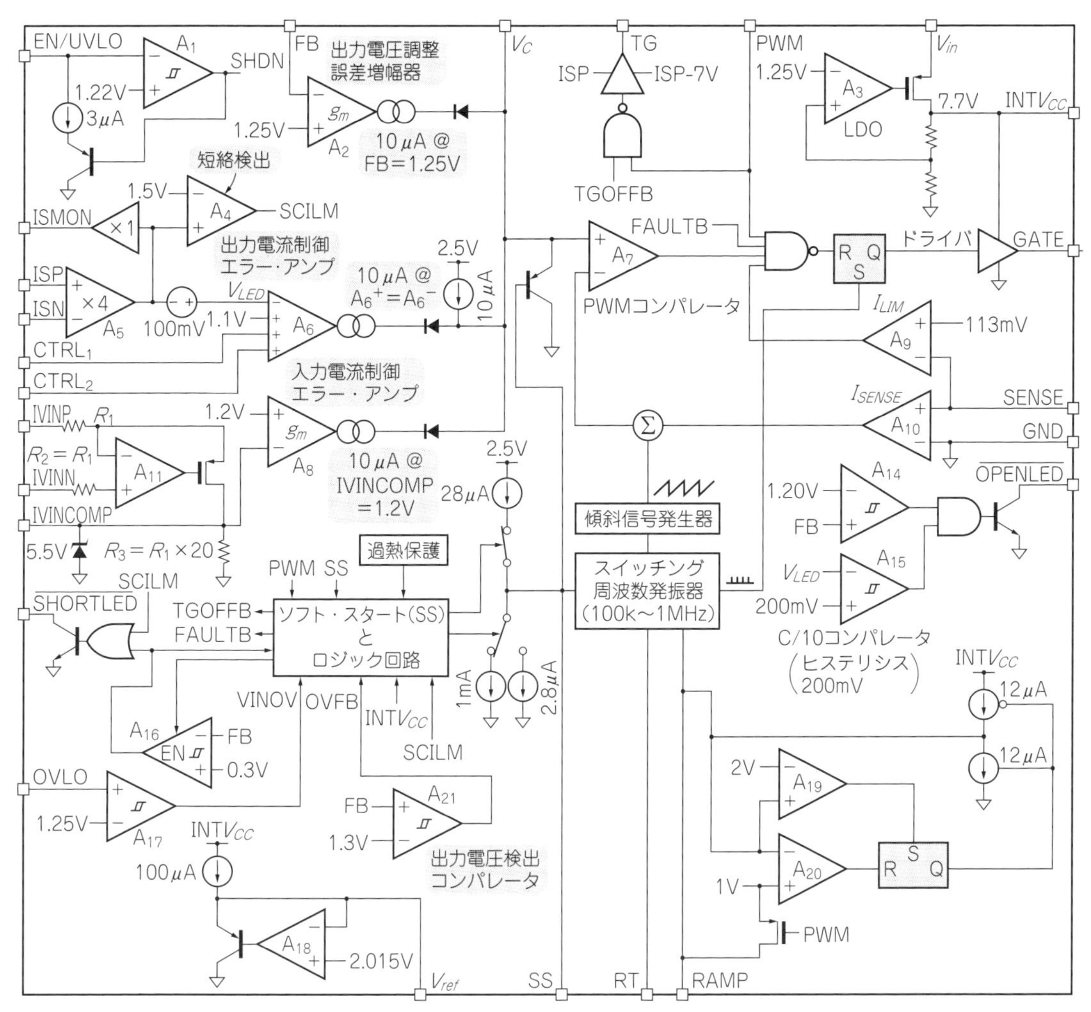

図3　LT3795内の回路ブロック

● 外付けMOSFETを破壊から保護するスイッチング・ドライブ回路

図3にLT3795の内部ブロック図を示します.

LT3795には，出力電圧信号の帰還ループを構成するエラー・アンプA_2と出力電流信号の帰還ループを構成するエラー・アンプA_6，スイッチング周波数を生成する発振器があります．コンパレータA_7は，これらの信号からPWMパルスを生成します.

回路の入力電流を検出して出力制御を行うエラー・アンプA_8が付加されています．これは点灯中に入力電圧(バッテリ電圧)が低下してスイッチング電流が増加した際に，MOSFETなどが過大電流や熱によって破損するのを防止します．帰還ループの位相は，エラー・アンプの出力が合成されたところに設けられたV_CピンにCやCRを外付けして調整します.

● 鋭いパワー・スペクトラムを低減する機能

EMC性能の向上を目的に発振周波数を変化させるスペクトラム拡散周波数変調機能は，スイッチング周波数の発振器に併設された傾斜信号発生器(回路ブロック図の中央部)によってのこぎり波を生成し，これを発振器に取り込むことでスイッチング周波数を周期的に変化させて実現しています.

実際に動かしてみる

● デモ・ボードの仕様

LT3795を搭載した評価用のデモ・ボードDC1827Aを使って，実際にLEDランプを点灯させてみました．デモ・ボードはいろいろな調整ができるよう部品を取り付けられますが，初期状態は**図1**の昇圧方式となっており，87 V/400 mAに出力が設定されています.

● アナログ調光はボリューム一つで

出力電流検出のしきい値を調整するCTRLピンを使うと調光できます．調光しない場合のLED電流は，

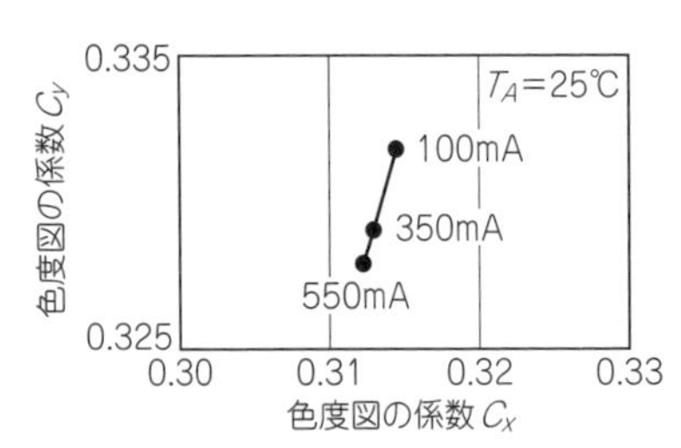

図4[3] **LEDに流す電流と色合い**
電流値が低くなると，黄色寄りになる

表1[1] **スイッチング周波数は R_T 端子につなぐ抵抗で変更できる**

スイッチング周波数 f_{osc}	R_T 端子につなぐ抵抗
1000 kHz	6.65 kΩ
900 kHz	7.50 kΩ
…	…
200 kHz	39.2 kΩ
100 kHz	82.5 kΩ

次式で定まります．

$$I_{LED} = 250\ \mathrm{mV}/R_{LED}$$

R_{LED} は，ISPピンとISNピンで両端電圧を検出する電流検出用抵抗で，LEDランプと直列に挿入します．この式で250 mVが出力電流検出のしきい値で，二つのCTRLピンをそれぞれ1.2 V以上にしておけばこの状態になります．どちらかのCTRLピンの印加電圧を1.2 V以下にすると基準電圧が変わり，出力電流は低く設定されます．CTRLピンの電圧 V_{CTRL} が0.1～1 Vの範囲では，LED電流は次式になります．

$$I_{LED} = (V_{CTRL} - 100\ \mathrm{mV})/(R_{LED} \times 4)$$

デモ・ボードDC1827Aでは，二つのCTRLピンはそれぞれLT3795のもつ基準電圧(V_{REF} = 2.015 V)に100 kΩで接続されています．CTRLピンとGNDの間に200 kΩの可変抵抗を取り付ければ，CTRLピンの電圧を自由にコントロールできます．**写真1**(**a**)は，DC電源をデモ・ボードに接続し，定格電流400 mAのLEDランプをつなぎ，CTRLピンに200 kΩの可変抵抗を取り付けて点灯させた状態です．

可変抵抗の抵抗値を下げていくとLEDは暗くなっていき，アナログ調光がうまく働きます[**写真1**(**b**)]．

● 色合いを変えずに調光できるPWM

CTRLピンを使ったアナログ調光を試していると，少し気になる現象が見られました．確かに可変抵抗を操作するとLEDの明るさが変わるのですが，暗くなったときに多少色合いが違って見えます．

LEDのデータシートを見ると，**図4**のように，I_F(順方向電流)の大きさが変わると色度(色合い)もわずかながら変わるようです．照明用としてLEDランプを使用する場合，ランプの色が変わると明かりの対象物の色の見え方が変わってしまい，不都合を生じるケースがあります．このようなときは，PWM調光が有効な対策です．

PWM調光は，LEDの順方向電流の大きさを変化させるのではなく，一定の順方向電流に設定しつつ高い周波数で順方向電流をON/OFFして，そのパルス幅のデューティ比を調整して明るさを変えます．LEDの電流の大きさは変わらないので色ずれがなくなり，同じ色調で明るさだけを変えられます．

▶入力するPWM信号の制限

PWM調光では，最小ON時間ならびにOFF時間に制限があります．これは元になるDC-DCコンバータのスイッチング周波数との関係で生じるもので，安定した調光を得るためには，それぞれスイッチング・サイクルの3回分以上に設定します．

DC-DCコンバータのスイッチング周波数は，LT3795の R_T ピンに接続する抵抗値によって100 k～1 MHzの間で調整できます．標準的なスイッチング周波数と R_T の値の関係を**表1**に示します．スイッチング周波数は，DC-DCコンバータを構成するインダクタや入出力の平滑コンデンサの大きさに直結し，装置の効率にも影響します．設計の手順としては先にスイッチング周波数を決定し，その後PWM調光の信号幅を制限します．

▶マイコンと組み合わせて活用

PWM信号を作るのは一見たいへんそうに思えますが，マイコンなどでPWMパルスを生成し，これをLT3795のPWMピンに入力すると簡単にPWM調光が実現できます．しかもいろいろな調光パターンをプログラムで処理できます．また，LT3795はLEDの短絡や断線を検出し，信号出力する機能とピンがあるので，これらをマイコンで受けて，回路異常やLED異常のアラートを出すといった使い方もできます．

◆参考・引用*文献◆

(1)* LT3795-スペクトラム拡散周波数変調回路を内蔵した110 V LEDコントローラ，リニアテクノロジー．
(2) DEMO MANUAL DC1827A-LT3795 110 V LED Controller with Spread Spectrum Frequency Moduration，リニアテクノロジー．
(3)* LEDランプ InGaN＋蛍光体発光タイプ TL1F2-DW0,L，東芝．

(初出：「トランジスタ技術」2014年11月号 特集 第2部第4章)

LT3795で作る降圧型と昇降圧型のLEDドライバ　　Column 8-1

LT3795は，周辺回路の接続を変えることで昇圧型以外を構築できます．**図A**は降圧モードのLEDドライバの回路例です．LEDランプ，インダクタ，ダイオードD_1，主スイッチ素子の位置関係が変わっています．

図BはSEPICコンバータによるLEDドライバです．入力電圧は8～60Vと広い範囲をサポートしつつ，25VのLEDランプが点灯できます．〈**梅前 尚**〉

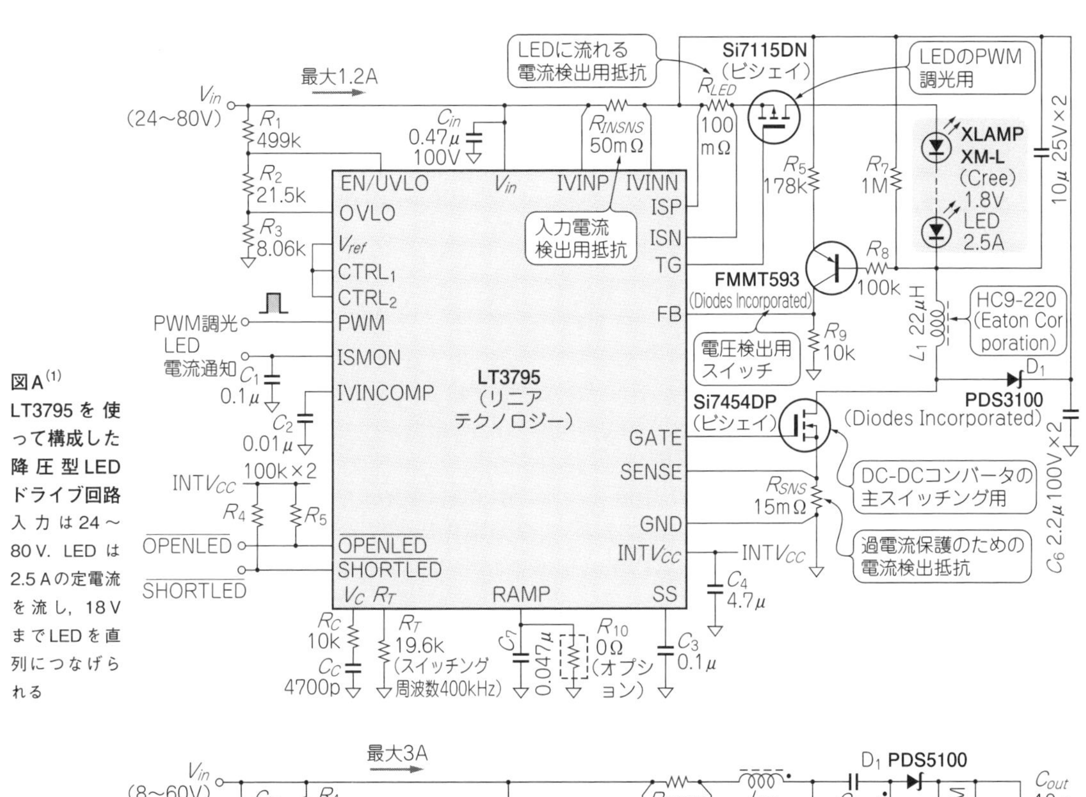

図A[1] **LT3795を使って構成した降圧型LEDドライブ回路**
入力は24～80V．LEDは2.5Aの定電流を流し，18VまでLEDを直列につなげられる

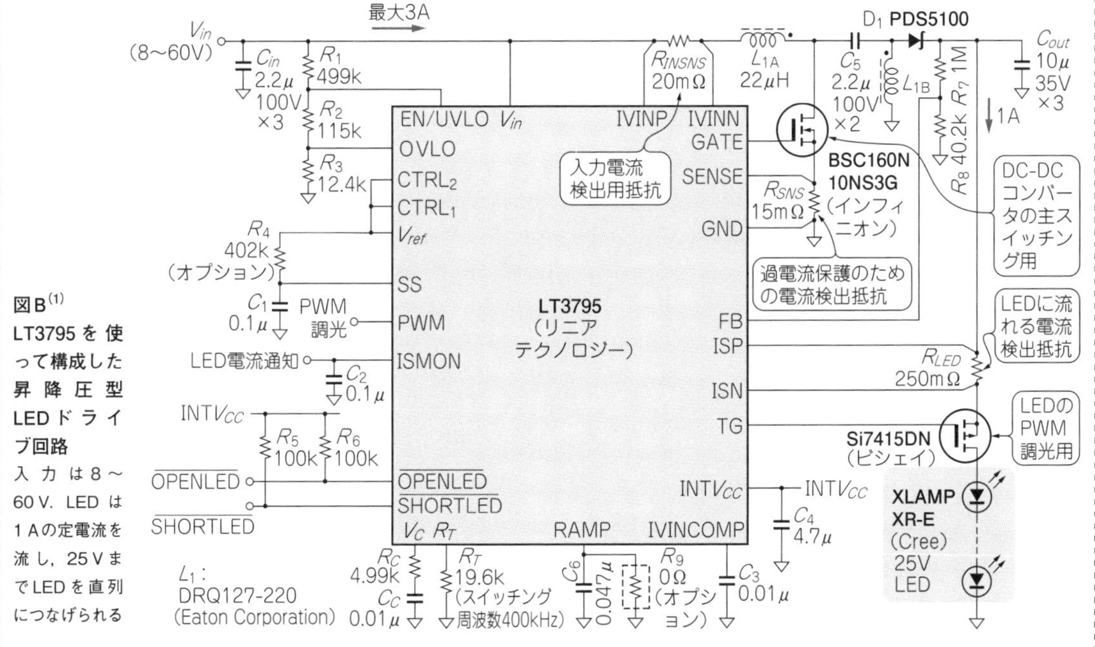

図B[1] **LT3795を使って構成した昇降圧型LEDドライブ回路**
入力は8～60V．LEDは1Aの定電流を流し，25VまでLEDを直列につなげられる

使用したLEDドライバIC LT3795の機能一覧

使用した照明用高輝度LEDドライバIC LT3795の各部の機能を簡単に説明します．回路ブロックは**図3**の通りです．

● 出力電流・電圧制御部

LT3795コンバータとして動作する基本部分は，三角波発振回路からMOSFET駆動のPWM信号を作る部分と，そのデューティを制御する出力電流検出回路(ISP端子，ISN端子)，および出力電圧検出回路(FB端子)から構成されています．

電流フィードバックはLED電流を制御する部分です．電圧フィードバックは出力断線時などに過大な電圧が発生しないよう制限するのが主目的ですが，定電圧電源として使うこともできます．

出力電流はISMONピンに電圧として出力されるので，出力電流モニタとして利用できます．

● 入力電流およびMOSFET電流検出部

過電流保護です．入力電流検出(IVINP端子，IVINN端子)が60 mV，スイッチングMOSFETのソース電流検出(SENSE端子)が113 mVに達すると電流制限がかかります．

入力電流制限は主に入力電圧が低すぎる場合に，無理に電流を流して出力を維持しようとするのを制限します．この電流はIVINCOMP端子の電圧として出力されるので，入力電流モニタとして利用できます．

スイッチング用のMOSFETは，コイルのインダクタンスが小さすぎたり，電源電圧が高すぎる場合，電流制限がかかることがあります．

どちらも，電流検出抵抗を短絡して機能しないようにしてもコンバータとしては動作しますが，安全のため適切な抵抗を入れておきましょう．

● 内部電源(INTV_{CC}端子)

ゲート・ドライバ用の内部電源です．ゲート駆動電圧は約7.7 Vです．

INTV_{CC}はV_{in}ピンの電源からIC内部のシリーズ・レギュレータで作っているので，スイッチング用のMOSFETのゲート容量が大きくなってゲート電流が増えると，レギュレータの消費電流が増えます．

V_{in}ピンの供給電圧が高い場合はICの消費電力が増えるので，放熱を考慮しなければなりません．LT3795のパッケージ腹面パッドは，基板に広くとった銅はくに接続して放熱させます．

● 基準電圧(V_{ref}端子)

2.015 Vの基準電圧です．ロジック端子のプルアップや，PWM調光時にアナログ調光入力をフルスケールに固定するために使えます．

● アナログ調光入力(CTRL1端子，CTRL2端子)

アナログ調光用の制御電圧入力です．どちらか低い方の電圧が有効になるので，未使用の入力はV_{ref}などにプルアップしておきます．PWM調光の場合は一定電圧，通常はV_{ref}に両方とも接続しておきます．

アナログ調光の入力電圧範囲は0.1～1.1 Vで，1.1 V以上では100%に飽和します．0%側は0.1 Vのオフセットがかかっているので，制御電圧0 Vでは確実に出力OFFになります．

● PWM調光入力(PWM端子)

調光用のPWM信号入力です．このピンが“L”になるとコンバータが停止し，TGピンに接続されたPチャネルMOSFETがOFFになってLEDに電流が流れなくなります．PチャネルMOSFETをON/OFFすることによって，高速で完全なON/OFF動作ができます．

PWM入力が“L”の期間，フィードバック系の位相補償端子(V_C)に接続されたコンデンサがフィードバック系の状態を保持するので，コンデンサが放電してしまうほど長時間にわたってPWM入力を“L”にすべきではありません．PWM入力を回路のON/OFFに使用するのは不適当で，この目的にはUVLO入力を使用します．

● 発振回路(RT端子，RAMP端子)

RTピンはコンバータの動作周波数を決める抵抗を接続します．

周波数が高ければコイルのインダクタンスを小さくできますが，MOSFETとダイオードのスイッチング損失が増えます．

逆に周波数が低ければ，インダクタンスを大きくしないとMOSFETのピーク電流が増加します．

昇圧型コンバータでは，経験値としてコイルに流れる電流のリプル分を平均電流の20～30%にすると設計のバランスが良くなるようです．

Column 8-2

RAMPピンは，不要輻射ノイズ低減のために発振周波数を揺らす(拡散する)ためのコンデンサを接続します．固定周波数で使う場合は，GNDに接続します．

● 低電圧ロックアウト(UVLO端子)

電源電圧が低すぎる場合に動作を禁止するための監視入力です．

電源電圧が低すぎると，入力電流が異常に大きくなったり，MOSFETのゲート電圧が十分でない状態でMOSFETに電流が流れて異常発熱したりすることがあるので，これらを防止するためです．スレッショルド電圧は1.22 Vでヒステリシスが付いています．ヒステリシスは3 μAの電流源で付けているので，分圧抵抗の値によってヒステリシス幅が変わります．このピンをGNDに接続すると回路動作が停止するため，動作のON/OFF信号としても使うことができます．

● 過電圧ロックアウト(OVLO端子)

電源電圧が異常に高くなったときに，回路を停止して保護するための入力です．スレッショルド電圧は1.25 Vです．

● PチャネルMOSFETゲート・ドライバ(TG端子)

外付けのPチャネルMOSFETを駆動します．このMOSFETは，PWM調光のスイッチングと短絡時に部品を保護します．昇圧型コンバータでは出力がGNDに短絡した場合，メインのスイッチングNチャネルMOSFETをOFFにしても電源からコイルとダイオードを通して電流が流れるので，他の方法で出力を遮断します． 〈登地 功〉

(初出：「トランジスタ技術」2015年1月号 特集)

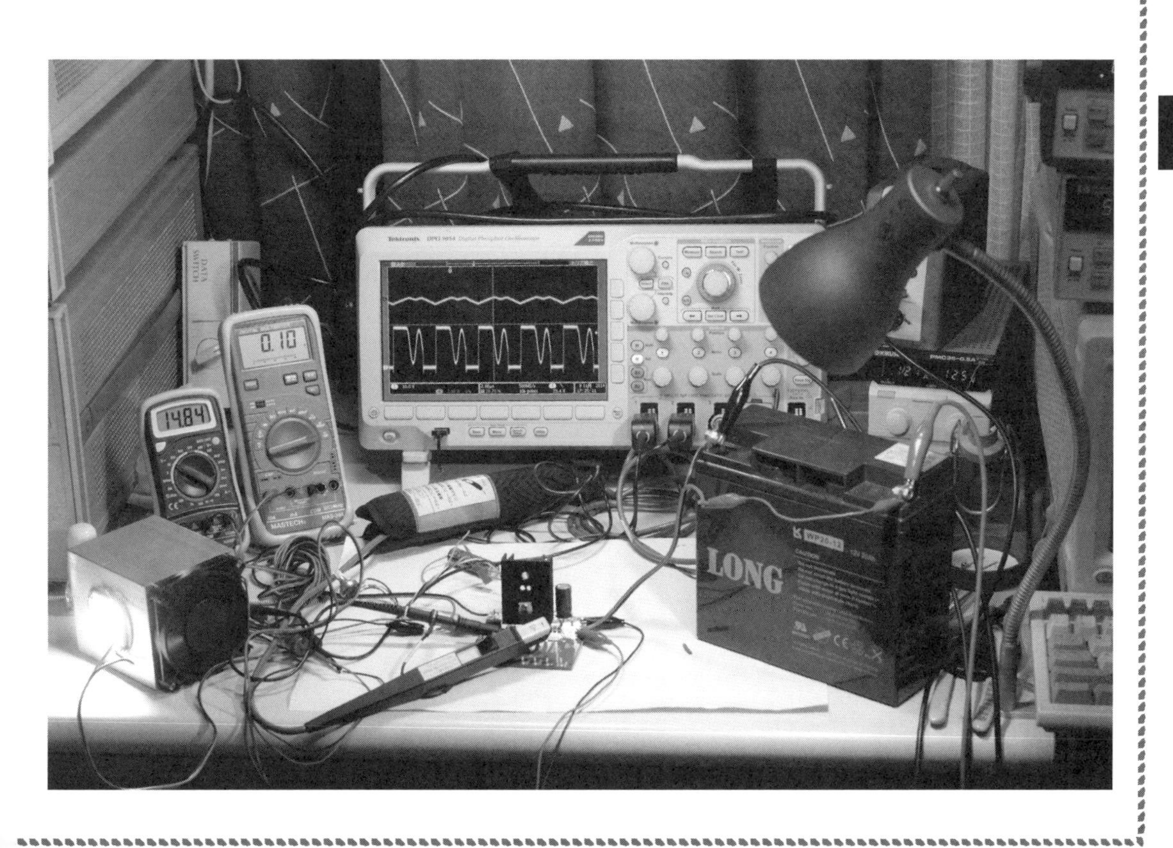

第9章 オールソリッド・ステートだから メンテナンス・フリー

明るさいつまでも！ プロ用LEDストロボ製作記

大塚 康二

多くの光源はどんどんLEDに置き換わっていますが，写真撮影用のストロボは，いまだにキセノン放電管が使われています．本章では，市販ストロボの高光量タイプと同等の光量を実現するLEDストロボを製作します．電源は，18650タイプのリチウム・イオン蓄電池を4本直列接続したものを使います．

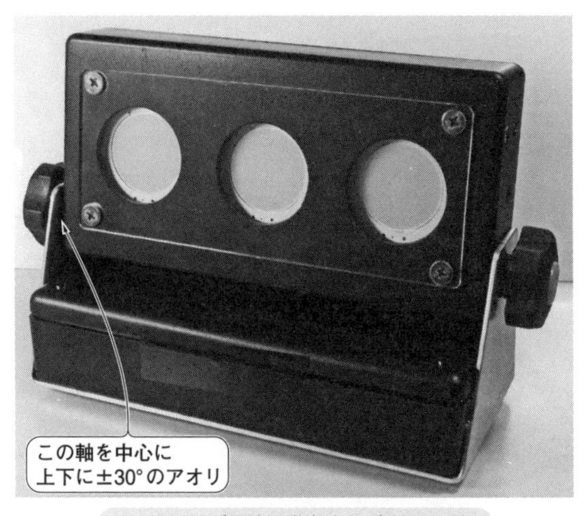

三つのLEDが同時に発光する．窓はハード・コーティングの3mm厚アクリル板を使用

(a) 表面

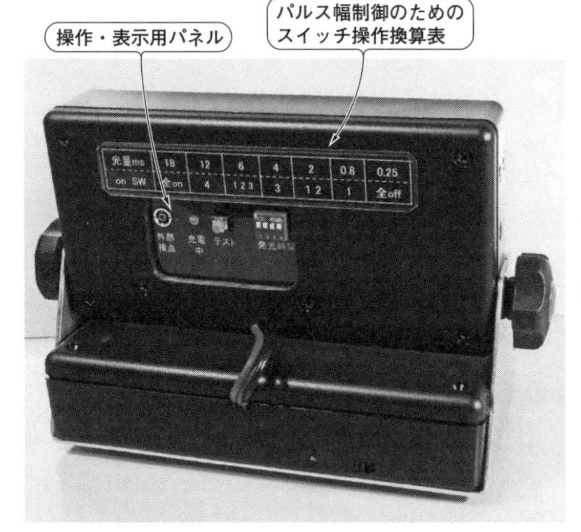

(b) 裏面

写真1　スタジオ用の主流キセノンに負けない明るさを実現したLEDストロボ

LEDで写真撮影用ストロボに挑戦

● 白色LEDは照明用光源としてトップクラスの効率

青色LEDチップ(GaN)を用いた白色LEDは，可視発光効率が200 lm/W(lm：ルーメンは光源から出る光の量「光束」を表す単位．[lm/W] は単位電力当たりの光束)，今や世の中の照明用光源として断トツです．まだその高効率化研究の勢いは止まっていません．20世紀は，電球と蛍光灯の時代(真空管の時代)でしたが，21世紀は省エネの旗印としてLED照明の時代(完全個体素子化の時代)に突入です．

車や家庭の照明器具がどんどんLED化され，薄型テレビのバック・ライトもブルーレイ・ディスクも青色LEDや青色LD(レーザ素子)が不可欠となっています．

● 写真撮影用ストロボにLEDは使えるのか？

写真撮影用のストロボは，いまだにキセノン放電管が使われています．実は，キセノン放電管の可視発光効率は20～30 lm/Wと低いのです．そう聞くと，ストロボ光源がなぜLEDに置き換わらないのかと不思議に思いませんか(Appendix 5参照)．

本章では，定番のキセノン放電管を使った写真撮影用ストロボの照度に対して，LEDで挑戦します．

完成したプロ用LEDストロボの外観を**写真1**に示します．電源は18650タイプのリチウム・イオン蓄電池を4本直列で使いました．200回以上の発光ができそうです．充電時にはケースから取り出します．

写真2に，明るさ測定のために撮影した写真を示します．市販ストロボの高光量タイプと同等の光量を実現するLEDストロボができました．

(a) 正確な評価のために非線形画像処理を外している

(b) カメラのお任せ自動画像処理

写真2 本器を使ってみたところ
明るさ指標(*GN*)の実写評価(筆者の居室壁)

製作前の検討

■ 検討①モジュールの選択とパルス特性の評価

● スタジオ用ストロボの光源の主流「キセノン放電管」の明るさはどのくらい？

▶投入ピーク電力165 kW，光束11000000 lm，1秒間の平均照度1100 lx

スタジオ用ストロボの発光量は，電圧と電流で概算できます．資料によると，電圧が330 V，ピーク電流は500 A程度です．発光時間はおよそ100 μsで，電流波形は山なりですが，ピーク電力は165 kWにもなります．

キセノン放電管の可視発光効率は30 lm/Wです．ストロボ・ケースの反射板で光量が2倍になったとすると11000000 lmと，とてつもない光束です．

このストロボが単位時間(1秒間)に1回点灯したとき，1 m離れた所での平均照度を概算すると1100 lx (lx：ルクス，照らされた場所の明るさ「照度」の単位)と，事務机の上の基準値と同等以上の明るさです．

● 同等の明るさをLEDで得るには…

▶投入すべきピーク電力は0.825 kW以上

キセノン管と同じピーク165 kWをLEDに投入するのは無理なので，発光時間を延ばして考えます．

単位時間(1秒)に1回，仮に17 ms(1/60秒)発光させるパルス駆動のLEDで対抗するには，1100 lxの60倍，66000 lxの照度が必要です．光源に必要な光束を逆算すると66000 lmになります．LEDは電流値が大きくなると発光効率が落ちます．可視発光効率を低めの80 lm/Wに仮定した場合は，最低でも825 Wのピーク電力をLEDに投入しなければいけません．

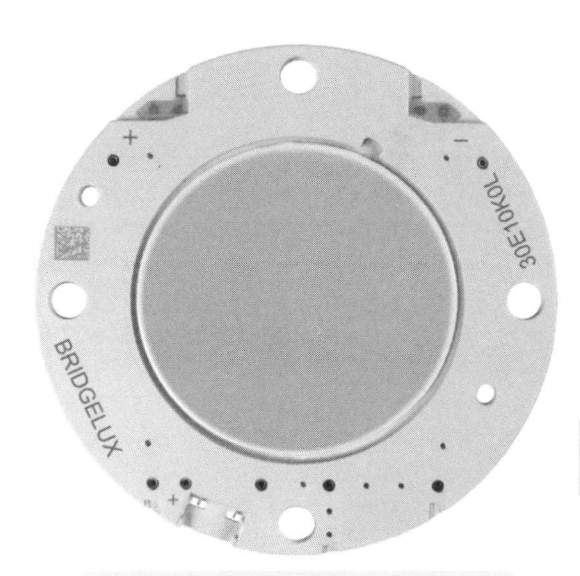

写真3 「プロ用LEDストロボ」に使ったモジュール(BXRC-50G10K0-L-04，Bridgelux)
2Wクラスの青色GaN LEDチップを12個直列の4並列で合計48個搭載．LEDチップは金属基板の上に直接ダイ・ボンディングしてあり，低い熱抵抗で実装されている．LEDのエリア全体をYAG蛍光体を練り込んだゴム状の樹脂で薄く(1 mm程度)コートしてある．光源は青色しか発光しないLEDチップだが，YAG蛍光体が青色の一部を黄色に波長変換し，青色と黄色を合わせて白色の光源となる

● 高演色，DC定格81 WのCOBモジュール3個に3.5倍以上の電流を流し込む

大電力LEDはほとんどがCOB(Chip On Board)タイプ(熱抵抗が0.5℃/W以下)です．あまり多くの種類は市販されていません．今回欲しいパルス仕様もありません(用途が開拓されていない)．

写真撮影用なので，色の再現性も重要です．写真撮影では色温度5000～5500℃の照明が一般的です．この色温度の白色LEDには，色の再現性を表す演色評価数が70％程度と低いものもあります．演色性の高い(100に近い方が良い)LEDを使いたいという希望もあります．

部品購入サイトから高演色で大出力のCOBタイプLEDを探し，**写真3**に示すBXRC-50G10K0-L-04(Bridgelux社)を選択しました．単価が4,000円弱と比較的安価で，カタログ上では演色評価指数が90％と高い値なのが好感触です．DC定格電力は81 Wですが，これを3個並列の243 Wで使います．これでも光量は足らないので，パルス駆動なら熱的に余裕があるとみて3.5倍以上(後述)の電流でオーバードライブをすることにしました．

▶高電力駆動による青方偏移はキセノン管でも同じ

高電流ドライブをすると，青色発光のスペクトルがブルー・シフトします．白色LEDとしては色温度が若干高温側にずれますが，今回は無視します．

比較対象のキセノン管でも，もっと激しくブルー・シフトが起こります．投入エネルギの増大によりプラズマ温度が上がるためで，高出力のキセノン管はブルー・シフトを軽減するためキセノン・ガスを最大10気圧まで封入しています．

▶1モジュール当たり800 Wpeak，全2.4 kWpeakまで投入OK

LEDモジュールをパルス駆動してI-V特性を実測した結果を**図1**に示します．

高電流領域でも特段異常な振る舞いを呈していないので，55 Vまではパルス動作に支障なさそうです．つまり1個当たり55 Vで14.5 A流れるので，ピーク電力として798 Wまでは投入可能です．

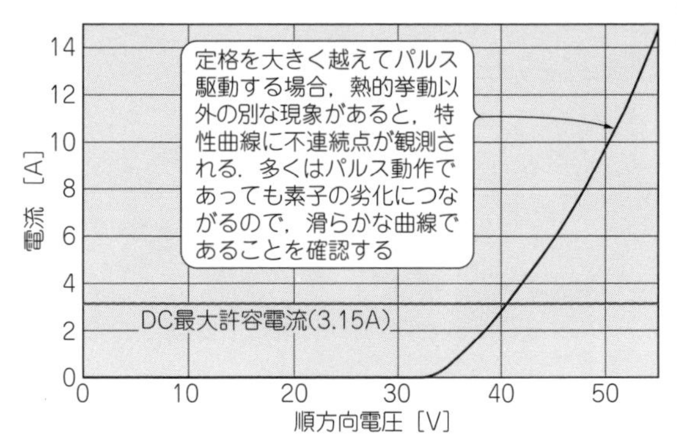

図1　パルス電流-電圧特性を実測して使用するLEDモジュールがどこまでオーバードライブできるかを調べた
55 V，14.5 Aまでのパルス動作では異常点が見えていないので信頼性に大きく影響した使い方にはならない

3並列では3倍の2393 W，およそ2.4 kWのパワー投入が期待できそうです．

▶放熱器は要らない

2.4 kWといってもピーク値です．25 msのパルスでは電源回路の大容量コンデンサの電圧が落ちてくるので，パルス期間の平均値にすると1 kW以下です．

5秒に1回発光させた場合(実際はフル・パワー発光後のチャージ時間は7～10秒)の平均パワーは5 W以下なので，LEDに大げさなヒートシンクは不要です．小さな熱溜さえあれば十分です．

課題はこの大電流領域で量子発光効率がどれくらい低下してしまうのかです．

■ 検討②回路の構成

回路ブロックを含めた全体構成を**図2**に示します．大もとの電源は，3.7 Vのリチウム・イオン蓄電池(18650)を4個直列に接続します．

LED電源は非絶縁4～30 Vの出力電圧可変昇圧DC-DCコンバータを1段目に，絶縁24 Vの昇圧DC-DCコンバータを2段目にカスコード接続したものです．出力には充電中表示を付けます．その出力に取り付け

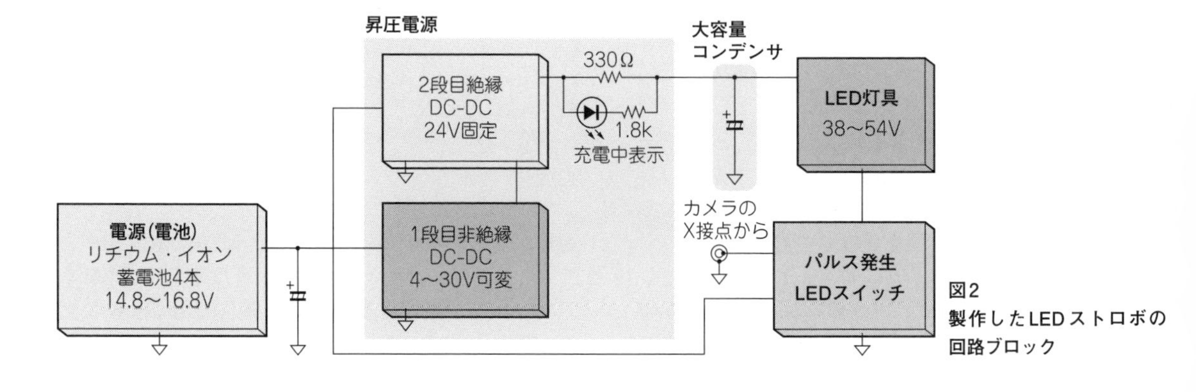

**図2
製作したLEDストロボの回路ブロック**

電解コンデンサの耐圧マージンはどのくらいあればいいの？ Column 9-1

「ぎりぎり耐圧が足らない」，「ひとクラス上の耐圧のコンデンサを使うと容量が急減してしまう」こんな場合の，コンデンサ定格オーバの使い方の話です(製品設計では厳禁)．

● DC-DC電源使用ではリプルもサージも被らないのでマージンは少なめでOK

ストロボに使用するコンデンサは携帯性を高めるために，できるだけ高容量(キセノン管の最大エネルギ許容量を越さない範囲)で軽量・小型化が求められます．

スイッチング電源での応用と違い，ストロボではリプル電流(平滑による出し入れ)による発熱はなく，ライン・サージも突入してこないので，耐圧安全度のマージンをギリギリに詰めた設計が可能です．ストロボ専用コンデンサは，規定の容器にできるだけアルミ箔電極面積を詰め込むために，ボール紙セパレータの厚さを薄くしています．温度や耐圧の余裕をあまり持たせていないのです．

● リーク電流を見て安全マージンを確認しながら耐圧をちょっと越えて使う

電源用やオーディオ用のコンデンサの試験は，表示温度(85℃とか105℃など)で，かつ耐圧の1.1倍の電圧で信頼性試験を行います．使用温度を室温に限れば，耐圧の1.15倍の電圧まで使えるはずです(自己責任ですが)．

規格オーバで使用するのですから，多数を並列接続する場合は，落ちこぼれの存在がないか気になります．確認するには，実際にリーク電流を測っておくのが有効です．

図Aに示すように，アルミ電解コンデンサのリーク電流I[A]は容量C[F]と加える両端電圧VI[V]の積に0.01を乗じた値が限度値です．これよりリークが多いものは使えません．

耐圧表示値を何割か越すと，直線からずれてリークが急増する変化点が現れます．この変化点までの電圧に余裕のないものも使用を避けた方が良いでしょう．

37600 μFに54 Vを印加した場合を計算すると，20.3 mAのリーク電流で，2.66 kΩのリーク抵抗が入っている計算です．実際に，耐圧50 Vのコンデンサを使い，37600 μFに54 Vを印加したときの実測は3.1 kΩ相当でしたからOKです．

＊

電解コンデンサは所詮，生ものです．いつかは寿命が来ます．通常は，発熱や容量抜け，あるいは膨れ(場合によってはゴムのへそが出てきたり液漏れすることもある)が起こります．時間経過で，適宜交換する必要があります．昔のように爆発することはないので，心配無用です．

〈大塚 康二〉

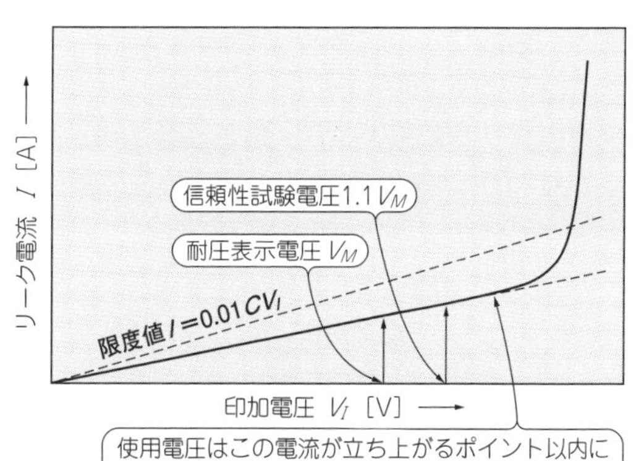

図A　アルミ電解コンデンサのリーク電流特性

た大容量コンデンサが実質的なLEDの点灯用電源となります．

LED灯具のカソード側は，パルス発生スイッチに接続し，一気に大電流を流します．したがって，大電流経路であるコンデンサからパルス発生スイッチのグラウンドまでは太い配線が必要です．また，パルス時の電磁誘導も半端ではありません．大電流ラインはできるだけコンパクトな配線にしたいところです．

■ 検討③電源回路の設計

● DC54 V以上の昇圧型DC-DCコンバータが必要

LEDへの出力はms単位の間だけなので，大出力の電源を用意する必要がありません．大容量コンデンサにためておいた電荷を放電すれば済みます．

持ち運びできないとストロボとして実用性が低いので，電池で動作し，コンパクトになるよう頭をひねります．

3.5倍以上の電流でオーバードライブするには，定格順方向電圧が38.6 VのLEDならば，1.4倍の54 V以上の電源が必要です．この中電圧領域のコンパクトな昇圧電源がなかなかありません．

製品としてたくさん販売されている昇圧DC-DCコンバータ電源を2段カスコード接続して54 Vを作ります．1段目は非絶縁型で最大出力電圧30 Vの電圧可変

製作にTRYするならノイズ対策をバッチリ　Column 9-2

勝手にONしたり，勝手にトリガしたり…

本文中の**図3**に示した回路はいろいろなトラブルに遭遇し，それを対策した結果です．

● トラブル1：タイマIC 555が誤動作してMOSFETがばたつく

駆動回路を試作しているとき，MOSFETのOFFが正常に行われず，ON/OFFを繰り返してしまい，完全なOFFが遅くなる問題が起きました．特にパルスが10 ms以上のときに顕著でした．

LEDに加える電圧を上げていくと，電流は大きく増加し，このトラブルが発生しやすくなります．

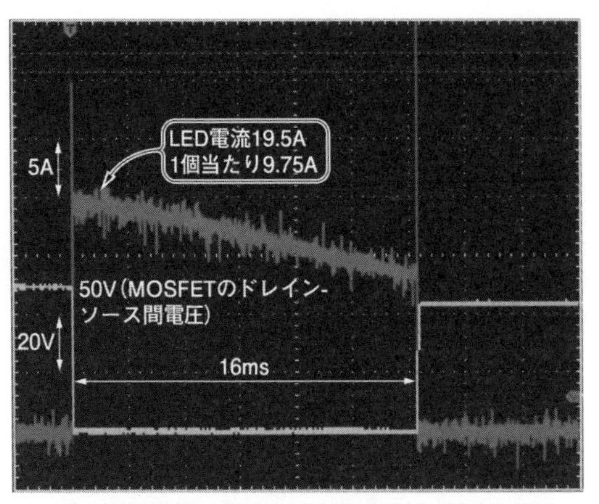

尖頭電流は19.5A．MOSFETのゲートに入力しているパルス波形と同じタイミングでOFFする

(a) 印加パルス電圧50V

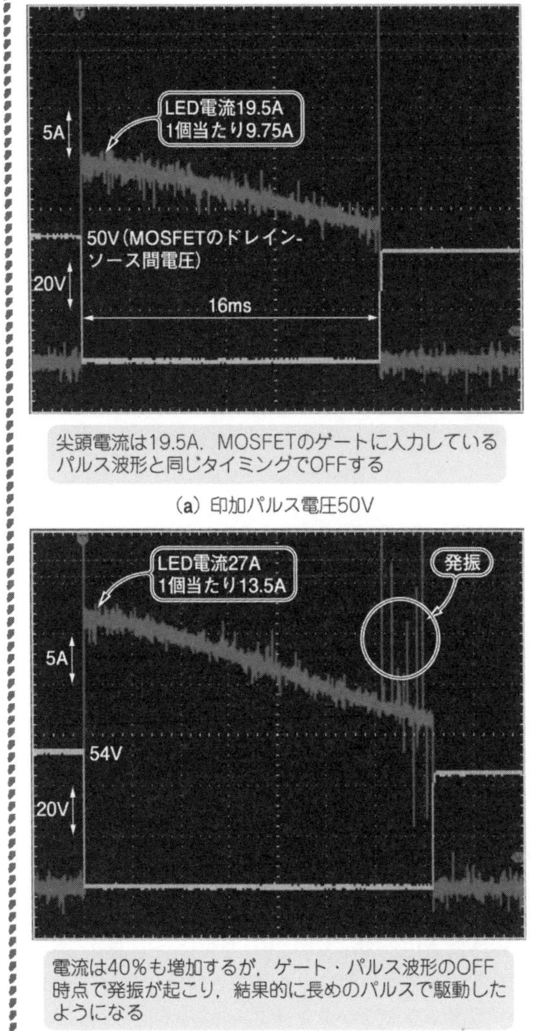

電流は40％も増加するが，ゲート・パルス波形のOFF時点で発振が起こり，結果的に長めのパルスで駆動したようになる

(b) 印加パルス電圧54V

図B　LED電流が27 AでMOSFETスイッチの発振が発生

最初，47 V/14 A(LEDモジュールは2個並列)以上のときに発振がおきたので，ひとまず対策を行い，安定させました．しかし，電圧を上げて電流を増やした54 V/27 Aになると，再び発振が現れました．そのときの波形を**図B**に示します．正常なパルス幅は(**a**)に示したように16 msですが，54 V動作では**図B**(**b**)のように発振が起こり，18 msとなっています．

MOSFETのゲート波形を観察すると，電流波形と同様に，OFF後に細いサージ電圧が多く含まれています．つまりこの細かいサージ波形がNE555Nから出ています．明らかにICが誤動作しています．

対策としては，電源ラインの470 μFコンデンサを2個に増やし，ICの直近に取り付けてあるパスコンを0.1 μFから1 μFへ変更です．さらに，時定数として使っていた抵抗47 kΩを10 k～20 kΩと半分以下のインピーダンスにしました(ここのインピーダンスはICの消費電力に直接影響する)．

これで防止できましたが，さらに電圧を60 V，40 Aまで上昇させたときに，また発振が起きそうな兆候が現れました．このままではLEDモジュールを3並列したときに問題となりそうなので，MOSFETのゲート側を高周波的にシャントする0.2 μFの積分回路を挿入して発振を完全に止めました．しかし，大もとを退治したわけではないので少し不満です．

● トラブル2：ストロボ・トリガ用ケーブルの脱着で発光

ストロボ発光用の信号を外部に出力できるカメラは限られています．市販のストロボ「ヒカル小町」は，5 mのX接点用延長コード(PCコード)を抜き差しするだけで誤発光してしまいます．扱っている者としてはびっくりするし，心理的にいやなものです．当初は，製作中のLEDストロボにも同様な症状がありました．

本文中の**図3**の回路では，テスト・スイッチも外部接点もしっかりとメイクしないとトリガが掛からないように，内部インピーダンスを低くしました．これで通常の誘導性ノイズでは誤発光しなくなりました．

逆に不点灯のミスが発生しないことも，しっかり確認しています．

〈大塚 康二〉

タイプ，2段目は絶縁型が必要です．絶縁型では最大でも24 V出力しか入手できませんでした．この2電源を**写真4**に示します．本当は絶縁型も30 Vにして合計60 Vが欲しかったのですが，仕方のないことです．1電源での自作も考えましたが，昇圧レートが高くなると大きく変換効率が落ちます．電圧が不足ならば1段目電源の定数を変えて対応することもできます．

出力容量は1段目が0.1 A，2段目が0.25 Aとバランスが悪いのですが，1段目はリミッタがないので，コンデンサの充放電を間欠的に行う用途では0.5 Aでも十分対応できます．2段目は0.5 Aを過ぎると保護動作が始まるので，コンデンサ充電時の突入電流制限を都合よく0.5 Aにでき，そのための抵抗が120Ωとなります．

IN：4～30V，OUT：4～30V・0.1A，基板サイズ：30×30mm

(a) 1段目は可変型(AE-NJW4131，秋月電子通商)

IN：9～36V，OUT：24V，0.25A，上面サイズ：21.5×33mm

(b) 2段目は絶縁・固定型(MIWI06-24S24，Minmax)

写真4　2個の昇圧コンバータを直列につないでリチウム・イオン蓄電池の15 Vから54 Vを生成する

昇圧比が高いと効率が悪いし，54 V出力の昇圧コンバータも入手しにくいので，30 V＋24 Vとする

● パルス電源の要！ 4700 μF，50 Vの電解コンデンサを8並列

国際規格上，コンデンサの耐圧は50 Vの上は63 Vですが，63 V品は一般に流通していません．また耐圧が高くなると，容積/重量は2乗で増加してしまいます．

実験なので，アルミ電解コンデンサ(パナソニック)の仕様は，4700 μF，50 V，85℃(φ23，H35)を使いました．当初この10本を2直，5並列接続(バラスト抵抗も使用)していましたが，容量不足が分かり，10並列の47000 μFとして実験を進めました(Column 9-1)．最終的にはケースに入らないので2本減らして8並列の37600 μFとしました．

● 本器のエネルギ源はリチウム・イオン蓄電池×4直列の17.5 V

3.7 Vのリチウム・イオン蓄電池(18650)を4本直列して15 Vとしました．18650はモバイル・バッテリ用として一般的です．日本では，まだリチウム・イオン蓄電池を汎用品として流通させることに制限をかけているので，電池取得はともかく，電池ケースなどは取

カメラとLEDストロボの接続方法　Column 9-3

ストロボは，カメラのシャッタが開くと同時に発光する必要があります．この同期をとるのに，今回のLEDストロボでは「X接点」を使っています．X接点は，キセノン管ストロボの同期をとるためのもので，Xは使っているXeon(ガス)の頭文字です．シャッタが開くときに短絡される接点です．

ところが，普及クラスのカメラにはX接点がありません．今のストロボは，シャッタ速度に応じて発光時間を自動で変更するTTL自動調光が当たり前になっていて，同期信号以外の信号もやりとりできるようにホット・シュー(**写真A**)で接続されます．

X接点がないカメラでLEDストロボを使うには，ホット・シューからX接点を出すアダプタを使うことになります．

今回は，ホット・シューに取り付けるタイプのストロボに付属していたX接点を引き出してLEDストロボを駆動しています．X接点の規格が分からなかったので，市販のストロボ「ヒカル小町」のX接点の電圧を測定してみたら，ちょうど＋10 Vでした．本文**図3**の回路では，これに合わせて10 Vとしました．後で調査して分かったのですが，ISO規格では24 Vスイッチを保証することになっていました．

〈大塚 康二〉

写真A　カメラのホット・シュー

扱がまだまだ希少状態です．しかし，とてもパワフルなのであえて使いました．

4直の場合，充電直後の電圧は17.5 Vにもなります．パルス発生回路の電源にも使うので，回路素子の耐圧に注意が必要です．

■ 検討④　パルス生成回路とパワー・スイッチ回路

● 回路のあらまし

図3にパルス発生回路とパワー・スイッチ回路を示します．試作中，大電流動作による電磁誘導による発振やパルス誤動作，外部トリガ・ケーブル(X接点)の抜き差しによる誤発光などのトラブルが起きましたが，それらの対策(Column 9-2参照)を施した結果がすべて入っています．

● 高耐圧品のタイマIC「NE555N」を使う

キー・パーツはNE555Nです．

パルス発生回路の電源も，3.7 Vのリチウム・イオン蓄電池から供給します．LED電源用の昇圧DC-DCコンバータの効率は入力電圧が高い方が良いことや，出力電流を多く取るためになるべく高い電圧が望ましいため，リチウム・イオン蓄電池を4本直列としました．電池が充電完了直後なら，4直の電圧は18 Vにまで上がっている可能性もあります．そのため，バイポーラ・タイプで耐圧18 VのNE555Nを使わざるを得ませんでした．555シリーズには省エネのCMOS ICタイプもありますが，耐圧が15 Vですから使えません．

▶近くの大きなノイズで誤動作しないようにしっかり対策

耐圧ぎりぎりでは心配なので，LEDで電源電圧を落とすことにしました．電源のホット・ラインに青色LED(突入電流時にかわいそうなので3並列)を入れると3 Vのドロップです．製品設計では絶対使わない方法ですが，実験には手軽です．

誤動作対策で，電源平滑のアルミ電解コンデンサ470 μFを2本に増やしました．突入電流がLED 3並列の合計最大電流300 mAを越さないように，電流制限の51 Ωを挿入しています．

スイッチを繰り返し入れていると，たまにサージ電圧が飛び込んでくるので，このLEDのパスコンとして1 μFを入れています．このLEDの一部は電源表示ランプにも使うつもりでしたが，容器が電池ケースと別になってしまったので，箱の中を照らしているだけになりました．

● パワー・スイッチには3.4 mΩの低オン抵抗MOSFETを採用

LEDの大電流のスイッチに使ったMOSFETは100 V耐圧のTK100E10N1(東芝)です．

パッケージはTO-220，オン抵抗は3.4 mΩです．40 A，パルス長40 msを1秒間に1回を繰り返しても平均発熱は200 mWなので，今回の用途ならヒートシンクは不要です．

電源電圧を3 Vドロップさせたことで，MOSFETのゲート・パルスの電圧も12 V程度に低下しました．しかし，ドロップ前の15 Vのときより，スイッチされた電流波形の切れが良くなっています．ゲート耐圧は20 Vですが，10 Vを大きく越さない使い方が良いようです．

MOSFETを通過する電流のモニタとしてソースとグラウンドの間に抵抗を入れますが，大きな抵抗だと

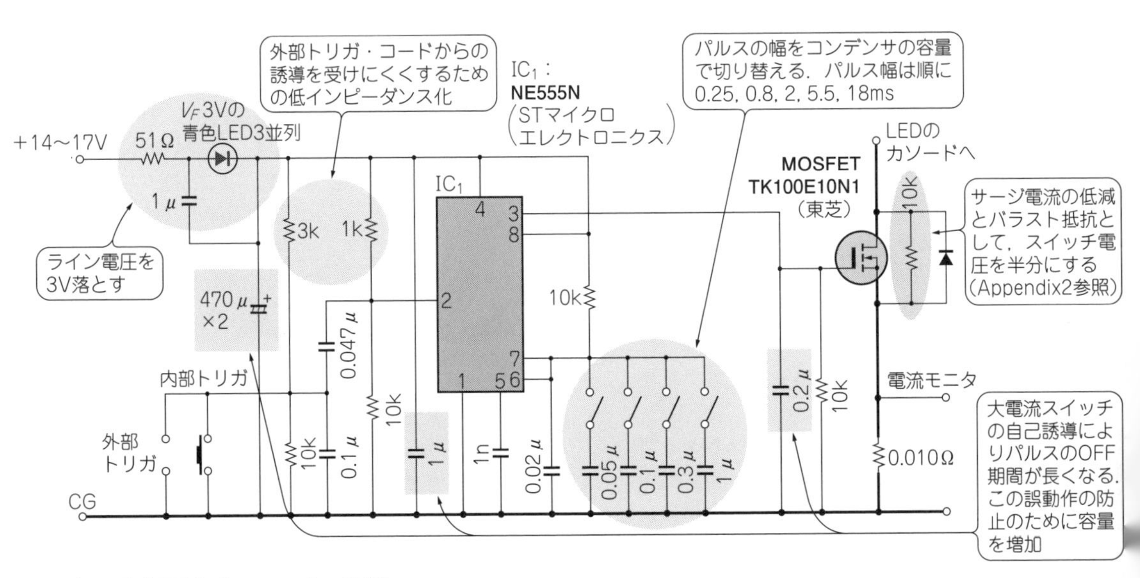

図3　パルス発生回路とパワー・スイッチ回路

大電流スイッチの動作自体に影響が出ます．

● **精度1％の電流検出用の低抵抗を自作**

数mΩ台の抵抗は，筆者はいつも自作します．今回は0.010Ωとしましたが，誤差1％以下（温度係数は無視）の抵抗は自分で作れます．

プリント基板での製作例を紹介します．

φ0.3 mmの錫メッキ線などの両端に数百mAを流して，ディジタル電圧計でちょうど良い電位差（1 mVなど）を示す長さを見つけます（4端針法）．2割程度長めにして，はんだで基板に固定します．ミアンダにしておくと大幅調整が楽です．

100 Aを越す場合はφ0.6 mm以上の錫メッキ線を使用します．この線径はパルス仕様の場合で，常時流れる回路ではこの数倍の線径を使う必要があります．

MOSFETのソース側に取り出し端子を立てます．立てる位置は，目的の抵抗値よりわずかに高くします．

今度はリード・ピンにディジタル電圧計をつないで，錫メッキ線にはんだを少しずつ盛っていくことで，目標にぴったりの抵抗が得られます．ただ，はんだの熱が十分冷えてから測らないと誤差になります．

この方法では，基板を見ても気が付かないほどコンパクトに，大電流ライン上の電流モニタができあがります．

■ 検討⑤　電解コンデンサのエネルギの利用率確認と発光時間の設定

● **利用率はたったの14％…LEDは直列抵抗が大きく閃光が苦手**

図4に，LED電圧54 V，パルス幅16 msの波形を示します．16 msの間だけ0 Vになっているのが MOSFETのドレイン電圧で，立ち上がっているのがLED電流です．LEDの尖頭電流は27 A（2素子並列なので1素子当り13.5 A）で，DC定格の6.4倍の電流です．

撮影可能距離から絞り値を割り出すときに使う明るさの指標「*GN*」　Column 9-4

ストロボの明るさの指標には*GN*（ガイド・ナンバ）がよく使われます．ストロボの明るさは，照らされる対象物の明るさですからそのまま考えると［lx］（ルクス）になりそうですし，あるいは光源の光束［lm］（ルーメン）でもよさそうですが，それらは全く使われません．

なぜなら，写真撮影にとって*GN*は，それらの一般的な単位よりはるかに便利な指標だからです．*GN*は撮影できる距離，または絞り値を示していると考えればよいのです．

● **ストロボの明るさが*GN*10，距離が2 mなら，絞り値*F*を5に近い値にすればよい**

例えば*GN*が10のストロボがあるとします．距離2 mの所にある被写体をこのストロボで撮影したい場合は，この*GN*を2で割った値が5になるので，絞り値*F*を5.6（少しくらいの違いは気にせずOK）にすれば，適性露出で撮影できます．シャッタ時間は1/250～1/125秒であれば関係ありません．

8 mを撮影したい場合は，絞り値*F*を1にする…というのは，とんでもありません．そんなに明るいレンズは存在しません．しかし，なんとかする方法はあります．上記の話は，撮影感度ISO100のときの話なので，カメラ側の感度を上げればよいのです．

絞り値*F*＝2.4のレンズならありますから，これから逆算して*GN*10を*F*2.4で割ると，ISO100では4 mまでしか撮影できない計算です．8 mは2倍の距離なので，この比を2乗した4倍感度のISO400にカメラの感度を設定すれば，*GN*10と*F*2.4で適性露出の撮影ができます．

● **撮影感度をISO1000に設定できれば*GN*10で12.5 m先まで撮影できる**

最近のカメラは，ISO1000ぐらいまで常用感度（ノイズやざらつきなく奇麗に撮影できる）の範疇（はんちゅう）です．ISO1000ならISO100との比$10^{1/2}$から，*GN*10のストロボはISO1000に増感したとき，およそ3倍の30という増感*GN*に換算できます．増感*GN*30を*F*2.4で割れば，12.5 mが最長限界撮影距離になります．

● **本器の*GN*目標値は30**

*GN*が50のストロボがあれば，ISO1000にすると増感*GN*を150まで伸ばせるので，最長限界距離は62 mになります．*GN*が2倍のストロボは4倍明るいということです．5倍の*GN*50のストロボの存在は，25倍も明るいモンスターな光源を意味します．

実際に，*GN*50を越すストロボは存在します．種明かしをすると，撮影レンズの焦点距離にストロボのレンズ系も連動させて，狭い撮影範囲のみを照らすからなせる技です．スペックが*GN*50のストロボでも，広角レンズを装着すると*GN*が30前後に落ちてしまいます．

本文で試作しているLEDストロボは，レンズなし平面配光分布（ランバーシアン）のワイド・タイプなので，*GN*30が目標です．〈大塚 康二〉

MOSFETがONする前の電圧は，27 Vと電源電圧のちょうど半分になっています(Appendix 6参照)．16 ms後は電流が18 A，電源(コンデンサの残り)電圧が48 V(23 Vの2倍)になっています．

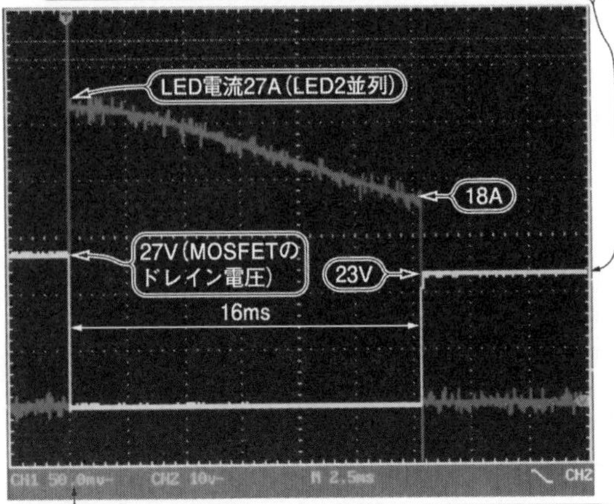

図4　LEDモジュールにピーク54 Vのパルス電圧を加えて動作させたときの電圧/電流波形

バッテリ動作時の待機時間 Column 9-5

表Aに本システムの入力電圧(バッテリ)に対する電流の関係を示します．最長スタンバイ時間は2400 mAhバッテリ使用時で18時間，大容量コンデンサのブリーダ抵抗3 kΩを取り去ると24時間と推定されます．　**〈大塚 康二〉**

表A　全系(システムの全体)安定時の装置入力電流

バッテリ電圧［V］	灯具なし状態※1［mA］	全系接続［mA］	バッテリ状態 3.7 Vリチウム・イオン蓄電池4本
13	50.3	149	終点電圧
14	49.4	140	−
15	48.5	133	中間棚電圧(3.7 V)
16	47.5	127	−
17	46.8	121	−
18	46.3	116	充電直後電圧※2

※1：LED用コンデンサとLEDモジュールを取り外し，電源(充電表示回路含む)とパルス回路を作動
・パルス回路電流は15 Vで14 mA
・2電源の無負荷時入力電流15 Vで34.5 mA
※2：システムの最長スタンバイ時間
2400 mAhバッテリ使用の場合，18時間
4000 mAhバッテリ使用の場合，30時間

電圧保持率は88.9％です．コンデンサに残っているチャージ・エネルギの比率はこの2乗の79％なので，使用率は21％です．さらにこの大電流におけるLEDでの有効利用率は65％(LEDの直列抵抗に32％くわれる)と悪く，トータルで13.7％(＝0.21×0.65)と情けない値です．

COB LEDモジュールの並列数を増やすことやパルス幅を長くすることで電圧の効率改善できますが，キセノン放電管でのコンデンサ利用効率90％(Appendix 5参照)とは比べものになりません．これがLEDの閃光応用での最大の問題点です．実験ではとても直視できない強烈な光を放っているのですが，コンデンサのエネルギを小出しにしかできず，かつ浪費しているのが実体です．キセノン管ストロボよりピークが低い分は，発光時間を長くとってカバーするしかありません．

● ピークの明るさで負けているぶんはシャッタ開放時間を長くとってカバーする

図3に示すNE555Nの6，7番ピンとグラウンド間に，スイッチを介して複数の時定数コンデンサを接続しています．コンデンサの容量を大きくすればリニアにパルス幅が延びます．LEDストロボは閃光が苦手なので，明るさを稼ぐためできるだけ長く発光させたくなります．しかし，発光している間はシャッタを開けているので，あまり長いと手ぶれが問題になります．なるべく短いシャッタ開放時間，つまり短い発光時間で済む方が，手ぶれは少なくなります．

ストロボの明るさは*GN*(ガイド・ナンバ)で表します(Column 9-4参照)．*GN*が稼げない場合は，シャッタ開放時間，つまりLEDストロボの発光時間を最長40 msまで延ばしても良いと，カメラ・メーカの方から聞きました．普通のシャッタ速度の表現にすると1/25秒です．これでは像がぶれて実用にならないのではないかと思いました．

なぜなら，キセノン管ストロボが普及する前，フラッシュ・ランプを使っていたときは，ゆっくり発光するのでシャッタ開放時間は17 ms(1/60秒)と長くしていて，その分，失敗も多かったように記憶しているからです．

キセノン管ストロボを使うようになってからは，シャッタ開放時間＝発光時間は4～8 ms(1/250～1/125秒)が標準となりました．最近では，1 ms(1/1000秒)でもシンクロしてくれるカメラ(レンズ・シャッタ)もあります．

一方で，最近のカメラは手ぶれ補正をしてくれます．17 ms(1/60秒)でも平気で手持ち撮影ができます．最新カメラでは33 ms(1/30秒)でも何の苦もなく高精細撮影ができます．メーカ・サイドが40 msまで許容しても良いと考えるのは，カメラ側の補正にさらなる進化があるからに違いありません．

本章では，手ぶれ補正に頼りすぎない，最大でも25 ms(1/40秒)程度を最長発光時間として，キセノン管ストロボに挑戦します．

回路の総仕上げとケーシング

■ 満充電インジケータ回路の仕上げと電源電圧の調整

● バッテリを長持ちさせたい…電解コンデンサに付けるブリーダ抵抗値を大きくする

試作中は安定化電源を使っていましたが，実際は電池駆動なので，節電しなくてはいけません．

パルス電源となるアルミ電解コンデンサがケースに入りきらなかったので，数を減らして0.047Fが0.038Fになっています．電源OFFのときコンデンサを放電するブリーダ抵抗は常時電流を消費するので，50%削減の3 kΩへ変更します．

● ストロボは暗闇で使えなきゃ意味ない！満充電時にLEDがバッチリ消えるように対策

図2の回路だと，充電表示LEDが定常時でも点灯状態です．電流制限抵抗330 Ωを200 Ωにしても，暗くはなりますが十分光っています．

電流制限抵抗の両端電圧を測定してみると，コンデンサが満充電の定常状態で，200 Ωの両端電圧は6 Vもあります．そこで**図5**に示すように，コンデンサが空のときのチャージ初期の突入電流を0.5 Aに抑えるために，ぎりぎりの抵抗値(120 Ω)にしました．これで繰り返し最大充電時間が10秒以内になり，許容レベルまで短くなりました．

▶電流制限抵抗に想定以上の電流が流れている

電流制限抵抗を120 Ωに変更しても，定常時の電位差は3.6 Vあります．1.5 kΩぶんの定常負荷がある計算です．3 kΩのブリーダ抵抗しかつながっていないはずなのに2倍の電流が流れています．Column 9-1で記述した，アルミ電解コンデンサのリーク電流を忘れていました．大容量化のため複数並列にしたコンデンサには，並列抵抗3 kΩ相当ものリーク電流があったのです．

▶満充電時の電位差で消灯するように工夫

電流制限抵抗の両端電位差はこれ以上小さくできないので，この電圧でLEDが消灯する工夫を施します．

充電表示用LED1個を順方向電圧(V_F)が1.7 Vの赤色LED(AlGaInP)の2個直列に置き換えます．1個だけを外部表示用に使います．

ただ，ストロボを使う暗い環境を考えると，充電終点付近でも微妙に光っているのはよくありません．1 mAのV_Fのところできっぱり消えてくれるように，2 kΩの抵抗を並列に入れました．これでやっと充電電圧が終点電圧－1 Vになったところで充電表示が消えました．

この悪戦苦闘の結果が**図5**の回路です．市販ストロボの充電回路のように，3 kΩのブリーダ抵抗を取り去っても良かったかもしれません．

● DC-DCコンバータの出力電圧を上げて突入電流制限抵抗による電圧降下分を補償

2電源を仮組みした状態を**写真5**に示します．

可変電源の出力側負荷容量は，説明書では最大47 μFとなっています．DC-DCコンバータ・モジュールに付いてくる電解コンデンサが47 μFなので，これをそのまま使ってしまうと，外部で2電源のバラストに使うコンデンサぶんがなくなってしまいます．したがって，4.7 μFに置き換えます．

可変電源の方は出力側容量の最大限界が低いのですが，固定電源の方は，出力電流容量が大きいぶん，入力の突入電流が多いことが目立ちます．そこで，電源

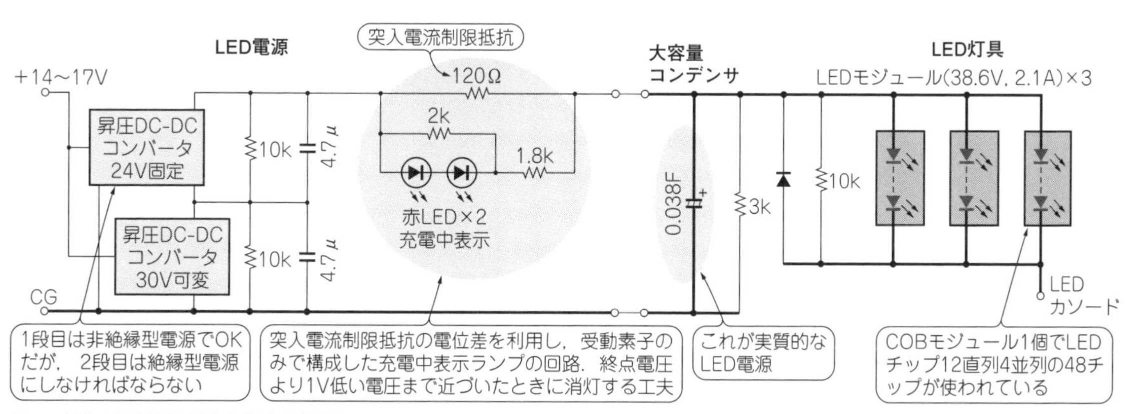

図5　本器の電源回路部と充電中表示回路

充電終了したら消灯するつもりの「充電中表示」がうまく消灯しなくて苦労した

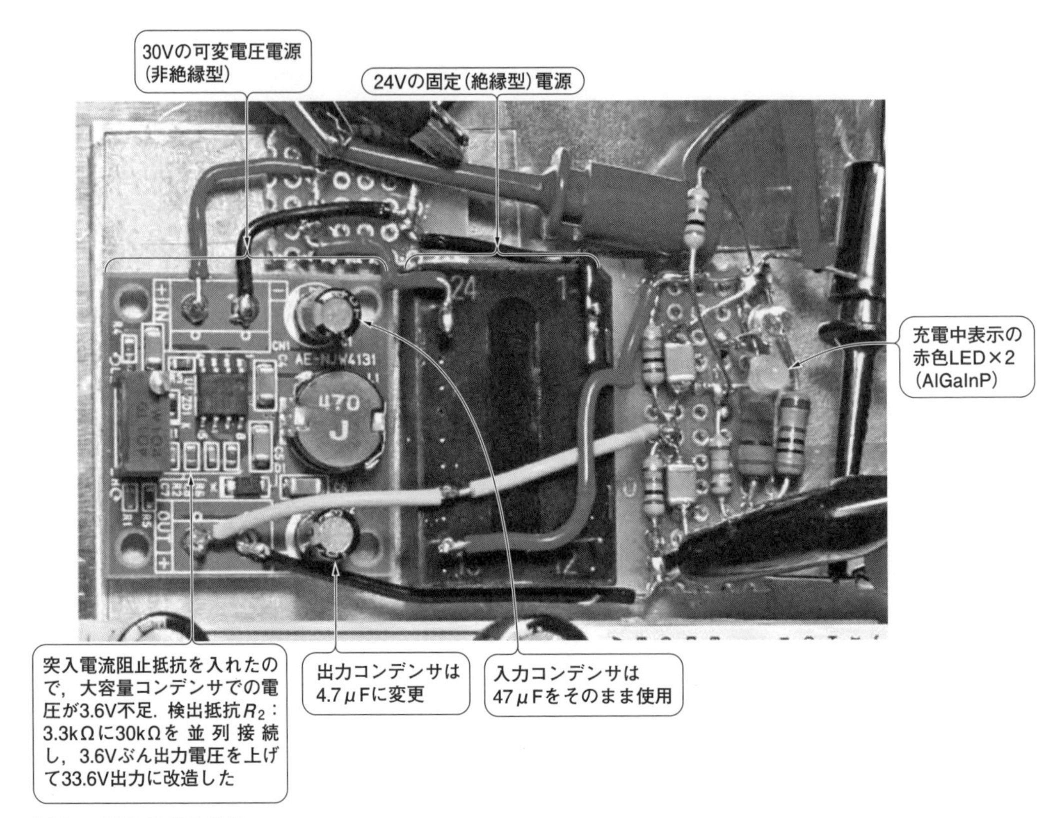

写真5　電源回路部の外観

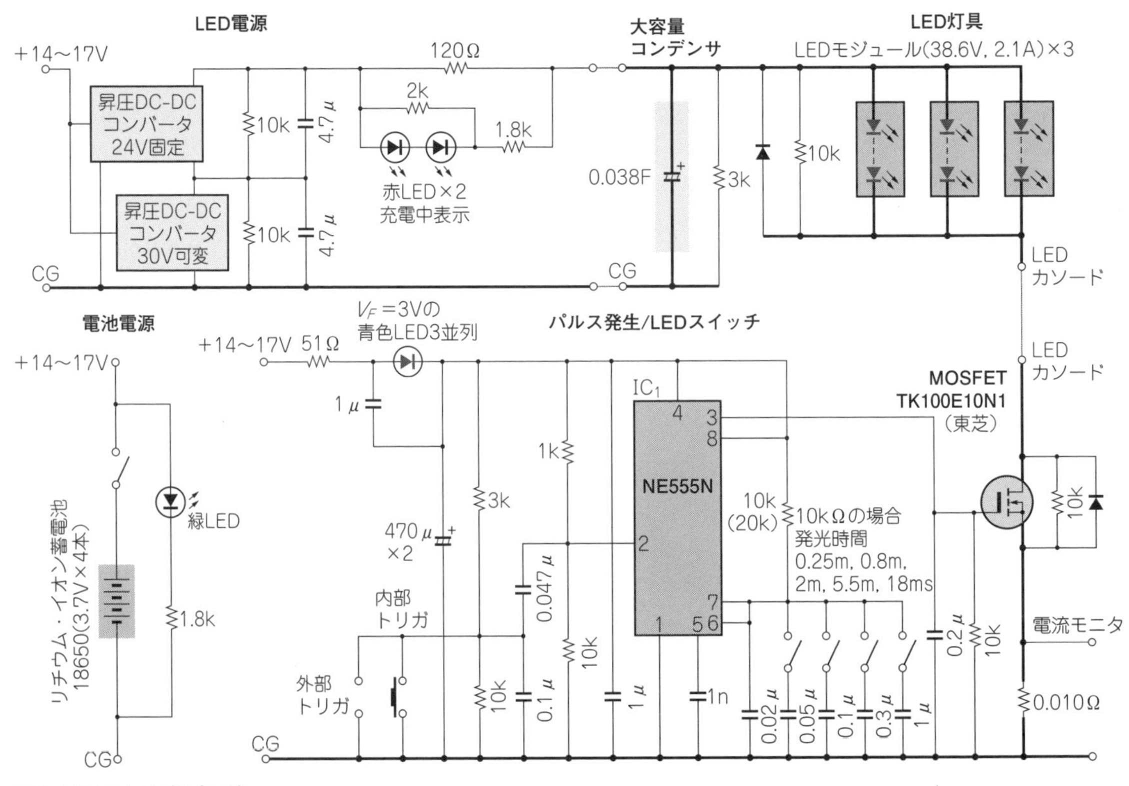

図6　LEDストロボの全回路

ON時の立ち上がり，OFF時の吸い込みのバランスを強化するためにバラスト抵抗を10 kΩ，バラスト・コンデンサを4.7 μFとしました．

電圧は，30 Vと24 Vと異なりますが，バラスト抵抗を入れてあるため電源電圧の分配比を保った奇麗な放電特性を示しています．連続ON/OFFを繰り返しても電源の異常動作は発生していません．

▶電圧が足りなかった！追加調整

トラブルもなくカスコード接続に成功したのですが，突入電流防止抵抗（充電中表示含む）で3.6 Vの電圧ドロップを作ってしまいました．

予定では55 Vの電源のはずが51.4 Vになってしまったので，急遽，むき出しとなっている可変電源側の基板内の検出抵抗の定数を変更（R_2：3.3 kΩに並列に30 kΩを抱き合わせる）して3.6 Vぶん高い電圧になるように調整しました．

この際に，もっと高い電圧に設定しても良かったのですが，すでにアルミ電解コンデンサの定格をわずかに越えた電圧を加えている緊張感から諦めました．

＊

使用したLEDモジュールの放熱方法と発光量の測定　Column 9-6

● 放熱ペーストを付けてアルミ板にねじ止め

三つのLEDモジュールは厚さ3 mmのアルミ板に取り付けました（**写真B**）．このようなアルミ板は大げさですが，将来，DC点灯モードも考えてのことです（ディレーティングは必要）．

LEDモジュールの裏は，発光面の直径と同じ一辺が30 mmの四角い金属ヒートシンクになっています．そのままアルミ放熱板に接触させるだけでも，今回の使い方では全く問題になりません．念のために，熱伝導性の高い放熱ペーストを付けてから，ねじ止めしました．

● 電流－発光量特性を実測！ 40 A流しても光量に異常飽和が起きないことを確認

この3並列のLEDモジュールに，ピーク55 V/40 A（28.5 ms）のパルスを印加したときの電流と光出力の波形を**図C**に示します．

LEDモジュールが一つの場合は，55 Vで14.5 Aのピーク電流が流れますが，3並列では一つ当たり13.3 Aと1 A程度低下します．逆算すると，本文の**図4**では，LEDを除く回路抵抗（コンデンサの内部抵抗，電流検出抵抗，MOSFETのオン抵抗，配線抵抗など）の合計が30 mΩ存在しています．

LEDストロボの発光は強烈な光量なので，汎用のフォトトランジスタに黒いキャップを付けて測定しています．40 Aの高電流領域でも大きな発光量の異常飽和現象は起きておらず，LEDの信頼性にかかわるような現象は起きていないことが分かります．

● 寿命は半永久

比較対象となるキセノン管を使ったストロボの寿命は，発光量半減回数の保証という観点で見ると，プロ用ストロボで1万回，普及カメラに搭載されているもので1000回，ストロボ付き使い捨てカメラは100回です．これに対し，LEDではプロ用ストロボを凌駕（りょうが）する信頼性を発揮するはずです（ストロボ全体としてはコンデンサで寿命が制限される）．

〈大塚 康二〉

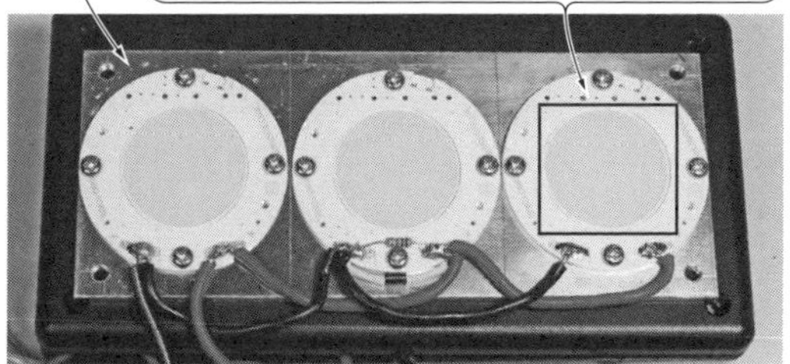

写真B　LEDモジュールを3並列接続してアルミ基板に装着した

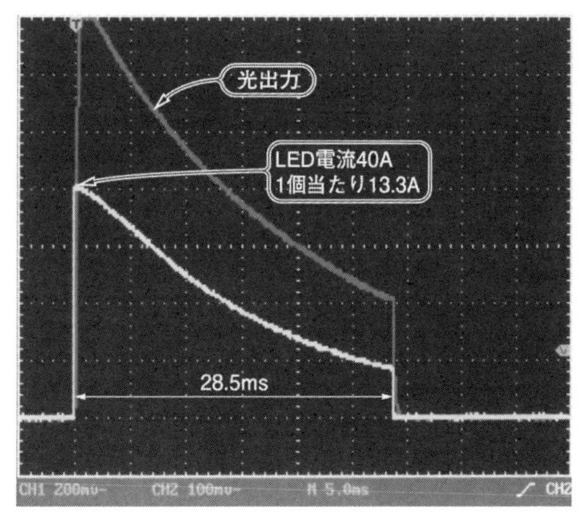

図C　3並列のLEDに尖頭パルス55 V，40 A（28.5 ms）を印加したときの電流と発光強度の波形

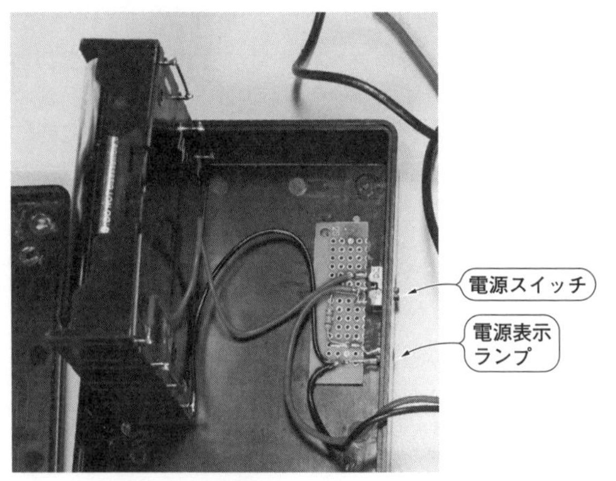

(a) スイッチの頭は1mm出ている

(b) コンデンサと電池ケースで満杯

写真6　電源ケースへの部品の納め方
電池ホルダの下に5 mmの隙間ができるので，そこに電源スイッチと表示LEDを装着

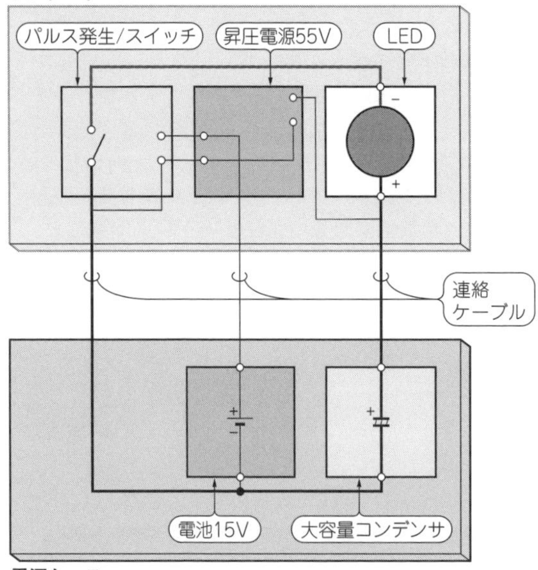

図7　二つのケースに分けてLEDストロボを収納
大電流経路であるコンデンサ，スイッチ，LEDを同じケースに入れて配線をコンパクトにしたかったが，準備したケースにはうまく収まらなかった

回路改善の結果決定した全回路を**図6**に示します．

■ ケースの製作

● バッテリと併せて二つの箱に納める

ちょうど良いサイズのケースは見つかりませんでした．結局TW9-4-17B(W85.5×H35×D170，タカチ電機工業)を2個使いました．ケース内部にはネジ止めのためのボスが8個所持ち上がっていますがすべて取り去ります．電池4本を装着した電池ケースと，電解コンデンサ8個(ケースの内部高さを活用して上下に千鳥配列して収める)を入れて満杯です．

電池ケースの高さには5 mmほど余裕があったので，電源のスイッチと表示LEDを入れました．ケースの厚さが3.0 mmもあるのでスイッチの頭は1 mm出るだけになります．不用意に電源が入ってしまう心配はありません(**写真6**)．

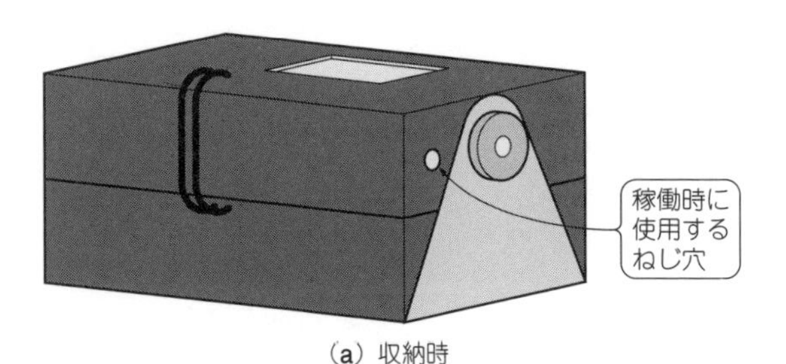

(a) 収納時

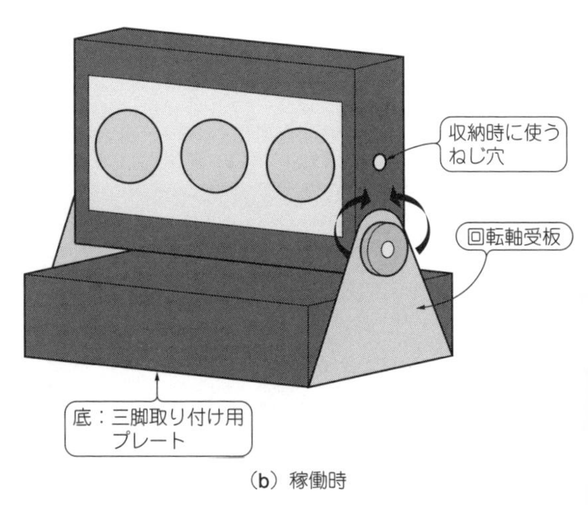

(b) 稼働時

図8　2ケースの合体方法

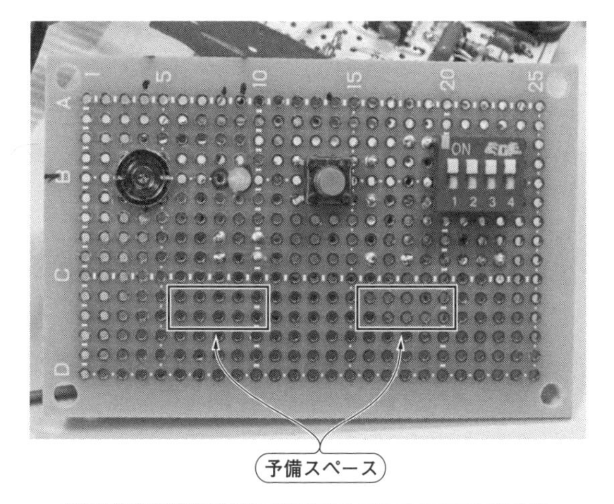

(a) ユニバーサル基板をパネルに使う

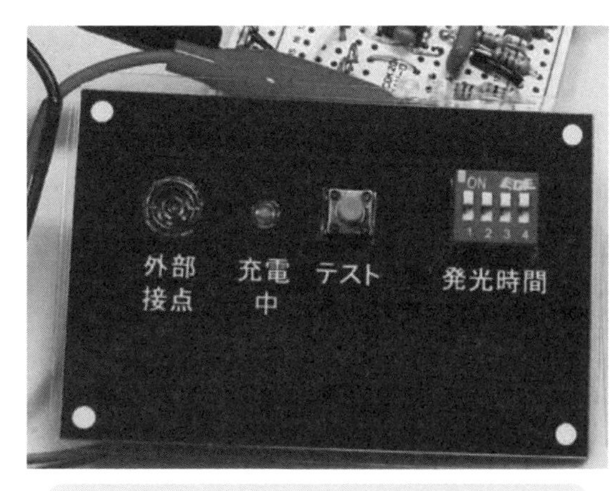

(b) 化粧板を使用する

写真7　LEDケース裏面に配置する操作パネル基板には化粧シートを装着
試作中の不具合修正や将来の発展形を考えると表示パネルにユニバーサル基板を使用するのは大変便利

3 φの砲弾型LEDはレンズの頭をサンド・ペーパでざらついた平面に加工して，視野角を広げてあります(充電中表示ランプも同じ).

残りの回路ブロックすべてを全く同じもう一つのケースに入れて，ランプ・ケースとして位置付けます(結構ガラガラ)．この配分と主要な結線を**図7**に示します．

● パネル基板の化粧

操作パネルがプリント基板むき出しなので，**写真7**に示したような化粧を施します．筆者はプリンタで印刷した用紙をラミネート加工してパネルを作りました．

パワーポイントで作図(絵や飾り文字もOK)すると，正確な寸法で出力されるので便利です．

スイッチ類や端子などは後にくり抜きます．用紙のときに少し大き目にくり抜いておくと，最後のラミネートくり抜き端面がラミネート樹脂同士が強く接着されるので剥がれにくくなります．

LED表示部は用紙のくり抜きだけ，ラミネート透明樹脂を窓としてそのまま利用します．将来の拡張予定があっても，未使用エリアをマスクできるので，仕上がりも奇麗です．

● 2ケースの合体方法と完成品

二つのケースの合体方法を**図8**に示します．持ち運びや収納時には，ランプ・ケースを寝かせて重ねることでコンパクトにできます．

稼働時にはランプ・ケースを立てて使います．このときの上下のアオリも可能にしています．二つを結合するアルミ板は2 mmの厚さにしました．

底は三脚がしっかり固定できるように三脚取り付けプレートを装着します．ランプ・ハウスを固定する4個所のねじ穴も，1/4インチのねじを使って縦位置でも三脚に取り付けられるように配慮しました．横影を避けたい場合に使います．

製作した完成品が冒頭の**写真1**です．

完成したLEDストロボの実力と今後の取り組み

■ 光出力と実撮影評価

● 電流増は効率低下…電流追加で補い明るい閃光を実現

完成したLEDストロボ・システムの電圧を変えた各パルス電流と光出力の関係をプロットしたグラフを**図9**に示します．

定格電流6.3 A(＝2.1 A × 3)での可視効率117 lm/Wを基準とすると，電流が増えるにつれ量子効率が低下(電流消光)しています．また，一つのパルス波形の電流尖頭値における光出力のポイントから，時間経過とともに放電が進み電流も減少していきます．この過程で，50 V以上のパルスでは熱的影響で時間とともに効率がさらに低下(熱消光)しています．

大電流を流すための順方向電圧の増加分のほとんどは損失です．これらを含めた各パルスの平均可視効率[lm/W]もグラフ中に記載しました．

例えば定格の38.6 V/6.3 Aで117 lm/Wが，55 V/40 Aではちょうど半分の59 lm/Wまで低下しています．このような効率低下も，明るい閃光を得るために受け

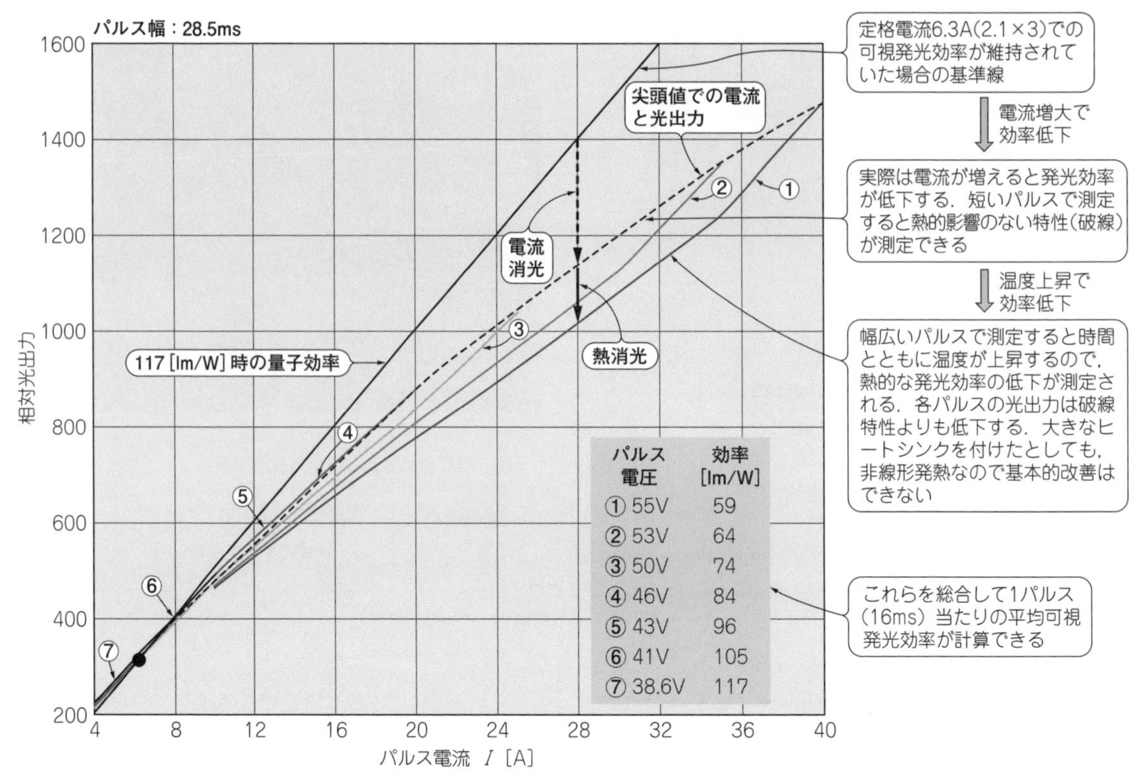

図9　LEDストロボのパルス電流と光出力

入れなければいけません．

● **キヤノン製のスタジオ・ストロボと互角の明るさ！しかも無音**

LEDストロボの明るさの評価試験を行います．評価する被写体は3 m離して設置した壁面の光学パネルなどです．冒頭の**写真2**に，例としてLEDストロボを使って広角f= 24 mmの撮影をした写真(右端が14 mmレンズ撮影の端となるようにカメラを向けている)を示します．

▶正しい測定のためにカメラによる補正を外しておく

写真2(a)が適正露出の写真です．暗い写真ですがピクセル輝度はしっかり適正値です．カメラの内部設定の非線形エンハンスをマニュアル・モードですべて外すとこのような画像になります．

同じ画像ですが，通常はカメラの自動鮮やか処理によって，**写真2(b)**のような画像が直接出力されます．

▶LEDストロボを2種類のキセノン管ストロボと比較

8個所の輝度評価ポイントを**写真8**の拡大画像に示します．部屋の照明やテレビは使用状態ですが，ストロボの明るさとは2桁以上違うので，この試験には全く影響しません．

表1に試験データ(8ビット輝度)と，算出GN(ガイド・ナンバ)を示します．発光量(全光束)が最も高かったのは，今回製作したLEDストロボでした．とはいうものの，キヤノンのスタジオ・ストロボとほぼ互角のGN27でした．f= 24 mm用としての結果ですが，ヒカル小町はGN20前後でした．

製作したストロボは平面発光(配光パターンがランバーシアン)なので，スタジオ・ストロボのような広角撮影用途には威力を発揮します．

放電管は発光時にスパーク音を出しますが，LEDは無音発光ですから，逆に不気味な感じです．慣れれば違和感はすぐになくなり，逆にスパーク音を発する方にビクッとした威圧感を感じるようになるでしょう．

■ 課題の整理と今後のTRY

● **レンズを使った遠方照明への対応**

何はともあれ，無謀な挑戦はめでたく成功しました．

屋外フィールドでの撮影を考えると，キヤノンのスピード・ライト・ストロボのようにレンズを使って遠方まで狭い視野に絞って照明するのがよいのですが，今の状態ではできません．この辺は今後，レンズ系追加による改善課題です．

発光素子のパワー効率を比較すると，LEDは直流駆動が高く，レーザ・ダイオード(LD)ではしきい値電流(発振が始まるまでに電力を消費する)があるので，パルス駆動の方が高いといった基本的な関係があります．

1, 3：100%反射, 4：85%反射, 5：70%反射, 2：50%反射, 6：左クロス天井凹凸反射面,
7：右スピーカ無光沢黒, 8：画面端の木枠(画角が14mmレンズに相当する場所)

写真8　8個所の輝度評価ポイント
反射率の異なるパネルを置いて輝度評価を行う．1～5は拡散面の光学パネルを使用

表1　反射率の決まった光学パネルを使って各ストロボの明るさ指標*GN*(ガイド・ナンバ)を算出

ストロボの種類	測定場所※3 ＼ 撮影条件※1	1 中心・100%反射拡散面	2 中心50%反射拡散面	3 右・100%反射拡散面	4 左・85%反射拡散面	5 左・70%反射拡散面	6 左隅天井凹凸反射面	7 右スピーカ無光沢黒	8 画面最端の木枠	補正*GN* 画角(レンズ焦点距離) 24 mm	補正*GN* 画角(レンズ焦点距離) 14 mm
LEDストロボ W_p = 28.5 ms	−	218※2	177	218	207	183	117	27	−	27	27
	ISO80	195	154	189	182	170	87	21	58	27	27
ヒカル小町(キセノン管)	−	145	112	147	130	119	56	11	−	20	−
	F5.6	198	156	200	180	165	92	22	−	17	−
Canon550EX(キセノン管)	ISO80	248	218	246	242	231	159	44	−	36	−
	ISO80, 17 mm	186	141	184	180	166	83	17	54	27	27

※1：デフォルト条件はISO100, F8．LEDストロボ撮影の場合はシャッタ時間1/30秒，その他は1/30～1/60秒．ヒカル小町は拡散フィルタ装着でf = 24 mm対応．Canon550EXはズーム・レンズ式で広角24 mmまで自動，拡散フィルタを引き出してf = 17 mm対応
※2：カメラ設定はマニュアルで非線形処理をすべて外しているが，ガンマ処理だけは残る．8ビット輝度200以上は大きく飽和する
※3：測定場所のうち，1～5の被写体は光学的完全拡散パネル(ランバーシアン配光特性)を使用．2のみ反射率50%，他は100%

一方，キセノン放電管はDC，パルスどちらの駆動でも大きな違いはありません．この中で大電力パルス駆動に最も向いていないLEDを使ってのストロボ製作(おそらく世界初)は成功しましたが，レンズ系付加による望遠対応などの課題も残りました．

● 高速繰り返し発光でマッハ3の被写体のマルチ画像撮影に挑戦したい

LED発光の良さである高速繰り返しや発光パターンを自在に操れていないことが最も気になります．現在はファンクショナル発光装置へと進化すべく改良を進めています．本章で製作したLEDストロボの性能であれば，マッハ3以上の飛翔体(銃弾など)を横から撮影してブレを0.1 mm以下にピタリと止めたマルチ画像が得られるはずです．

＊

2014年，青色LED(発光素子)の研究・開発で，赤崎勇先生，天野浩教授，中村修二教授の3氏がノーベル賞を受賞されました．おめでとうございます．

筆者もその分野の委員会や学会などに参加していましたので，御三方にお会いする機会がよくありました．誰とは申しませんが，会社技報の巻頭言寄稿を快く引き受けて頂いた方や，学会によれよれのシャツを着て「エコノミに乗って来た」などと仰っていた方も，ノーベル賞受賞者となると，国際慣例として飛行機はファースト・クラス，ホテルはスイート・ルームとなります．費用の面でも気軽に招待講演のお声掛けをすることができなくなり，まさに雲上の人となってしまいました．

(初出：「トランジスタ技術」2015年1月号 特設)

Appendix 5

低発光効率，部品点数UP…ストロボとの相性はほんとに悪いの？

LEDストロボは何が難しいのか

通常の照明はどんどん高効率なLEDに代わっていますが，不思議と中級以上のカメラ用ストロボはキセノン管のままです．その種明かしを少しお話します．

● ストロボにはコンデンサにエネルギをためて使う

ストロボは短時間に強力な光を発生させなければいけません．キセノン・ランプは，コンデンサに高い電圧をためておいて一挙に放電させることで強力な光を放ちます．放電時間は通常のカメラ用ストロボでは100 μs以下です(20 μ～50 μsが光量も電流もピーク)．最大光量発光後は，コンデンサにためたエネルギのほとんどをキセノン管で有効に使い果たします．

LEDは一定電流での駆動が標準ですから，短時間に大きな電流を流すことには向きません．強力光を得るにはDC定格を超えた大電流を流すしかなく，定格時より大幅に高い電圧が必要です．やはり，コンデンサに電圧をためて放電させることになります．

● LEDはキセノン管より大容量のコンデンサが必要

ストロボに瞬間電流を流すために使われるコンデンサの容量を1 F(実際は数百 μF)，充電電圧を100 V(実際は200～400 V)とすると，コンデンサにたまるエネルギは$E = (CV^2)/2$から5000 Jとなります．放電後の電圧が30 V(実際は60～100 V)とすると，残っているエネルギは500 Jと1割以下です．コンデンサにためたエネルギのほとんどを使うので，大変効率的です[**図1(a)**]．スタジオ用ストロボは330 V，500 Aの165 kWを瞬時にキセノン管に流して発光させています．

LEDの場合はパルスで大電流を流します．定格順方向電流の3～5倍の電流(パルスなので信頼性の心配はない)を流すので，順方向電圧は定格の1.4倍になります．放電が始まると絶縁状態から一挙に短絡状態となるキセノン管と違い，LEDには高い内部抵抗があります．コンデンサからの放電には時定数に応じた時間がかかります(電圧が下がっていくのでさらに長くなる)．放電終了時の電圧は，電流の立ち上がり電圧V_F以下にはなりませんから，[**図1(b)**] のように，最大でもコンデンサにためた総エネルギの44%しかLEDに供給できません(定格電圧駆動では10%以下)．

理想的なPN接合であれば，電流が1桁増加しても電圧増加は58 mVです．12素子直列でも0.7 Vの電圧増加にしかならないので，電流増加による順方向電圧の増加はほとんどが内部抵抗によります．定格の3～5倍の電流を流した時，LEDに送られたエネルギのうち発光機構に有効に働くのは65%です(大電流ほど低い)．総合的には，コンデンサに蓄えられたエネルギの30%未満(0.44 × 0.65)しか光になりません．もし発光効率が同じなら，キセノン管の場合より3倍のコンデンサ容量が必要となる計算です．

● キセノン管ならコンデンサ容量に応じて明るくなるのに，LEDは難しい…ストロボには使いにくい

コンデンサの容量を増やせば，電流を流せる時間も長くなります．キセノン管の放電なら，使用したコンデンサの容量に比例して明るくなります．

ところがLEDの場合，コンデンサの容量が増えても一定電圧での駆動に近づくだけで，決まった時間内(シャッタ時間)の明るさは飽和していきます．

増えた容量に対応させるには，放電時の電圧を上げて電流を増やすしかありません．しかし電流を増やすと，内部抵抗による損失増加，発光機構から来る発光効率の低下などで，どんどん効率が悪くなります．

パルス時間を延ばして光量を稼ぐにも，電流値は時間とともに下がっていくので効果が得にくい上に，被写体のぶれやカメラのぶれ(手ぶれ)が出てきますから，限界がすぐに来てしまいます．これら，がんじがらめの制約からの脱却は，コンデンサの負荷抵抗を下げる，つまりLEDの並列接続数をさらに増加(コストパフォーマンスの悪化)する道しかありません．

上記事情を理解した上で，どこかに突破口はないものだろうかと挑戦してみたのが本章になります．

〈大塚 康二〉

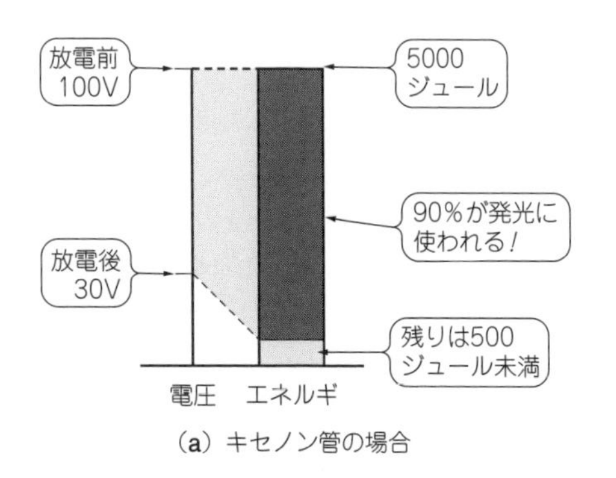

(a) キセノン管の場合

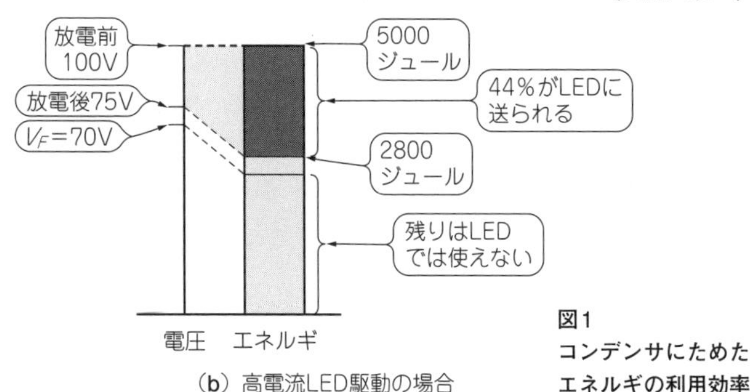

(b) 高電流LED駆動の場合

図1 コンデンサにためたエネルギの利用効率

Appendix 6

サージ電圧・サージ電流を低減
ストレスが少ないLEDドライブ回路の考えかた

● LEDを並列接続するときはダイオードで保護する

図1(a)はよくあるMOSFETのサージ保護です．ボディ・ダイオードはありますが非力なので外付けします．ここで，二つの問題があります．

①MOSFETを保護しても，抜けたサージがそのままLEDに加わりLEDが壊れる
②並列接続したLEDの破損を防げない．並列接続したLEDは光照射によって発電する．不均一照射だと，この起電力は隣のLEDにとっては逆電圧となり，耐圧破損する．よく市場で見つかる破損である．

MOSFETの保護ダイオードがあろうがなかろうが，複数のLEDを並列に接続するときはLED保護のダイオードが必須です．これを**図1**(b)に示します．

● LEDと並列に10 kΩを接続する

次は，繰り返し高速スイッチをするときの課題です．OFF後は，LEDのPN接合に順方向の電荷が残ります．この電荷の放電にかかる時間は，各LEDアームごとにばらつきがあるので，パルス再ON時の尖頭電流(サージ)のばらつきを招き，特定の同じLEDチップが傷む可能性があります．

電荷はわずかなので，並列に10 kΩを入れるだけで十分放電してくれます．これが**図1**(c)に相当します．

● 0 VからのONは必要ない！点灯しない電圧ならOFF状態

ここまでの回路では，MOSFETは電源電圧をスイッチしています．さらに，ちょっと手を加えれば，MOSFETがスイッチする電圧を半分にできます．

そのようすを**図1**(d)に示します．MOSFETにもLEDに挿入したのと同様に並列に抵抗を入れるのです．こうすれば，スイッチOFF時にMOSFETとLEDが電圧を分け合ってくれます．

今回使用したLEDの立ち上がり電圧は30 V，LEDに印加する最大電圧は54 Vです．LEDとMOSFETでこの最大電圧を半分ずつ分け合ったら，OFF時の印加電圧は27 Vです．立ち上がり電圧に3 V余裕があるので，OFF時に電流は流れません．

電圧を半分にしてよければ，抵抗は10 kΩずつでOKです．この抵抗に流れる電流は2.7 mAとアルミ電解コンデンサのリーク電流の1/7以下なので，浪費していることにはなりません．

OFF時にLED電流は流れることもなく(誘導による振動はまた別)，サージ電流を低減できるので良いことだらけです．

オーバ・ドライブが今回ほど極端でない場合は，MOSFETの方に使う抵抗を高めにして，LEDの立ち上がり電圧ギリギリまでのバイアスをかけておくと，LEDをONしたときのLED順方向変位電流(順方向サージ)を最小にできます．

〈大塚 康二〉

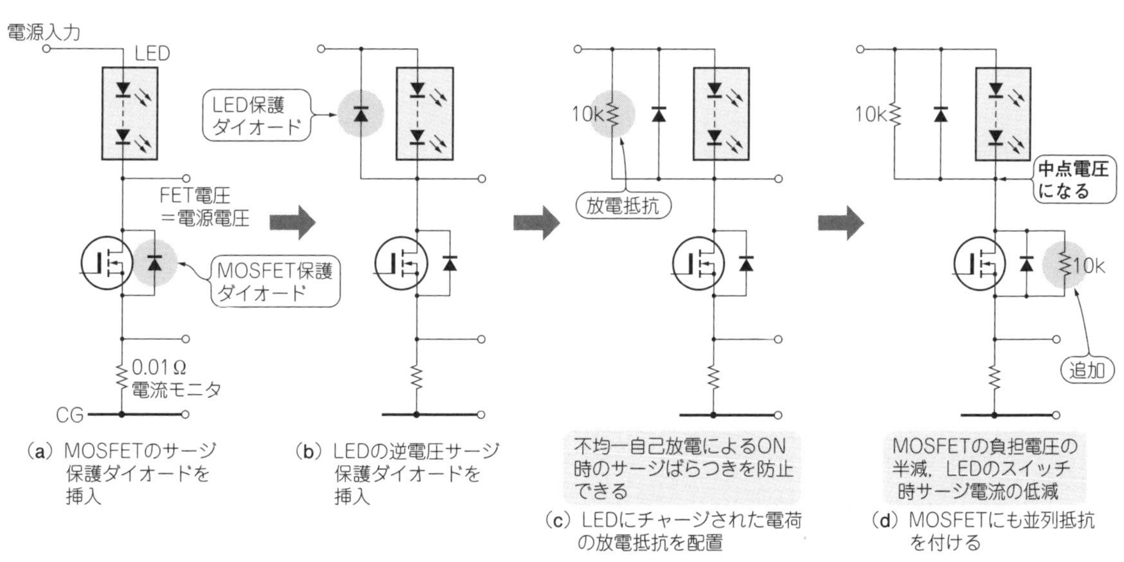

(a) MOSFETのサージ保護ダイオードを挿入
(b) LEDの逆電圧サージ保護ダイオードを挿入
(c) LEDにチャージされた電荷の放電抵抗を配置
(d) MOSFETにも並列抵抗を付ける

図1 LEDへのストレスなく大電流でドライブする方法

索　引

要点マスタ！ パワー電源＆高輝度LED照明の作り方

編　集　トランジスタ技術SPECIAL編集部
発行人　寺前 裕司
発行所　CQ出版株式会社
〒112-8619　東京都文京区千石4-29-14
電　話　編集 03-5395-2148
広告 03-5395-2131
販売 03-5395-2141

2016年4月1日発行

定価は裏表紙に表示してあります
乱丁，落丁本はお取り替えします
編集担当者　高橋 舞
DTP・印刷・製本　三晃印刷株式会社
Printed in Japan